# 손의 비밀

the
Wonder
of the
human
hand

THE WONDER of the Human Hand
By E. F. Shaw Wilgis

Originally published in 2014 by Johns Hopkins University Press, USA.
Korean translation rights arranged with Johns Hopkins University Press, USA
and Junghan Bookstore Co., Korea through PLS Agency, Korea.
Korean edition published in 2015 by Junghan Bookstore Publishing Co., Korea.

몸에서 가장 놀라운 도구를
돌보고 수리하는 방법

E. F. 쇼 윌기스 엮음
오공훈 옮김
정의철 감수

## 일러두기

1. 주석은 모두 역자주입니다.
2. 본문 중 의학 분야의 전문용어는 KMLE 의학검색엔진(www.kmle.co.kr)을 참고했습니다.
3. 인명, 지명 등의 외래어 및 외국어는 국립국어원의 외래어 표기법을 따랐습니다. 단 국외 언론의 표제나 연구 프로젝트명과 같은 경우 국내 학회나 문헌, 언론에서 통용된 사례를 참고해 표기했습니다.
4. 저작물의 제목에는 다음 기준에 따라 약물을 사용했습니다. 신문이나 잡지와 같이 여러 편의 작품으로 엮인 저작물이나 단행본 등의 서적인 경우 겹낫표(『』)를 사용했고, 그 외 영화나 음악과 같은 예술작품의 제목, 논문과 같은 단편적 저작물, 법률이나 규정인 경우 홑낫표(「」)를 사용했습니다.

# 손이 회복되는 만큼 인간의 삶은 향상된다

정 의 철

• 의학 박사

서울대학교병원 운영 서울특별시 보라매병원 성형외과 손 외과 세부전문의

대한수부외과학회 현 총무이사

누군가 중요한 일을 잘 도와주고 수행해 줄 때, '마치 수족처럼 잘 따라 준다'라고 말합니다. 인간이 삶을 영위해 나가는 과정에 필수적인 도구이자, 가장 충실한 도구는 바로 '인간의 손'입니다. 일 못하는 목수가 연장 탓을 한다며 꾸짖는 말이 있지만 인간의 손이라는 연장에 관해 이야기할 때에는 목수를 꾸짖기 어렵습니다. 손의 기능은, 삶을 좌우합니다.

현대 산업사회에서 다양한 기계가 손의 직접 사용을 대체했다고들 합니다. 하지만 여전히 많은 작업이 인간의 손에 의해서 이루어지고 있습니다. 산업현장에서 인간의 손과 기계가 혼용되는 작업이 늘면서, 과거에는 볼 수 없던 심각한 손의 손상이 발생하는 경우가

늘고 있습니다. 스마트 기기가 범람하면서 엄지손가락의 근육이 발달되고 신경이 자극되어 방아쇠증후군을 보이는 환자들도 늘고 있습니다. 손이 사회와 소통하는 방식이 달라지고 있을 뿐이지 인간 활동의 말단으로서 손이 감당하고 있는 역할의 '비중'은 전혀 줄어들지 않았습니다.

손은 개인의 습관과 직업, 행동에 따라 달라집니다. 손은 신체에서 작은 부위를 차지하고 있지만 뼈, 관절, 인대, 근육, 힘줄, 신경, 그리고 혈관 등으로 조밀하게 만들어진 해부학적 구조물입니다. 이 구조물은 개인이 손을 사용하는 패턴을 따릅니다. 운동선수, 음악가, 가정주부, 사무직 노동자, 학생 그리고 의사는 손을 사용하는 패턴이 서로 다릅니다. 이들의 손이 지닌 강점과 약점은 서로 확연히 다릅니다.

또한 이 구조물의 각 부분들은 정밀하게, 그리고 상호 유기적으로 움직입니다. 개인이 직업 혹은 습관으로 인해 지니게 된 손뼈의 특징은 손 근육의 특징으로 이어집니다. 손 인대의 특징은 손의 관절과 신경에 영향을 미칩니다. 이 때문에 의학에서는 손의 뼈와 신경 등을 각기 따로 다루지 않고 일찍이 '손 외과학'이라는 별도의 학문분야를 구성하여, 손을 통합적으로 다룹니다.

손 외과 의사로서 저는 환자들을 오랫동안 직접 만나 왔습니다.

초기에 병원을 찾아 간단한 치료만으로 손의 기능을 회복시키는 환자들도 있지만, 그렇지 않은 환자들도 적지 않습니다. 손의 통증을 방치하고 가볍게 여긴 탓입니다. 보통은 손을 쉬게 둘 수 없는 상황인 경우가 많기에 그렇기도 합니다. 선천적으로 손의 구성이나 기능에 장애를 가지고 있는 환자들도 적지 않은데 심리적 절망감이나 무기력감, 경제적 부담감으로 인해 손의 문제를 방치하는 경우도 적지 않습니다.

손 외과에서 오랫동안 진료를 보아 오면서 늘 아쉬움을 느끼게 되는 경우 중 하나는 환자에게 미세한 통증이 처음 일어나기 시작한 때에, 당장은 치료나 수술에 들어가지는 않을지라도 의사를 찾아 손을 내보이는 과정만 거쳤어도 예후가 완전히 달라졌을 거라는 생각이 들 때입니다.

그렇기에 인간 손의 질병의 종류와 증상, 그리고 각종 치료법에 대한 대중의 소양이 높아지는 일은 굉장히 의미 있는 일이라고 확신합니다. 또한 손의 기본적 운동 원리인 손 근육의 수축과 이완에 대한 이해도가 높아진다면 일상생활에서의 손 문제에 대중이 보다 기민하게 대처하고 치료 시점을 앞당길 것이라는 점을 확신합니다.

저는 수술과 치료를 통해 환자들의 손 기능이 회복될 때 그들의 활동성의 외연이 얼마나 크게 확장되는지, 심리적 건강이 얼마나 회복되는지, 나아가 그들의 삶이 얼마나 향상되는지를 오랫동안 직접 눈으로 보아 왔습니다.

이 책 『손의 비밀』은 그간 자신이나 가족의 손에 통증이 있다는 것을 알고 있어 불안했지만 복잡한 의학 지식을 쉽게 전달받을 통로가 없어 답답했던 독자들이 지적 갈증을 해소하는 데 큰 도움이 될 것입니다. 그리고 손 건강에 대한 우리 사회 전체의 교양과 관심의 수준을 높이는 일에 제 역할을 할 것입니다. 게다가 이 책에 담긴 정보들은 정확성이 높습니다. 이 분야에 종사하는 의료진 및 특히 현재 손의 질환과 손상으로 인해 고생을 겪고 계시는 분들이 향후 치료 계획을 세우는 데 많은 도움이 되리라 봅니다.

이 책 『손의 비밀』의 발간을 위해 애써 주신 역자 오공훈 선생님과 〈정한책방〉 대표 천정한 선생님에게 감사의 말씀을 전합니다.

# 우리는 손으로 일하고, 놀고, 사랑한다

의학박사 E. F. 쇼 윌기스

E. F. Shaw Wilgis, M.D.

우리에게는 두 손이 있다. 우리가 원한다면 두 손을 딛고 일어설 수 있다. 두 손은 우리가 지닌 특권이다. 언젠가는 죽을 우리 몸이 누리는 즐거움이다. 그리고 신이 우리를 필요로 하는 이유다. 신은 우리의 손을 통해 사물을 느끼도록 하는 것을 무척 좋아하기 때문이다. – 엘리자베스 길버트(Elizabeth Gilbert)

의학 연구와 실행을 평생 직업적으로 몰두하고 있는 사람인 나는, 손을 인간 진화를 증명하는 해부학적 구조라고 언급하고 싶다.

인간의 손은 다른 신체 기관보다 훨씬 정교하게, 훨씬 다양하게, 그리고 문자 그대로 훨씬 생산적으로 주변 환경과 상호 작용한다. 손은 뇌가 상상할 수 있는 것의 대부분을 나타내 보일 수 있는 도구이며, 이로 인해 인류 역사의 최전선에서 활약하고 있다. 우리는 손을 뻗어 움켜쥐고, 힘주어 집고, 잡아당겨 가면서, 보다 친절하고 안전하며, 좀 더 계몽된 세상을 향해 나아가고 있다. 인간이라는 종이 시작된 이래로 우리가 이루는 진보는 손이 지닌 경이로운 능력과 불가분한 관련을 맺고 있다.

우리는 처음으로 바로 가까이에 있는 환경을 손으로 기록했으며, 수천 대에 걸친 후손들에게 통찰력을 제공했다. 바로 인간과 동물이 제멋대로 뻗어 나가는 장면과 일상생활의 광경을 동굴 벽에 그리는 방법을 통해서다. 스톤헨지*와 기타 수천 개의 다른 장소에 바위를 밀어 넣을 때도, 우리의 손은 활약했다. 특히 초기 인류가 사계절이 일 년 동안 순환한다는 사실을 어렴풋이 짐작할 때도, 우리의 손은 제 역할을 했다. 인간이 페르시아 산스크리트어나 이집트 상형문자를 새길 때, 손은 우리의 삶을 문자 형태로 기록했다. 펜과 잉크와 종이, 즉 우리의 정신과 마음이 상상한 아이템들은 우리의 손이 없었다면 만들어지지 못했을 것이며, 끊임없이 전진하는 인간 사회에 활용되지 못했을 것이다.

우리의 손은 기본적인 욕구인 의식주를 충족시키는 데 있어 가장 중요한 역할을 하고 있다. 한번 생각해 보자. 가시로 뒤덮인 꼬투리에서 뽑아낸 면화 뭉치에서 실의 가닥을 뽑아 잣는 독창적인 재주

---

* Stonehenge. 영국 남부 윌트셔 주(州) 솔즈베리 평원과 에이브버리에 있는 선사 시대의 거석기념물(巨石記念物)에 있는 환상 열석 유적으로, 높이 8미터, 무게 50톤인 거대 석상 80여 개가 세워져 있음. 수수께끼의 선사시대 유적으로 누가, 어떻게, 왜 만들었는지에 대한 의문이 해결되지 않았음.

는 의심할 바 없이 인간의 정신이 뛰어나다는 증거인데 인간 정신이 지닌 이런 상상력을 섬유와 옷감으로 현실화시킨 것은 바로 손의 훌륭한 재능 덕분이다. 그리고 생존 활동으로부터 한숨 돌릴 수 있는 상황이 됐을 때, 손은 금을 망치질하여 여러 조각의 장식품을 만들었으며 대리석 덩어리를 윤내고 조각하여 예술품을 만들었다. 또한 손은 악기를 만들었다. 기계적이고 일상적인 활동부터 인간이 이룬 가장 숭고하고 장엄한 업적에 이르기까지 손은 우리가 보다 나은 세상을 향해 전진하는 것은 물론, 우리가 보다 나은 세상에 이르기 위해 갖추어야 하는 심화된 이해력을 확보하는 데 혁혁한 공을 세웠다.

수천 년에 이르는 모든 문화권의 역사를 돌이켜 보면 우리가 손의 중요성을 분명히 인식하고 있다는 사실은 보편적이면서도 독점적인 인간의 두 가지 영역에서 확인된다. 바로 종교와 예술이다. 예를 들어 불교에서는 열 가지의 특정한 손 모양으로 핵심적 도덕 원칙을 나타낸다. 무드라*라고 불리는 손 모양은 대부분의 신도들도 잘 알고 있으며, 불교미술(조각, 그림) 및 연대기에도 자주 묘사된다. 산스크리트어를 번역하면 무드라의 의미와 종류는 다음과 같다.

---

* mudra. 수인(手印)이라고도 부름. 부처님이 열 손가락으로 만든 여러 가지 모양으로 각기 다른 덕을 표상함. 나아가 모든 불 · 보살의 서원을 나타내는 손의 모양, 혹은 수행자가 손이나 손가락으로 맺는 인(印)을 가리킴.

- **대담함:** 오른쪽 손바닥을 펴서 가슴 높이로, 또는 그보다 약간 높게 올려 바깥쪽으로 향하는 자세를 취한다.
- **명상:** 두 손을 무릎 안에 놓고 느슨하게 합장한다. 이때 한 손은 다른 손을 모아 쥐며, 양쪽 엄지손가락 끝을 서로 닿게 한다.
- **인사와 경배:** 양손의 손바닥과 손가락을 평평하게 편 상태에서 서로 밀착시키고, 이를 심장 또는 이마 높이로 들어 올려 유지한다.
- **정직:** 왼손을 무릎 위에 고정시키고 손바닥을 바깥으로 향하며, 오른손은 땅 아래쪽을 가리킨다.
- **연민과 성실:** 대개 왼손 손바닥을 바깥으로 향하며, 손가락과 엄지손가락은 편안하고 자연스러운 자세를 취한다.
- **퇴마:** 오른손 손바닥을 위로 향한 채 어깨 높이까지 들어올린다. 가운뎃손가락과 약손가락은 손바닥 쪽으로 구부리고, 동시에 집게손가락과 새끼손가락은 들어 올린다. 엄지손가락은 가운뎃손가락 끝과 닿도록 한다.
- **확신·신의의 에너지와 연결:** 두 손을 평평하게 편 뒤 양쪽 손바닥을 밀착한다. 그런 다음 가슴 한가운데까지 올린다. 오른손가락은 왼손가락에 깍지를 낀다.
- **가르침:** 오른손은 손바닥을 바깥쪽으로 향한 채 가슴 높이까지 올린다. 엄지손가락과 집게손가락으로 원을 만들고, 나머지 손가락은 편안한 자세로 들어올린다.
- **우주 질서의 지속되는 에너지:** 두 손을 가슴 높이에 위치시키고 양쪽 엄지손가락과 집게손가락으로 원을 만든다. 오른쪽 손바닥은 바깥쪽을 향하고 왼쪽 손바닥은 심장 쪽을 향한다.

- **최고의 깨달음:** 두 손을 가슴 한가운데에 놓고, 양쪽 집게손가락을 서로 닿게 한 뒤 위쪽을 가리키게 한다. 나머지 손가락은 서로 깍지를 낀다.

독자 여러분의 종교가 무엇이든 상관없이 나는 여기서 잠깐 책읽기를 멈추고 위에서 소개한 손동작을 취해 보기를 권한다. 이때 손동작을 지칭하는 단어를 큰 소리로 읽으며 하는 것이 좋다. 손의 민감성 덕분에 독자 여러분은 몸과 마음이 서로 강력하게 연결되어 영향을 주고받고 있음을 느낄 것이라고 확신한다.

불교에서 오른손은 신체 작용 및 남성의 특성을 나타낸다. 왼손은 지혜와 여성의 특성(또는 상당수 문화권에서는 '여성의 직관력'이라고 언급하기도 한다)을 상징한다. 그렇다면 오른손과 왼손 간의 접촉을 필요로 하는 무드라는, 남성적 측면과 여성적 측면의 결합을 나타낸다. 한쪽 손 또는 양손을 통해 창조되는 어떠한 손짓의 모습에도 분명 수천가지의 가치 단어가 관련되어 있다.

불교가 인도에서 네팔, 티벳, 중국, 태국, 캄보디아, 일본으로 퍼져 나가면서, 손짓이 의미하는 원칙은 다수의 언어로 번역됐다. 다른 종교에서도 손을 상징적으로 사용함으로써 이와 유사한 효과를 거두고 있다. 말로 하는 언어는 이해하는 데 한계가 있는 반면, 손으로 창출되는 시각적 메시지는 언어를 초월해 어디에서든 통한다.

이슬람교의 전통에서 예언자 무함마드의 딸 파티마의 손은 인내, 믿음, 충성, 역경에 대한 보호를 상징하는 것으로 간주된다. 수 세기 동안 파티마의 손을 그린 부적은 전시를 목적으로 제작되었고 개인이나 가정에서는 보호, 축복, 권력, 힘 등을 얻기를 기원하며 몸에 지녔다. 이렇게 손을 양식화시켜 묘사하는 행위는 북아프리카와 중동을 가로질러 이슬람교에서 유대교에 이르기까지 공통적으로 나타난다. 손의 상징은 초기 유대교의 사본에도 등장하는데 이 상징은 신을 언급하는 문자 및 단어와 밀접한 관련을 지녔다.

가장 오래된 종교인 힌두교에서 다섯 손가락은 자연의 다섯 가지 요소와 신체의 다섯 가지 에너지 중심, 즉 차크라(chakra)를 나타낸다. 힌두교 예술에서 손에 대한 묘사는 힌두 미술은 물론 기록 역사 및 구두 역사에서도 중요한 상징으로 꼽히는데, 부적과 보석에 나타나는 훔사(Humsa) 손(파티마의 손의 인도판이라 할 수 있다)이라고 불리는 신성한 상징은 모든 사회·경제 집단으로부터 엄청난 인기를 누리고 있다.

기독교 전통에서 손은 항상 믿음, 축복, 기도, 찬양에 대한 표현 수단으로 사용된다. 기독교에서 손을 활용하는 양식 중 상당수에는 초기 종교에서 손을 사용하는 방식이 적극 반영되어 있다. 즉 최고의 깨달음을 나타내는 불교 무드라는 대다수의 기독교 신자가 기도할 때 취하는 손 모양과 동일하다. 가톨릭 교회에서, 손은 세례로 시작되는 모든 예식에서 두드러지게 사용된다. 세례식에서 신부는 손에 물을 모은 다음 유아의 머리에 조심스럽게 붓는다. 이때 신부는 엄지손가락을 활용해 십자가 성호(성 삼위일체를 상징하며 가톨릭교회 교리에 헌신하겠다는 의미다)를 아기의 이마에 긋는다.

수 세기에 걸쳐 예술은 특히 글자를 모르는 대중과의 중요한 종교적 의사소통 수단이었다. 중세에 성경의 이야기를 표현한 작품에서 손은 양식화된 다양한 자세로 나타나 있다. 누구나 한눈에 보아도 손의 모양에 중요한 도덕적 메시지가 있다는 것을 바로 이해할 수 있다. 유럽에서 종교 미술은 르네상스 시대 동안 정점에 올랐는데, 이때는 오늘날까지도 계속 감탄을 자아내고 있는 작품들이 부유한 로마 가톨릭 교회에 의해 예술가들에게 의뢰되었던 시기다. 이런 방식으로, 프라 안젤리코(Fra Angelico), 안토니오 다 코레조(Antonio da Correggio), 레오나르도 다 빈치(Leonardo da Vinci), 미켈란젤로(Michelangelo)가 그린 그림이 가톨릭 교회를 대신해 지금까지도 대중에게 메시지를 전달하고 있다.

손을 예술적으로 묘사한 작품 가운데 가장 유명한 사례는 미켈란젤로가 그린 「아담의 창조」에서 찾을 수 있다. 이는 미켈란젤로가 시스티나 성당에 그린 거대한 프레스코화의 일부로, 신의 손이 아담의 손을 향해 뻗는 세부화인데 전 세계 예술작품 중에서 가장 많이 복제되고 있다. 이 작품이 완성된 뒤 500년이 지난 오늘날에도 「아담의 창조」는 우리의 마음을 사로잡는다. 우리가 무슨 종교를 믿든 상관없이 말이다. 손을 돌보고 치료하는 데 전념하는 의사인 나는 이 작품을 보면 엄청난 감동에 빠진다. 이 그림에는 신이 아담의 손을 향해 팔을 뻗는 광경이 담겨 있다. 아담의 이마나 어깨, 흉골에 닿은 게 아니다. 더욱이 신의 손은(정확하게는 집게손가락은) 아담의 손에 닿고 있다. 이 작품에서 신은 아담의 머리끝 쪽으로 몸을 기울여 입맞춤하는 방식을 택하지 않았다. 신이 자신의 손을 쭉 뻗어 아담의 손가락 끝으로 생명을 전달하는 상호 작용적 행위에 담긴 상징적인 힘과

경이로움은 「아담의 창조」를 감상하는 사람 모두에게 전달된다. 마치 신이 "네 손을 지혜롭게 사용해라. 너는 손을 통해 나와 연결되고 있다."라고 말하는 것 같다.

예술에서 손의 중요성은 종교와 관련된 작품에 국한되지 않는다. 고대에서 현대에 이르는 세속화에서 손은 인간의 부, 사회적 지위, 직업에 대한 정보를 전달한다. 반지, 긴 손가락, 고운 피부, 잘 정돈된 손톱은 전통적으로 부유하고 교육 수준이 높은 사람을 나타낸다. 18세기에 어느 부유한 신사가 자신의 초상화를 의뢰했다면, 섬세하고 가느다라며, 창백하고 흠 하나 없는 손을 그려 주는 것이 유행이었다(그의 손이 실제로 어떤 모습인지는 상관이 없다). 오늘날의 시각에서 보면, 이런 손 가운데 일부는 남성적이라기보다는 여성적이며 초상화 인물의 나이에 걸맞는다고 믿기가 도무지 어려울 정도다. 자, 이제 주목하자. 독자 여러분의 예술 취향이 어떻든지 간에, 게다가 여러분이 수집가라면, 초상화에 인물의 손이 그려져 있을 때 작품의 금전적 가치가 굉장히 올라간다는 점을 명심해야 한다!

의심할 바 없이 독자 여러분은 예술 작품(종교화든 세속화든)보다는 날마다의 일상생활에서 훨씬 빈번하게 손을 본다. 심지어 생각이라는 과정을 거치지 않고도, 사람의 손을 보면 그 사람의 직업이 무엇인지 바로 추정할 수도 있다. 석공의 손은 대개 교수의 손과는 모양이 다르다. 어떤 사람이 기혼인지 미혼인지 여부는 왼손에 낀 결혼반지의 형태로 공표된다. 이것은 가장 보편적으로 인정받는 문화적 상징 가운데 하나다. 서구 사회에서는 악수로써 인사를 하고 작별을 한다. 비즈니스 협상에서 악수는 계약을 체결했다는 의미로 통한다.

순수한 생리적 관점에서 보면 손은 27개의 뼈, 24개의 근육, 32개의 관절로 복잡하게 설계된 장치다. 콘서트에서 공연이나 연주를 할 때, 우리는 손을 통해 작업하고 감정을 표현한다. 손은 다른 신체 감각이 인지하지 못하는 뇌의 정보를 감지하고 피드백할 수 있기 때문에, 우리가 보고 듣고 말하는 것을 돕는다. '손과 뇌의 관계는, 왓슨과 셜록 홈스의 관계와 똑같다.'라고 볼 수 있는 것이다.

의사인 나는 손을 치료하고 돌보는 것을 전공으로 선택했다. 손이 인간의 경험과 불가분한 관련을 맺고 있다는 사실을 발견했기 때문이다. 아마도 뇌를 제외하고는 어떤 다른 신체적 양상보다도 훨씬 밀접한 관련을 손이 맺고 있을 것이다. 나는 의대 재학 시절 손에 담긴 복잡함에 매료됐으며 뇌의 가장 정교한 작동방식이 손을 통해 표현된다는 사실에 깊은 인상을 받았다. 역사를 통틀어 보아도 손의 활약상은 가히 믿기 어려울 정도다. 인쇄기를 통한 문해력의 발전, 현미경을 통한 과학의 발전, 육분의*를 통한 항해의 발전, 계산자를 통한 공학의 발전은 모두 손이 활약한 결과다. 손은 무수한 방식으로 인간의 삶을 향상시켰다.

내가 보기에 인간의 손이 지닌 아름다움과 기능성은 우리의 인간성을 표현하는 것과도 불가분의 관계를 맺고 있다. 손은 자연세

---

* 六分儀. 선박이 대양을 항해할 때 태양과 달, 별의 고도를 측정함으로써 현재 위치를 구하는 데 쓰이는 기기. 기기의 틀이 원의 6분의 1, 즉 60도의 원호 모양이라는 데에서 육분의라는 이름이 유래함.

계를 우리가 좋아하는 형태로 바꾸려는 노력, 환경을 향상시키려는 노력, 존재의 의미를 발견하려는 노력을 실행해 내는 것 모두에 기여하고 있다. 손이 지닌 놀라운 능력을 찬양하자. 그리고 지혜롭게 활용하자.

## 감사의 말

책을 만드는 데는 수많은 노고가 필요하다. 이 책의 공동저자들에게 감사의 말씀을 전하게 되어 기쁘다.

이 책의 각 장에 원고를 기고한 동료 모두에게 감사의 말씀을 드리고 싶다. 그들은 손의 다양한 조건에 대해 썼다. 그들 모두는 '커티스 국립 손 센터(The Curtis National Hand Center)'에 과거에 몸담았거나 현재 소속되어 있다.

이와 더불어, 존스 홉킨스 대학 출판부에 근무하는 전문가 여러 분도 엄청난 도움을 주셨다. 이 원고를 건강 시리즈의 일부로 하자는 초기 아이디어가 나오는 데는 재클린 웨뮐러(Jacqueline Wehmueller)가 중요한 역할을 했다. 마가렛 머피(Margaret Murphy)는 우리가 쓴 거친 형태의 원고를 매끄럽게 다듬었다. 즉 임상에서 사용하는 언어로 뒤덮여 있던 초기 원고를 비전문가도 쉽게 이해할 수 있도록 편집했다. 최종 결과물이 나오는 데 도움을 아끼지 않은 존스 홉킨스 대학 출판부의 다른 모든 분들에게도 감사의 말씀을 전한다.

특히 미술가인 재클린 셰퍼(Jacqueline Schaffer)에게 감사의 말씀을 전한다. 그녀는 다양한 형태와 조건을 지닌 손 모양을 아주 우아하게 포착했다.

커티스 국립 손 센터에서 나와 함께 일하는 직원들에게도 감사의 말씀을 드린다. 특히 의학 문서 편집자 앤 매트슨(Anne Mattson), 우리가 찍은 사진 상당수를 매만진 놈 더빈(Norm Dubin), 인내와 배려를 아끼지 않아 전체 프로젝트가 원활하게 돌아가는 데 기여한 로레인 젤러스(Lorraine Zellers), 이들 모두에게 감사의 말씀을 전한다.

여러분 모두에게 감사의 말씀을 드린다. 여러분이 없었다면 이 책은 나오지 못했을 것이다.

차례



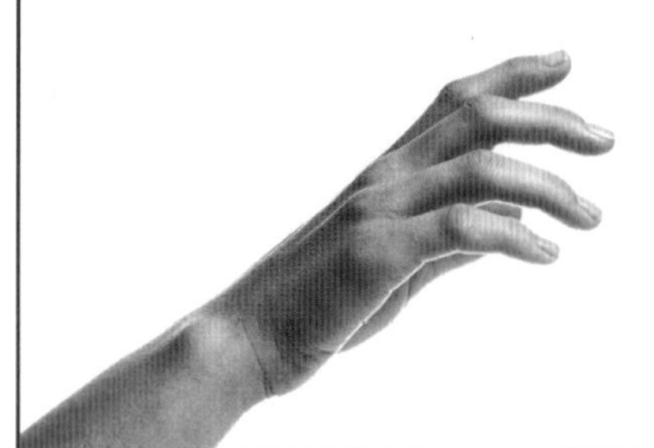

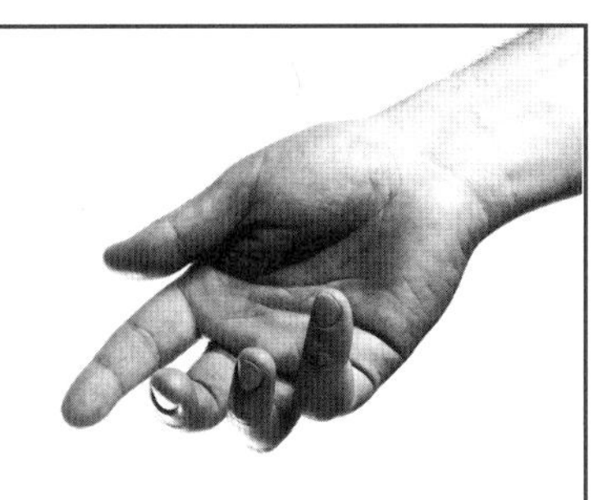



the Wonder of the human hand

the
Wonder
of the
human
hand

# 환경에 손이 접촉될 때 삶이 발생한다

의학박사 E. F. 쇼 윌기스

마음은 손과 동일한 힘을 지니고 있다.

세상을 움켜쥘 뿐만 아니라, 세상을 아예 바꾸기도 하기 때문이다.

– 콜린 윌슨(Collin Wilson)

레이먼드 M. 커티스 박사(Dr. Raymond M. Curtis)는 1971년 미국 손외과 학회(the American Society for Surgery of the Hand) 학회장 연설에서 다음 같이 말했다. "저는 손만큼 인간 행동과 친밀한 관계를 맺고 있는 다른 인체 기관은 없다고 생각합니다. 우리는 손을 통해 일하고, 기도하고, 사랑하며, 치유하고, 배우고, 의사소통을 하며, 감정을 표현합니다. 그리고 미술, 음악, 문학, 스포츠의 형태로 사회에 기여합니다."

우리는 이 말에 동의한다.

이 책에서 나와 동료 저자들은 손 자체는 물론이고, 손이 우리의 물리적, 정신적, 감정적 세계에서 점하고 있는 역할과 위상에 대해 조사했다. 우리는 손 외과 전문의거나 손 치료사이기 때문에 선천적 장애, 질병, 부상이 손의 기능에 어떤 영향을 끼치는지, 아울러 이 문제를 개선하거나 치료하기 위해 의학은 무슨 일을 할 수 있는지를 연구한다. 이 책에서 우리는 분명한 의료 정보를 제공하기 위해 실제 사람들, 즉 운동선수, 음악가, 예술가, 의사, 군인 등의 사례를 독자 여러분과 공유할 것이다. 그들의 손은 선천성 기형이나 질병, 외상에 직면해 있다. 또한 독자 여러분은 시각과 청각을 대신하여 손을 활용하는 사람들의 이야기를 읽게 될 것이다.

결과적으로는 손이 지닌 물리적·인지적 특성에 대해 독자 여러분이 올바른 이해를 가지게 되기를 희망한다. 배를 젓는 노와 비슷하게 생긴 자궁 내 태아의 손 모양에서부터, 손의 기능과 삶의 질을 개선시킬 의도로 외과 수술용 메스를 정교한 방법으로 휘두르는 손의 기량에 이르는 광범위한 정보를 이 책은 제공할 것이다.

1장에서 독자 여러분은 손의 놀라운 해부학적 구조에 대해 배울 것이다. 손의 형태가 지닌 장점 및 약점을 이해하면, 독자 여러분은 손의 기능이 지니고 있는 잠재력 및 한계를 파악하는 데 도움이 될 것이다.

2장에서 독자 여러분은 손의 기능을 불완전하게 하는 선천적 원인들을 소개받을 것이다. 선천적 원인은 태아가 모체의 자궁 속에서 발육하는 시기에 이미 싹트기 시작한다. 손은 수정 후 5~8주 사이에 형성되는데 이 시기 동안 손의 형태나 기능, 또는 둘 다의 제약을 낳는 여러 가지 문제가 발생할 수 있다. 이 같은 사례에 직면했을 때 고려할 수 있는 다양한 교정 조치에 대해서는 2장에서 탐구한다.

3장에서는 운동선수가 손을 제대로 활용하기 위해 필요한 사항과 흔히 입는 부상을 소개한다. 손 부상이 운동선수에게 초래하는 문제들과 더불어, 까다로운 선천적 문제에 유명 프로 운동선수들이 적응해 나간 방법을 소개한다. 아울러 운동선수가 입은 부상에 대한 수술적·비수술적 치료를 일람할 것이다.

4장에서는 손과 관련된 가장 흔한 문제 중 하나인 관절염을 다룬다. 손을 불구로 만들 수 있는 잠재성을 내포하고 있는 질환인 관절염에 대해 다행히도 많은 것이 밝혀지고 있다. 독자 여러분은 손에 영향을 끼치는 관절염의 유형은 물론, 통증을 완화시키고 기형을 교정하며 기능을 향상시키는 목적으로 실행되는 수많은 수술적·비수술적 치료법에 대해 배우게 될 것이다.

5장에서는 음악가의 손에 정기적으로 가해지는 스트레스에 대해 자세히 다룬다. 아울러 의학적 치료가 언제 어떻게 도움이 될 수 있는지도 다룬다. 청중 입장에서, 클래식 음악 연주는 지극히 고요하고 평화로운 천상의 음악처럼 들릴 수 있다. 그런데 전문적인 음악인이 되기 위해 신체적으로 치러야 할 대가가 얼마나 크고 다양한지를 알게 되면 깜짝 놀랄 것이다. 이 책에 소개되는 교정 치료, 수술·비수술적 요법은 부상을 피하기 위해, 또는 좌절을 겪은 뒤에 다시 연주로 돌아가기 위해 음악가가 어떤 연습 스케줄을 짜야 하는지도 제안한다.

6장에서는 손이 청각장애인에게 의사소통 면에서 어떤 도움을 주는지를 탐구한다. 청각장애인끼리의 의사소통은 물론, 청각에 이상이 없는 사람과의 소통도 다룬다. 독자 여러분은 미국식 수화(American Sign Language)가 어떻게 개발됐는지 알게 될 것이다. 아울러 청각장애인이 자신의 손에 신체적 또는 기능적 결함을 느낄 때, 손 관련 전문의가 어떤 도움을 줄 수 있는지에 대해서도 살핀다.

7장에서는 가정이나 일터에서 입는 손 부상에 대해 다루는데 우리는 이 내용이 여러분 일상생활의 잘못된 습관에 경종을 울리고 동시에 격려가 되기를 희망한다. 아울러 부상당한 손을 어떻게 의학적으로 치료할 수 있는지도 다룬다. 명심할 것은 여러분이 별다른 움직임 없이 하루 종일 컴퓨터로 일한다 하더라도, 두 손을 계속 활용하여 작업한다는 것이다. 일상생활에서 입기 쉬운 각종 부상을 방지하는 방법에 대해서도 소개할 것이다.

8장에서는 당뇨병이라는 치명타가 손 기능에 끼치는 영향을 다룬다. 사람들 상당수는 당뇨병을 혈당 수치를 체크하기만 하면 되는 성가신 질병에 불과하다고 여긴다. 하지만 사실을 말하자면 당뇨병은 몸 전체에 심각한 문제를 야기할 수 있는데 여기에는 손도 포함된다. 당뇨병은 급속히 확산되고 있는 질병이기 때문에, 이 장에 소개되는 내용은 많은 이에게 중요한 정보가 될 것이다.

9장에서는 괄목할 만한 수준으로 발달된 점자에 대해 살펴본다.

또한 점자를 읽기 위해 손끝을 활용하는 방법에 대해서도 알아본다. 시각장애인이 눈으로 볼 수 없는 세상으로 나설 때, 손은 놀랄 만한 역할을 담당한다. 독자 여러분은 곧 알게 되겠지만, 때로 손 외과 전문의는 시각장애인이 '더 잘 볼 수 있도록' 도움을 줄 수 있다. 시각장애인에게 있어 손끝의 민감성이란 시각에 이상이 없는 사람들의 눈만큼 엄청나게 중요하다.

10장에서는 일부 선천성 질환(또는 다른 원인으로 손에 손상을 입은 경우)의 결과로 나타날 수 있는 수축 및 경련을 다룬다. 아울러 의학에서 이를 교정하거나 개선시키기 위해 어떤 방법을 쓰는지 알아본다. 예를 들어, 독자 여러분은 뒤퓌트랑 구축(拘縮)에 대해, 그리고 이 유명한 병이 미술에서 어떻게 묘사되는지에 대해 알게 될 것이다. 또한 이 장에서는 인생 초반 또는 후반에 나타날 수 있는 다양한 경련 질환이 무엇인지, 그리고 이 질환을 교정시킬 목적으로 고안된 치료에는 어떤 것이 있는지 확인할 수 있다.

마지막 장인 11장은 손 수술 분야의 놀라운 발전을 집중적으로 다룬다. 여기에는 '손 이식 수술'이 포함된다. 재건을 위한 조직 이식, 경련 문제를 해결하기 위한 화학 치료, 기능을 복구하기 위한 근육 및 신경 이식 등 다수의 정교한 외과 치료를 다루며, 치료법이 발달되어 온 역사를 소개한다. 인간의 손을 치료하는 데 헌신한 의학 분야의 선구자들이 보여 준, 쉽사리 믿기 어려운 지속적인 창의력과 인내의 증거들이 이 장에 생생하게 담겨 있다.

최근 커티스 국립 손 센터에서 개최한 축하 행사에서 어떤 분이

했던 말씀은, 나와 동료들이 이 일을 왜 하는지에 대한 본질적인 이유를 정확하게 포착하고 있었다. 그분은 불완전한 손을 갖고 태어났는데, 커티스 박사의 작업 덕분에 '자유롭고 제대로 된 삶을 살게 된' 자신의 체험에 대해 이야기했다. 그는 다음과 같이 연설했다.

1955년 여름에, 커티스 박사님은 제 왼손에 작은 손가락 두 개를 만들어 주셨습니다. 이때 박사님이 작업하실 수 있는 '원재료'는 얼마 없었지요. 손에 달린 작은 덩어리 다섯 개가 전부였으니까요. 엄지손가락에만 관절이 있었는데 그나마도 기저에서 움직일 수 있는 관절은 표면 아래 일 인치 반 정도가 전부였습니다. 관절은 엄지손가락의 기저 옆에 묻혀 있었고, 엄지손가락에 너무 가까이 누워 있는 바람에, 엄지손가락을 움직이거나 아무리 작은 물건이라도 쥐는 것이 불가능했습니다. 집게손가락도 너무나 작았고요.

박사님이 제 인생에 기여해 주신 많은 것 가운데 하나를 꼽으라면 역시 손입니다. 저는 최근에는 손에 대해 특별히 생각해 본 적이 거의 없습니다. 신발 끈 하나 못 묶던 제가 이제는 손쉽게 묶을 수 있습니다. 남들처럼무수히 많은 사소한 일을 자연스럽게 할 수 있게 됐습니다. 사소한 일에 신경 쓰지 않고 '양질의 행동'을 하며 완전히 충만한 삶을 살 수 있게 된 것입니다. 그러자 마음에 선의를 품고, 가치를 추구하는 삶을 살게 됐습니다. 어느 동시에 나오는 구절처럼, 저는 '상상할 수 있는 최고의 존재'가 될 기회를 얻은 것입니다. 박사님 덕분에 말이죠.

이 책을 쓴 나와 동료 저자들은 최근, 혹은 예전에 메릴랜드 주(州) 볼티모어에 위치한 메드스타 유니언 메모리얼 병원(MedStar Union Memorial Hospital) 산하 커티스 국립 손 센터(The Curtis National Hand Center)에서 일했던 교수진이다. 우리는 우리의 직업 경력 전체를 손을 치료하고 돌보는 일에 헌신하고 있다. 우리의 노력을 이 책에 담았다. 이 책을 통해 독자 여러분이 인간의 손에 대해 새롭게 이해하기를 소망한다. 손이 지닌 주목할 만한 해부적 구조 및 기능부터, 여러 세월을 거치며 손이 인간 사회에서 맡아 온 핵심적인 역할에 대해 알게 되기를 바란다. 우리는 그간 진행해 온 임상 연구, 그리고 정형외과 및 성형외과 수련의들을 지도해 온 교수로서의 역할, 아울러 여러 해에 걸쳐 수천 명의 환자를 치료해 온 전문가로서의 경험 모두를 만족스럽게 그리고 겸허하게 받아들이고 있다. 오늘도 환자들은 우리에게 날마다 지속적으로 가르침을 주고 영감을 불어넣어 준다.

우리는 독자 여러분이 이 책을 통해 깨달음을 얻기를 희망한다. 아울러 독자 여러분 자신, 또는 여러분이 사랑하는 이의 손에 문제가 있다면 이 책을 통해 위로와 힘을 얻을 수 있기를 진심으로 소망한다.

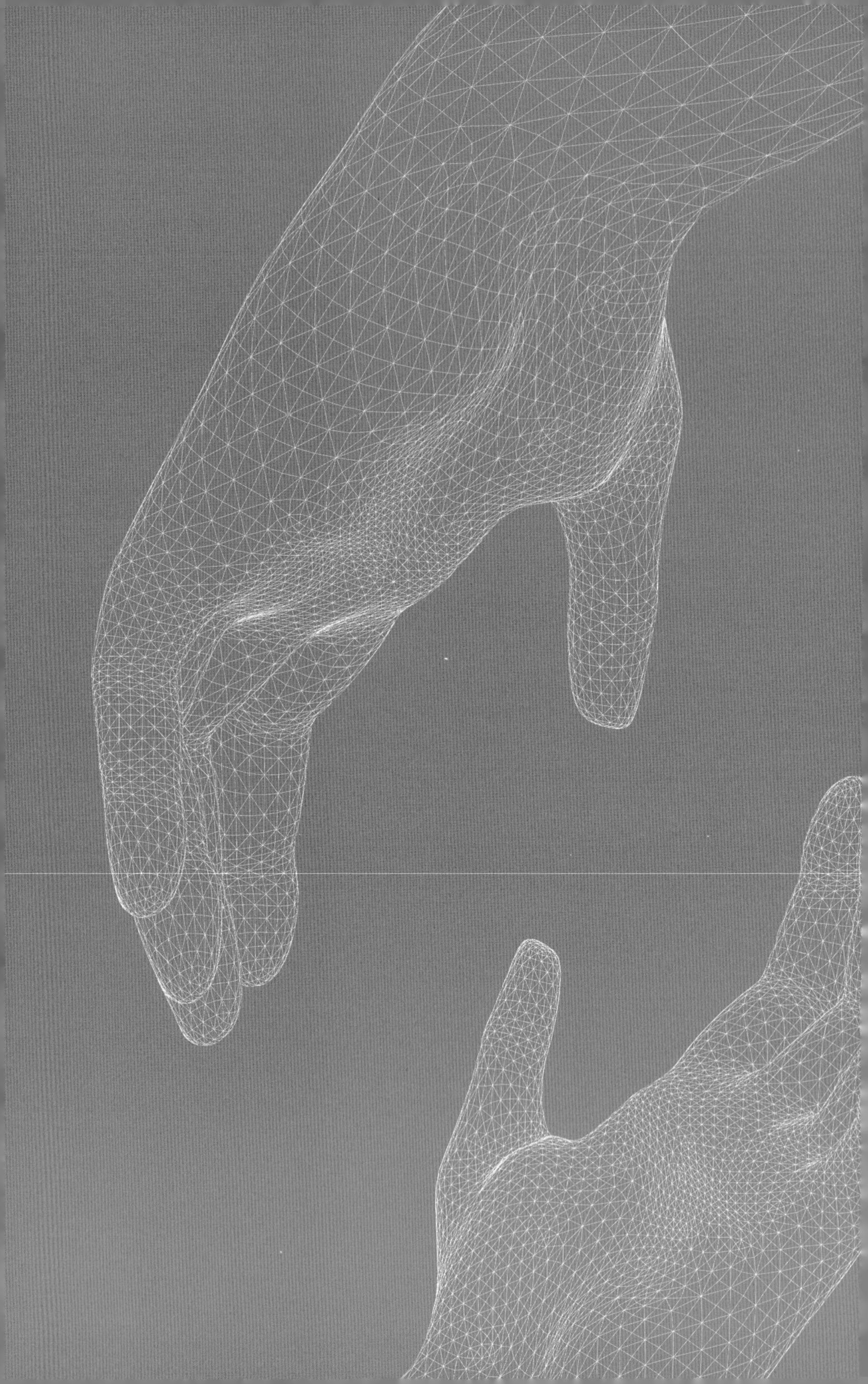

# 1장

# 손의 해부학

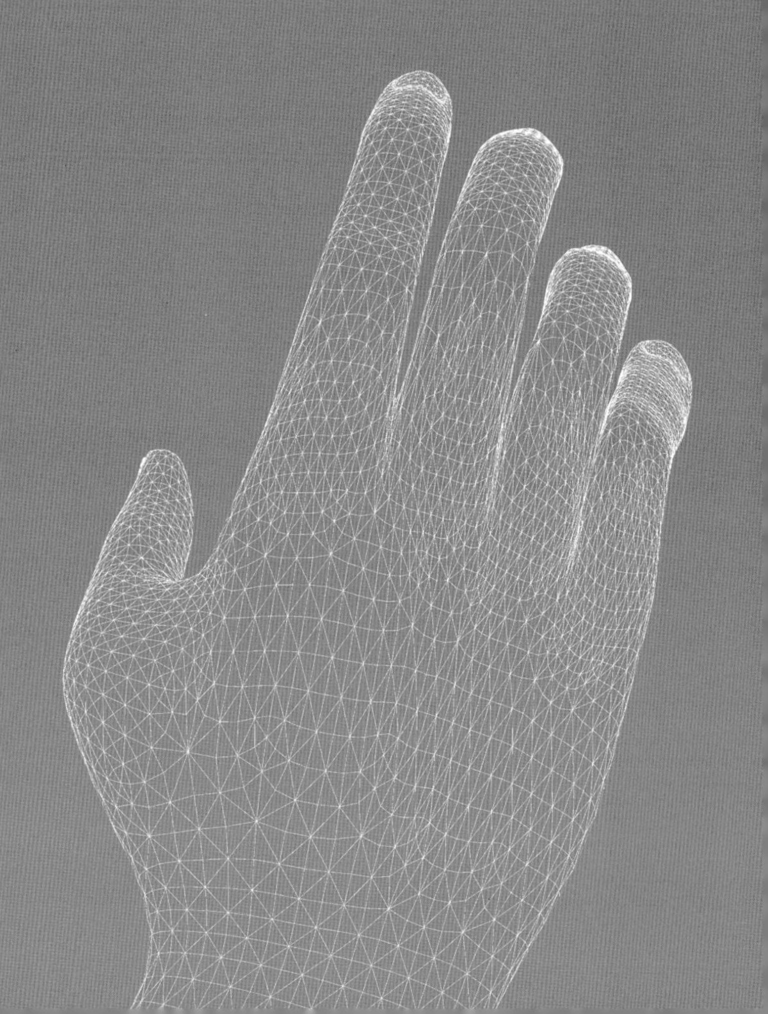

# 손의 해부학

의학박사 라이언 D. 카츠

인간의 손에는 무언가 시적인 것이 있다. 손의 형태와 기능은 아름다운 시너지 효과를 이루고 있으며, 이는 가히 '시각적으로 보이는 뇌의 일부'라 할 만하다. 엄청나게 섬세한 부속물인 손은 밀가루를 반죽해 빵을 만들 수 있으며, 심장이식 수술을 진행할 수도 있다. 또한 야구공을 던지고 스웨터를 짤 수 있으며, 피아노를 연주하고 상처를 봉합할 수도 있다. 우리의 손은 목탄 조각을 쥐고 초상화를 그릴 수 있으며, 역사를 기록하고 고층 건물의 축척 모형은 물론 고층 건물 자체를 만들 수 있다.

신체에서 가장 섬세한 부분인 손에 의해, 복합적으로 조직화된 움직임이 발생한다. 손은 조그마한 관절 뼈, 서로 연결망을 이루고 있는 힘줄, 독특한 말단과 기능(일부는 감각 기능, 일부는 운동 기능)을 지닌

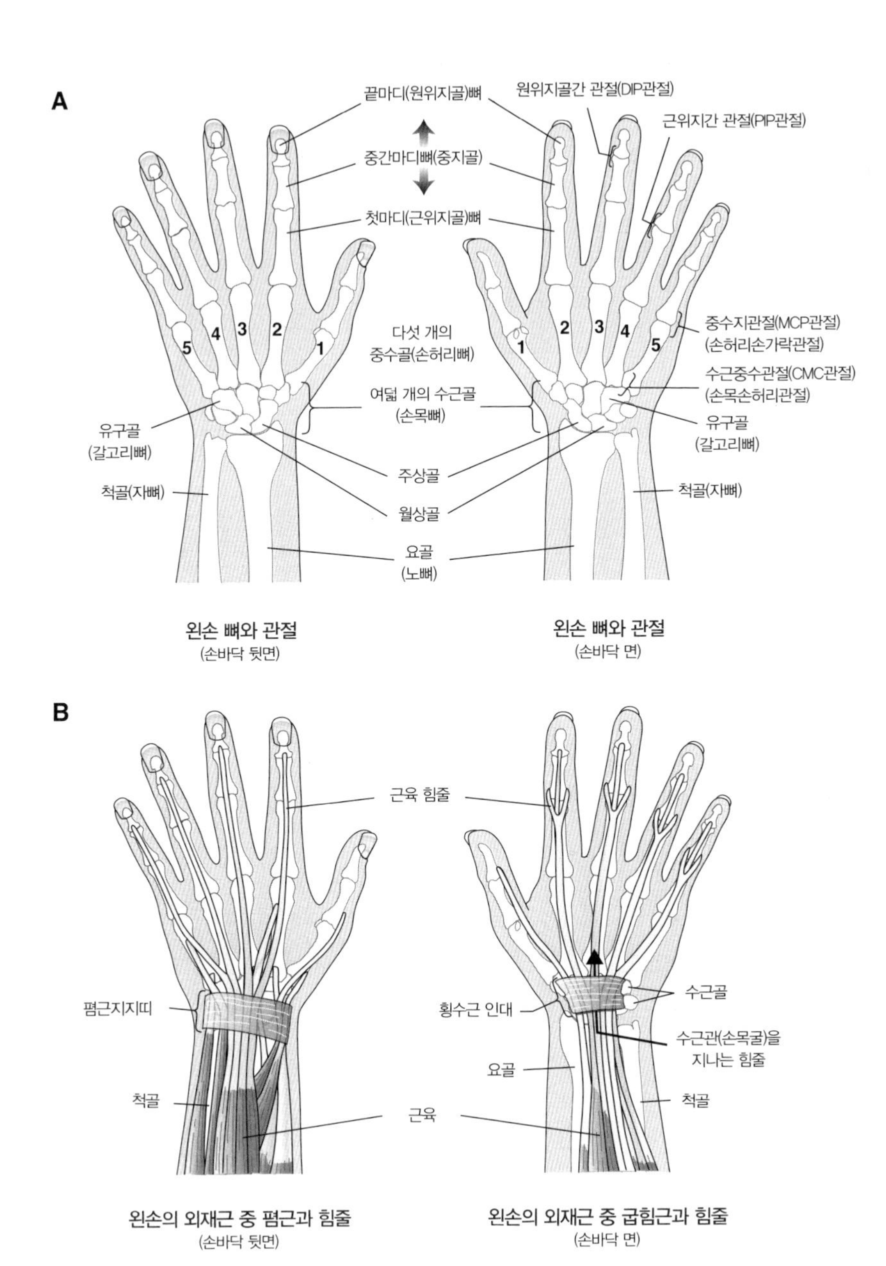


**왼손 뼈와 관절**
(손바닥 뒷면)

**왼손 뼈와 관절**
(손바닥 면)

**왼손의 외재근 중 펌근과 힘줄**
(손바닥 뒷면)

**왼손의 외재근 중 굽힘근과 힘줄**
(손바닥 면)

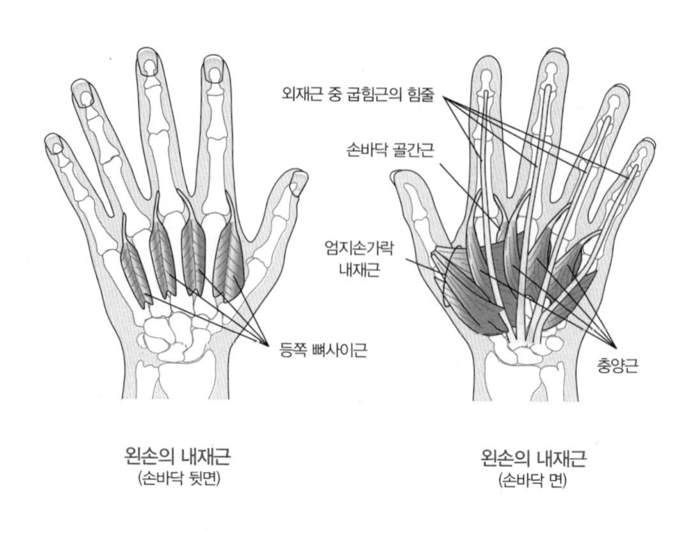


◎ 그림 1.1. (A) 왼손의 뼈와 관절, (B) 왼손의 외재근과 힘줄, (C) 왼손의 내재근

다양한 신경, 아주 작은 동맥, 정맥, 근육, 피부로 이루어진 조직이다. 여기서 잠깐 숨을 돌려 보자. 신발 끈을 천천히 묶으며, 손이 이루어내는 시적인 움직임을 찬찬히 살펴보자. 그런 다음, 이런 대단히 복잡한 행동을 어떻게 날마다 쉽게, 빠르게, 아무 생각 없이 수행해 내고 있는 것인지 스스로에게 물어보자. 이 모든 것은 바로 놀라운 인간의 손 덕분이다.

인간의 손이 지닌 안정성과 형태는 잘 드러나지는 않지만 근본적인 뼈대(그림 1.1.의 A를 보라)에서 유래된다. 각각의 손에는 27개의 뼈가 있다. 8개의 수근골(手根骨), 5개의 중수골(中手骨), 14개의 손가락뼈[指骨]가 있다.

## 손의 뼈와 관절

수근골(손목뼈)은 팔뚝의 긴 뼈(요골과 척골) 두 개와 손가락 사이를 역학적으로 연결하는 역할을 하는 뼈다. 여덟 개의 수근골은 독특한 모양을 하고 있으며, 손목이 움직이는 데 단독적으로 기여한다. 주상골은 통나무 배처럼 생긴 뼈다.

주상골의 어원은 그리스어 'skaphe(작은 배)'에서 비롯됐다. 주상골은 수근골의 두 줄을 연결하는 역할을 한다. 이 뼈는 가장 흔하게 골절되는 수근골이라 말할 수 있다.

수근골은 연골로 거의 완전히 덮여 있으며, 혈액 공급은 극히 미약하다. 주상골은 혈류가 제한되어 있기 때문에, 골절 부상을 입으면 회복이 더디게 진행되거나 심지어 전혀 치유되지 못하기도 한다. 주상골 골절이 치유되지 않으면 뼈는 붕괴되며, 수근골 두 줄의 연결은 제대로 이루어지지 못하고 위태로워진다. 그 결과 손목 관절에서 점진적인 퇴행성 변화가 일어난다. 이때 대개는 통증과 관절염이 수반된다.

다섯 개의 중수골은 손에서 가장 긴 뼈다. 이 뼈는 주먹을 쥔 자세를 취할 때 두드러지게 나타난다. 이 자세를 취하면 손가락 관절이 보이는데, 이것이 바로 중수골의 '머리' 부분이다. 넷째 손가락과 새끼손가락의 중수골의 운동성은, 기본적으로 집게손가락과 가운뎃손가락보다 두드러질 정도로 훨씬 많다. 넷째 손가락과 새끼손가락 관절에 추가된 운동성 덕분에, 손은 쥐는 힘을 보다 강력하게 발휘할 수 있다. 예를 들면 망치를 사용할 때 큰 도움이 된다. 이 추가된 운동성이 없다면, 원통 모양의 작은 물체를 힘을 주어 쥐는 데 어려움을 겪을 것이다.

그렇지만 집게손가락과 가운뎃손가락 중수골에는 이러한 종류의 운동성이 없다. 고도의 훈련을 받은 권투 선수 및 전문 격투기 선수는 두 손가락의 중수골이 운동성 대신 확보하고 있는 구조적인 안정성을 활용해, 집게손가락과 가운뎃손가락 관절로 상대방을 '접촉'하는 훈련을 한다. 두 손가락 관절로 타격을 가하면(신체에서 팔로, 그리고 손을 통해 중수골로) 상대방에게 힘을 직접적으로 전달할 수 있다.

이와 대조적으로, 싸움꾼이나 훈련을 제대로 받지 않은 격투기 선수는 운동성이 더 많은 (그래서 힘을 덜 효율적으로 전달하는) 넷째 손가락과 새끼손가락 관절로 상대방을 접촉하는 상황을 종종 연출한다. 그 결과 두 손가락 중 하나가, 또는 두 손가락 모두가 골절되는 경우가 빈번하게 발생한다. 이런 경우는 이른바 '권투 선수의 골절(boxer's fractures)'이라고 일컬어진다. 물론 숙련된 권투 선수는 넷째 손가락과 새끼손가락으로 상대방을 가격하는 행동을 피할 것이기 때문에, '권투 선수의 골절'보다는 '싸움꾼의 골절'이라고 용어를 바꾸어 부르는 것이 더 적절할 것이다.

14개의 지골은 손가락에 있는 뼈다. 각각의 손가락에는 3개의 지골이 있으며, 엄지손가락에는 2개의 지골이 있다. 작은 관 모양의 지골은 관절로 서로 이어져 있으며, 중수골과 함께 손가락 관절을 형성한다. 주먹을 쥘 때 볼 수 있는 손가락 관절은 중수지관절(中手指關

節)이라고 하며, 손가락이나 엄지손가락을 구부릴 때 보이는 손가락 관절은 근위지간 관절(近位指間 關節)이라고 한다.

손가락에서, 손톱에 가장 가까이 있는 관절을 일컬어 원위지골간 관절(遠位指骨間 關節)이라고 한다. 이 관절은 골관절염의 영향을 받는 경우가 종종 있으며, 이는 연골의 마모로 이어진다. 다음에 있는 관절인 근위지간 관절은 평균 110도까지 원호 모양을 그리며 움직일 수 있으며, 이로 인해 손가락의 조절가동역(건강한 손가락의 총 조절가동역은 약 270도다)에 가장 큰 기여를 하고 있다. 근위지간 관절이 손상을 입으면 손가락은 완전히 기능하는 데 제약을 받으며 상당히 약해질 수 있다.

## 손의 근육과 힘줄

총체적이든 크든, 손의 움직임은 팔뚝의 근육과 힘줄이 이루어내는 결과다. 이 근육은 '손의 외재근'이라고 부른다. 근육의 발생이 손의 내부가 아니라 옆에서 이뤄졌기 때문에 그런 명칭이 붙었다. 주먹을 꽉 쥐면 손바닥 면에서 외재근 중 굽힘근을 볼 수(그리고 느낄 수) 있다. 이때 근육은 팔꿈치 내부의 작용에 의해 원래 모양에서 수축되어 있다. 손가락을 최대한 똑바로 편 상태에서 손바닥 뒷면을 관찰하면, 외재근 중 폄근이 활동하는 모습을 볼 수 있다.

굽힘근과 폄근은 팔뚝에서 출발한다. 그리고 긴 힘줄을 거쳐 손가락에 이르는 여정에 오른다(그림 1.1.의 B를 보라). 힘줄은 평행한 콜라겐의 묶음이다. 마치 작은 쇠줄을 여럿 묶어 만든 커다란 쇠줄 뭉치처럼 배치되어 있다. 이 때문에 힘줄은 상당히 강력한 힘을 지닌다.

손가락마다 2개의 굽힘힘줄이 있고, 엄지손가락에는 1개의 굽힘힘줄이 있다. 이는 9개의 굽힘힘줄이 팔뚝에서 손가락까지 나아가야 한다는 것을 의미한다. 굽힘힘줄은 손목에 있는 꽉 조인 터널을 통과하는 여정을 거친다. 이 터널을 수근관(手根管)이라고 한다. 수근관은 수근골을 '바닥'으로, 꽉 조여 있는 인대(횡수근 인대)를 '지붕'으로 삼고 있다. 수근관에는 9개의 굽힘힘줄만 있는 것이 아니다. 정중신경(正中神經)도 포함되어 있다.

## 손의 신경

정중신경은 뇌에서 손가락 끝까지 이르는 커다란 말초 신경이다(그림 1.2.의 A를 보라). 이 신경은 엄지손가락, 집게손가락, 가운뎃손가락 그리고 넷째 손가락의 절반 부분에 감각을 부여한다. 또한 정중신경은 엄지손가락에 있는 작은 내재 근육을 자극하는 운동 신경 분지를 전달한다. (내재 근육은 손 내부에서 생기고 착생되어 있다. 그림 1.1.의 C를 보라) 정중신경을 꽉 조이거나 압박을 가하면, 그 결과 엄지손가락, 집게손가락, 가운뎃손가락이 마비되거나 얼얼하게 된다. 정중신경을

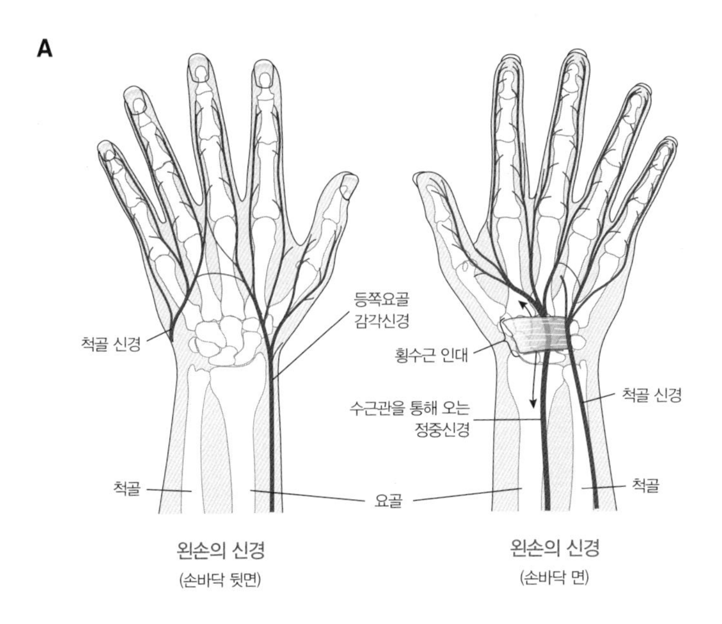


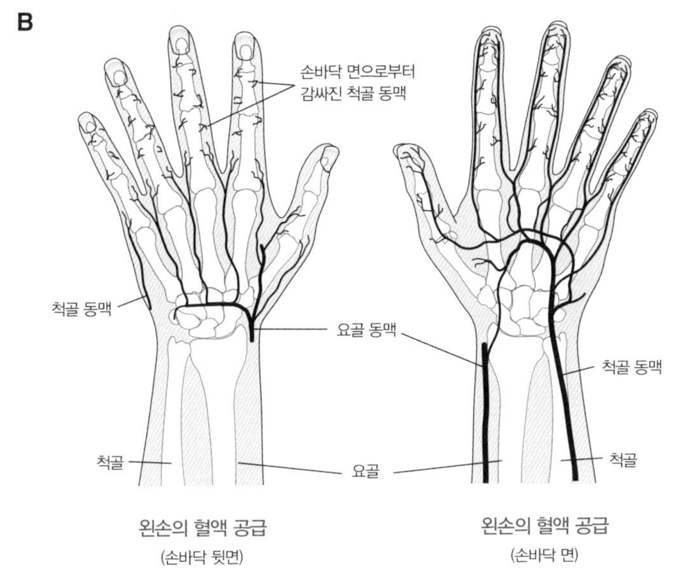


◎ 그림 1.2. (A) 왼손의 신경, (B) 왼손의 혈액 공급

아주 심하게 조이면 손가락이 완전히 마비되는 것은 물론, 엄지손가락의 내재 근육계가 쇠약해지는 결과가 나타날 수 있다. 이러한 증상, 즉 손목에 있는 정중신경을 압박해 마비와 얼얼한 증상이 일어나는 것(그리고 심한 경우, 엄지손가락 근육량이 줄어드는 것)은 수근관 증후군으로 알려져 있다(9장을 보라).

수근관 증후군의 증상은 가볍거나 중간 정도, 또는 심각하게 나타날 수 있다. 진단은 환자가 살아온 이력에 대한 주의 깊은 검토와 신체검사, 때로는 신경과 전문의가 수행하는 전기 진단 연구를 통해 밝혀진다.

가벼운 수준의 수근관 증후군 치료를 위해 최우선적으로 활용되는 방법은 손목 부목(副木)과(밤에 착용한다) 경구용 소염진통제다. 이 치료로 효과를 거두지 못하거나 엄지손가락 근육의 양이 손실되는 증상이 야기된다면, 수술 치료가 고려된다. 외과 전문의는 수술을 진행하며 횡수근 인대를 잘라 수근관의 '지붕'을 풀어 주고, 이를 통해 9개의 굽힘힘줄과 정중신경이 압박을 받지 않고도 관을 통과할 수 있는 공간을 만든다.

손에는 많은 내재근이 있다. 여기에는 새끼손가락에만 특화된 내재근은 물론, 두 집단으로 이루어진 나머지 손가락의 내재근이 포함된다. 이 손가락들에 있는 내재근은 중수골 사이(뼈사이근) 아니면 깊숙한 곳에 있는 외재근 중 굽힘근(충양근)에서 발생한다. 충양근은 오직 인간의 신체에서만 발생해 힘줄에 삽입되는 근육이다. 이 모든 작은 내재근은 손에 힘을 부여하며 손가락이 원활하게 움직일 수 있도록 돕는다. 이 내재근이 없다면, 외재근이 적절하게 작용하더라도 물체를 쥐고 다루는 행위가 불가능하게 되지는 않더라도 어렵게 된다.

거의 예외 없이, 손의 내재근 대부분은 척골 신경에 의해 작동된다. 척골 신경은 뇌에서 출발해 손끝에 이르는 또 하나의 말초 신경이다. 정중신경과 마찬가지로, 척골 신경도 꽉 조이거나 압박을 가할 수 있다. 그렇지만 정중신경과는 달리, 척골 신경 압박은 대개 팔꿈치에서, 팔꿉굴(肘部管)이라고 불리는 지점에서 자주 발생한다. '척골의 끝부분'이 어딘가에 부딪칠 때 실제로는 팔꿉굴에 있는 척골 신경이 부딪치게 되는 것인데, 이 지점에 있는 척골 신경에 압박이 가해지면, 새끼손가락과 넷째손가락에서 마비와 얼얼한 느낌이 일어날 수 있다. 심하게 압박이 가해진 경우에는, 내재 손 근육이 약해지거나 심지어 못쓰게 될 수도 있다.

수근관 증후군과 마찬가지로, 척골 신경에 압박증이 일어나면 대개 처음에는 가장 보수적이면서도 가장 덜 침습적*인 치료 조치를 취한다. 수면 중에 팔을 계속 똑바로 펴게 하는 부목을 착용하고 소염진통제를 복용하는 것이다. 만약 증상이 아주 심해지면, 압박된 척골 신경을 풀기 위한 수술 치료가 추가될 수 있다. 구부릴 때 신

---

* 침습적 치료란 환자에게 몸의 절개와 같은 신체적 상해가 수반되는 치료방법을 말함. 반대되는 말로 비침습적 치료가 있음. 침습적 치료는 인체 내부에 기구 삽입이 동반되는 경우가 대부분이며, 약물을 투여하거나 레이저 수술과 같은 방법 등이 비침습적 치료에 해당됨.

경에 가해지는 긴장 상태를 최소화하기 위해 외과 전문의가 척골 신경을 새로운 위치로 이동시킬 수도 있다. 이를 전위(轉位) 수술이라고 한다.

뇌에서 손까지 이르는 또 하나의 신경은 요골 신경이다. 요골 신경은 빙 돌아가는 코스를 밟는다. 즉 완신경총(腕神經叢)에서 갈라져 나와 상완골(上腕骨) 뒷부분(삼두근(三頭筋) 아래)을 따라간 뒤, 팔꿈치 바로 위에 있는 팔의 앞부분(손바닥 면)을 가로질렀다가, 다시 팔꿈치 바로 아래에 있는 뒷부분(손바닥 뒷면)으로 급강하한다. 요골 신경은 팔뚝의 뒷부분으로 향하기 전에, 커다란 감각 분지를 발산한다. 이 감각 분지는 비교적 똑바른 방식으로 손목으로 간다. 이 분지는 등쪽요골 감각신경(dorsal radial sensory nerve, DRSN)이라고 하며, 손목 표면 가까이에 놓여 있다. 등쪽요골 감각신경은 둔기에 의한 외상, 열상, 압박 등으로 손상을 입기 쉽다.

손목 지점에서 일어나는 등쪽요골 감각신경의 압박을 와텐버그 증후군(Wartenberg syndrome)이라고 한다. 이 증후군은 외과적으로 치료될 수 있다. 즉 신경이 압박을 받는 지점을 풀어 주는 수술을 실시할 수 있다. 하지만, 증상을 처리하는 방법을 모두 강구한 다음에 수술을 실시해야 한다. 이러한 처리법에는 손목에 두르는 액세서리(시계, 팔찌 등)를 모두 제거하고, 경구용 소염진통제를 사용하는 방법이 포함된 이 수술에는 신경 손상 위험의 가능성이 수반된다. 바로 이 점이 모든 비수술적 치료법이 증상을 완화시키는 데 실패한 뒤에만 수술 치료가 고려되어야 하는 이유다.

위에서 자세히 설명한 감각 신경 섬유 외에도, 또한 요골 신경은 운동 신경 섬유를 포함한다. 운동 신경 섬유는 팔뚝의 뒷부분에 있는 외재근 중 폄근을 전부 활성화시킨다. 요골 신경은 상완골(위팔뼈)에 아주 가까이 있기 때문에, 상완골이 골절되면 요골 신경을 옥죄거나 손상시킬 수 있다. 요골 신경이 손상되면, 손목하수(수근하수. 손목과 손가락을 쭉 펴는 능력이 상실되는 증상)가 일어날 수 있다. 손목하수 낭종 또는 종양과 같은 덩어리가 팔뚝 뒷부분에 있는 요골 신경의 운동 분지를 누를 때에도 나타날 수 있다.

자연발생적으로 손목하수가 나타난 경우에는 낭종이나 종양이 있을 가능성을 배제하기 위해 자기공명영상(MRI)으로 팔뚝을 찍어 보아야 한다. 의사가 신경이 회복되지 못할 것이라고 진단하면, 그 다음으로 수술을 통해 손목과 손가락을 쭉 펴는 능력의 상실을 바로잡을 수 있다. 이는 팔뚝 다른 부분에 있는 건강한 근육의 힘줄을 다른 위치로 보내 불가능하던 운동이 다시 가능하도록 하는 것과 관련된 수술법이다. 또한 신경 손상이 운동성에 영향을 끼칠 때, 손목과 손가락에서 무너져 버린 균형감을 복구시키기 위한 힘줄 전이술이 있다.

## 손으로의 혈액 공급

손으로 통하는 대동맥은 두 개가 있다. 바로 요골 동맥과 척골 동맥이다. 이 두 혈관은 손목에서 최고의 가치를 지닌 것으로 평가된다.

요골 동맥은 손목의 엄지손가락 측에 있으며, 맥박을 짚을 때 종종 느낄 수 있다. 지금 가운뎃손가락 끝으로 맥박을 짚어 보라. 그러면 요골 동맥을 느낄 수 있을 것이다. 척골 동맥(손목의 새끼손가락 쪽에 위치해 있다)은 보다 깊숙한 곳에 있는데 통통한 굽힘힘줄 바로 아래에 있다. 그래서 이 동맥을 감각적으로 느끼기는 좀 더 어렵다(그림 1.2.의 B를 보라).

어떤 동맥이 손에 더 중요한지를 놓고 의사들 사이에는 논란이 있다. 젊거나 건강한 사람의 경우라면, 손에 두 개의 동맥 중 한쪽 동맥만 있어도 살아갈 수 있다. 심지어 관상 동맥에 질환이 있는 사람이라도, 한쪽 동맥만 있으면 손의 기능은 유지될 수 있다. 우리는 이것이 사실이라는 점을 잘 알고 있다. 그래서 심장외과 전문의는 관상동맥 우회술(CABG)*에 사용하기 위해 요골 동맥을 채취하기도 한다.

그렇기는 하지만 손이 혈관 질환이나 해부학적 변이의 영향을 받

---

* 협심증에 따르는 수술로서 좁아진 관상동맥을 대체해 줄 혈관을 연결함으로서 심장에 혈류를 공급할 우회로를 만들어 주는 수술임. CABG는 coronary artery bypass graft의 줄임말임.

는 경우에는 상황이 달라진다. 이 지배적인 두 개의 혈관 중 어느 하나라도 손상을 입는다거나 또는 수술용 '채취'에 의해 상실되는 일이 매우 치명적으로 작용한다. 이 같은 상황에 놓이면 손가락은 차가움을 느끼며, 순환 부족으로 인한 통증이 유발된다. 혈관이 질병에 걸리거나 손상을 입어 손가락에 필요한 산소가 충분히 공급되지 못한다면 손가락은 유지되지 못한다.

이 같은 시나리오는 종종 혈관 질병이나 혈관의 자가 면역 질환을 앓는 사람들에게서 볼 수 있다. 일부 사례에서는 외과 전문의가 질환을 앓는 혈관을 우회하는 수술(동맥 우회술)이나 교감 신경 절제술(혈관이 수축되는 것을 막는 수술)을 진행하거나, 또는 혈액을 동맥계에서 정맥계로 돌리는(정맥혈의 동맥혈화) 방법으로 조직 손실을 막기도 했다.

또한 손가락 끝으로 가는 혈액은 흔히 혈전으로 잘 알려져 있는 색전*에 의해 방해를 받을 수 있다. 색전은 손가락 '상류' 쪽에서 유래된 발사체라고 여기면 된다. 예를 들어 박테리아가 심장 판막에 주거지를 마련했다면 혈전과 잔여물 조각이 튀어 나가 손을 향해 '하류'로 이동하며, 손목이나 손에 있는 작은 혈관으로 마구 몰려든다. 색전을 경험해 본 사람이라면 질환이 일어나는 손가락에서 서늘한 기

---

* 塞栓. 혈관 내에 유리물이 흘러들어와 일부 또는 전부를 폐색한 상태 또는 그 원인 물질을 가리킴. 고체 색전으로는 세균, 기생충, 색소, 종양세포 등이 있음. 혈소판과 세포성분을 둘러싼 섬유소가 응집된 것을 혈전이라고 하는데 때로 그 형성부에서 혈관의 폐색을 일으킴.

분과 통증이 갑자기 시작되는 것을 느낄 것이다. 아울러 통증을 유발하는 자주색 병변이 손끝 면에 나타나며 손톱 아래에서 작은 출혈도 일어날 수 있다.

이러한 증상이 일어나는 원인은 다양하다. 정맥주사로 마약을 남용한 경우, 심장 판막이 변형된 경우, 또는 대동맥류의 경우에서 나타날 수 있다. 이에 대한 치료는 '상류' 쪽의 문제를 찾아내 교정하는 방법, '하류' 쪽의 방해물을 제거하거나 우회시키거나 용해시키는 방법 등이 있다.

## 피부 및 연조직

아주 특화된 피부와 연조직은 우리의 손을 주변 환경으로부터 보호한다. 손바닥 뒷면의 피부는 털이 나 있고 느슨하며, 유연하다. 이런 느슨함 때문에 손가락이 줄에 묶여도 움직여 풀어낼 수 있는 것이다. 털이 나있는 손바닥 뒷면의 피부는 손바닥 피부와는 명백히 다르다.

평활 피부라고 불리는 손바닥 피부는 두껍고 움직임이 비교적 없으며, 특화된 감각 신경 부속기로 채워져 있다. 이 신경 부속기 때문에 인간은 고통을 느낄 수 있으며 온도, 빛, 감촉, 진동, 위치를 확인할 수 있다. 그리고 이 정보들을 뇌에 매끄럽고 균일하게 전송한다.

손바닥 피부 바로 아래에는 두툼한 손바닥 근막이 있다. 손바닥 근막에는 콜라겐이 매트처럼 엉겨 붙어 있다. 이 콜라겐은 덧씌워진 피부에 강하게 부착되어 있으며 손바닥으로 물체를 쥐거나 들 때 도움을 준다.

어떤 사람에게는 이 근막이 너무 두꺼워져 섬유증*이 일어나는 경우가 있다. 섬유증이 일어나면 근막이 피부와 손가락을 잡아당겨 피하 결절, 패인 피부 자국, 손가락 구축을 일으킬 수 있다. 이 손가락 구축 증상을 뒤퓌트랑 병이라고 부르는데(이 질환에 대해서는 10장에서 자세히 논의한다), 병의 원인은 아직 분명하게 밝혀지지 않았지만 유전적·환경적 요소가 모두 있는 것으로 보인다. 뒤퓌트랑 병의 증상이 심각해지면, 그 결과 손가락에 구축 현상이 일어나 일상 활동을 방해한다. 그러면 손을 주머니에 넣는다든지 손을 탁자 위에 평평하게 놓는 것과  같은, 일반적으로 쉽게 여겨졌던 동작들이 아예 불가능해질 수도 있다.

오늘날 뒤퓌트랑 병은 수술이나 비수술 요법으로 치료될 수 있다. 수술 치료법에는 근막 절제술(병든 근막을 제거하는 것)이나 근막 절개술(근막을 잘라 손가락을 묶어 놓은 효과를 풀어버리는 것)이 포함된다. 비수술 치료법에는 바늘 근막절개술(근막대 여러 군데에 바늘로 구멍을 뚫어, 근막대를 부수는 것)이나 콜라게나아제 주입(콜라겐을 분해하는 화학 물질을 주입해 근막대를

---

* 조직이나 기관에 섬유성 결합조직이 과도하게 형성되는 것

부수는 것)이 포함된다.

뒤퓌트랑 병 치료법은 각각 이점과 위험 요소가 있다. 장단점에 대해서는 환자의 손 치료를 담당하는 외과 전문의에게 자세한 설명을 들을 수 있을 것이다.

## 인간 진보의 해부

자궁 내에 존재한 지 30일이 지난 뒤 노 모양의 단단한 고체로 처음 나타난 것이 임신 5~8주 사이에 알아볼 수 있을 만큼의 손으로 형성되어, 뇌를 제외하고는 인간에게 아마도 가장 중요한 신체 도구의 기초가 마련된다.

근본을 이루는 뼈에서 뼈를 덮고 있는 피부에 이르기까지, 손이 지닌 정교한 해부학적 구조와 믿기 어려울 정도의 유용성은 우리로 하여금 감탄과 경외심을 자아낼 만하다. 우리의 손은 훌륭할 정도로 정밀한 도구이며 인간의 다양한 자기표현의 근간이다. 손의 해부도는 인간이 이룬 진보의 해부도와 같다.

다음 2장에서는 이 아름다운 신체 도구에 가해지는 유전적, 외상적, 질병 기반적 상처 들에 대해 다룰 것이다. 또한 손의 기능적 결

함을 가능한 한 완전하게 복구시키기 위해 의학이 무엇을 할 수 있는지와 함께, 손에 한두 가지 결함을 가진 개인이 놀랄 만한 삶을 계속 영위해 나가는 방법에 대해 알게 될 것이다.

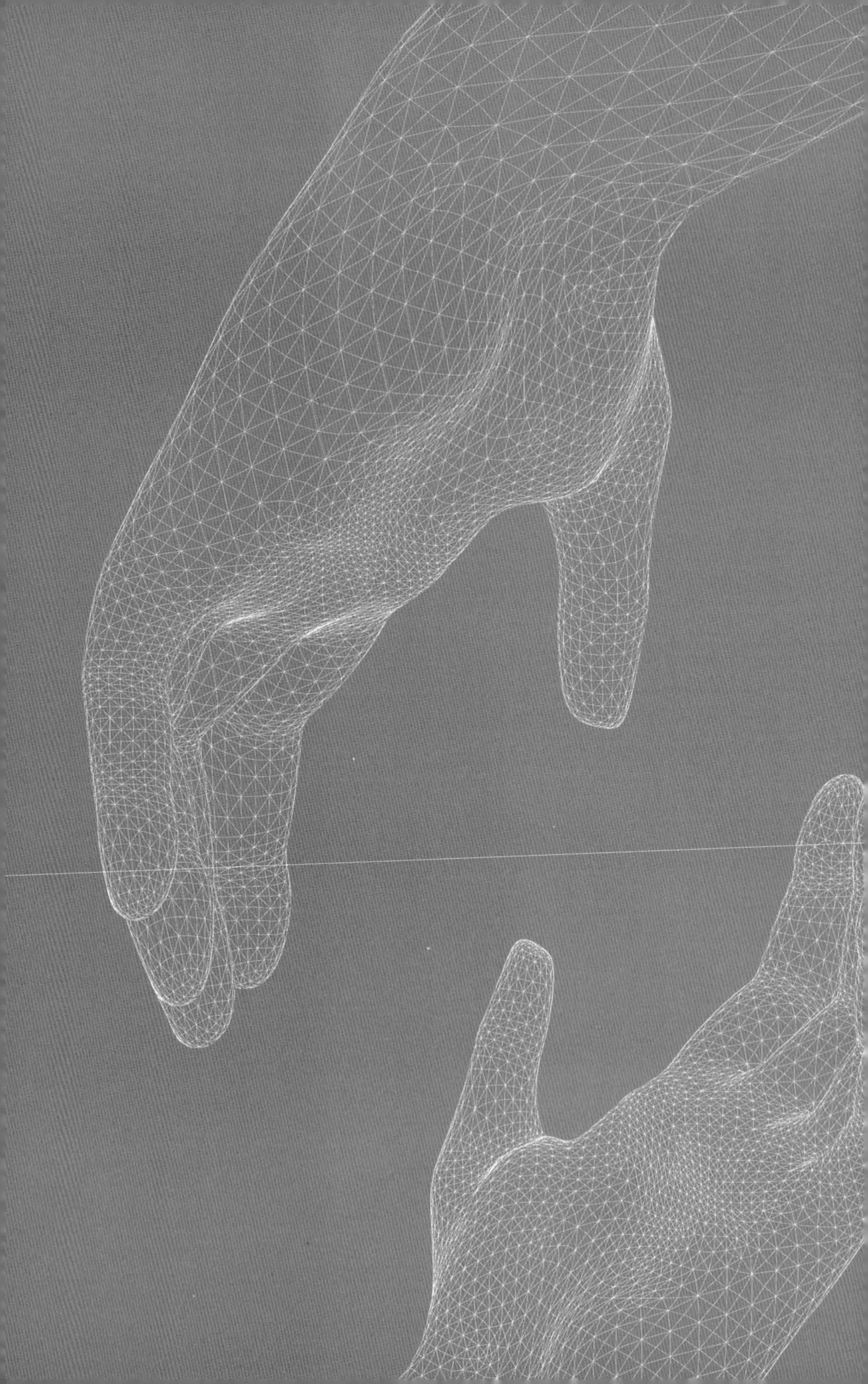

# 2장

# 선천적으로 발생하는 문제들

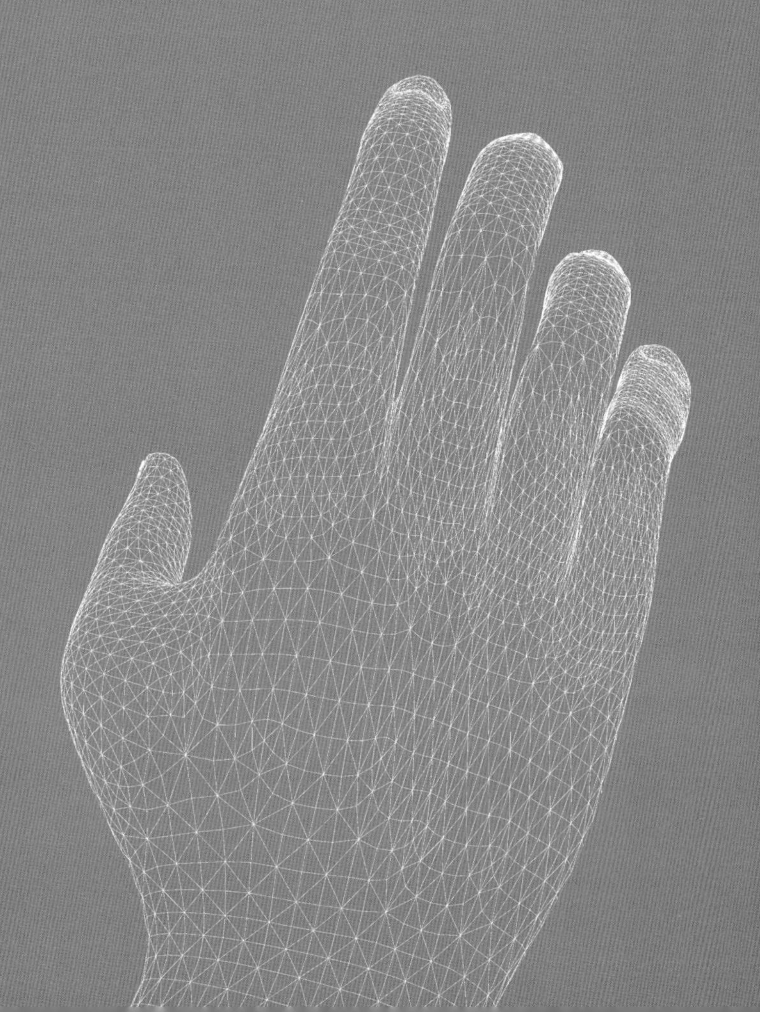

# 선천적으로 발생하는 문제들

의학박사 **마이클 A. 맥클린턴**

아이의 탄생은 진정 마법과도 같은 사건이다. 탄생의 기대는 출산을 앞둔 엄마와 아빠뿐만 아니라 가족 전체에게도 굉장한 흥분을 안겨 준다. 아기는 심지어 태어나기 전부터 깊은 사랑을 받는다. 실제로 장래에 친척이 될 조부모, 고모, 이모, 삼촌, 형제자매 등 사촌 거의 모두가 아기를 어떻게 양육하고 부양하며 지도할지를 상상하기 시작한다. 그리고 일단 아기가 태어나면 사랑을 쏟아 붓는다. 그래서 신체적 또는 정신적 문제를 지닌 아이가 탄생하면 정서적으로 엄청난 타격을 입는 것은 당연하다. 부모는 아이가 맞이할 미래를 상상하며 깊은 슬픔에 빠지고, 아기가 직면할 도전 과제(영·유아에게는 아직 무의미한 곤경)에 애통해한다.

아기 1천5백 명당 한 명 꼴로 손이나 팔, 또는 손과 팔에 심각한 기형을 지니고 태어난다. 이를 '팔(상지(上肢))의 선천적 차이'라고 한다. 이 증상은 유전적 원인으로 나타날 수 있으며, 그래서 가족들이 이미 잘 알고 있는 증상일 수도 있다. 그 기형 증상이 확실히 우성 유전 형질로 인식되면, 심지어 기형 증상이 앞으로 나올 거라 예상할 수도 있다. 하지만 최근에는 팔 기형의 절반 이상이, 유전 질환이 아니라 완전히 예상하지 못하는 원인 때문에 일어난다.

여기 환영할 만한 뉴스가 있다. 바로 흔하게 발생하는 손의 선천적 문제 가운데 상당수는 의학 치료를 받아볼 여지가 있다는 사실이다. 치료를 통해 손이나 팔의 기능이 실제로 향상되는 경우가 유감스럽게도 아주 많은 것은 아니지만 이번 2장에서 소개되는 인물들처럼 많은 이들이 변함없이 삶을 충실하게 누리고 있을 뿐만 아니라 사회에 상당한 기여도 하고 있다. 몸에 아무런 이상이 없는 사람들이 이뤄 내도 주목받을 만한 성취를 거뜬히 이뤄 내고 있다. 여기 소개하는 사연이 독자 여러분에게 격려와 자극이 되기를 희망한다.

## 메이저리그에서 활동하는 외팔 야구 선수

미국에서 팔에 심각한 결함이 있는 운동선수 중 가장 널리 알려진 인물은 메이저리그 베이스볼 투스 짐 애보트(Jim Abbott)다(그림 2.1.). 짐은 1967년 미시건 주 플린트에서 태어났다. 그는 선천적으로 오른손이 없다. 왼팔은 정상적이었다. 아니, 정상 수준을 훨씬 뛰어

◎ 그림 2.1. 메이저리그 야구 선수 짐 애보트

넘었다. 애보트의 탁월한 성취는 그의 왼팔이 '황금 팔'이라는 것을 쉴새없이 입증시켰다. 짐 애보트는 고등학생 시절 두 종목의 운동선수로 활약했다. 아주 뛰어난 야구 투수이자 미식축구 쿼터백으로 말이다. 그는 미시건 대학교에 입학했으며, 미시건 대학교 야구팀이 빅 텐 컨퍼런스 챔피언십에 두 번 진출하는 데 주도적인 역할을 했다. 그는 1987년에 미국 최고의 아마추어 선수에게 수여하는 제임스 E. 설리번 상을 수상했다. 야구 투수가 이 상을 수상한 경우는 그가 처음이었다. 그는 1988년 하계 올림픽에서도 공을 던졌고, 미국 팀이 결승전에서 승리를 거둬 금메달을 목에 거는 데 주도적인 역할을 했다.

같은 해, 애보트는 캘리포니아 에인절스에 입단했으며 10년 동안 메이저리그 베이스볼 경력을 이어 갔다. 그는 1993년 9월 4일 뉴욕 양키스와의 대결을 노히트 노런으로 마무리했다. 팬들은 애보트가 공을 던지자마자 오른팔 끝에 있던 글러브를 즉시 왼손으로 바꿔 끼우는 속도에 감탄했다. 그는 이런 방식으로 자신이 있는 방향으로 날아오는 공을 처리했다. 그는 자신 쪽으로 날아온 공을 잡으면, 공이 담긴 글러브를 오른쪽 팔뚝과 몸통 사이에 단단히 고정시켰다.

그런 다음 왼손을 글러브에서 빼내어 공을 1루로 던졌다. 상대 팀은 이런 불리한 점을 이용해 애보트 앞으로 가는 번트 타구를 시도했지만, 이 작전이 성공하는 경우는 드물었다. 프로 야구에서 은퇴한 애보트는 동기부여 전문 강연자가 됐고 2007년에는 대학야구 명예의 전당에 헌정됐다. 애보트는 모든 이에게, 특히 팔에 선천적 차이가 있는 어린이들에게 진정한 영감을 불어넣어 주고 있다.

## 손가락 없는 외과 의사

손가락이 없는 외과 전문의 리베 다이아몬드(Liebe Diamond) 박사는 저명한 소아 정형외과 전문의다. 그녀는 손가락을 일부만 지닌 채 태어났다. 그녀가 태어난 해인 1931년 당시에는 손 수술이 아직 전문 분야로 발전하지 못했다. 그렇지만 다이아몬드 박사의 부모는 그녀를 창의적인 마음가짐을 지닌 외과 전문의에게 데려갔다. 이 외과 전문의는 그녀가 지닌 문제를 점진적으로 다루어 나갔다. 리베가 십대였던 시기에 그녀는 25차례가 넘는 수술을 받았다.

치료를 시작할 때부터, 의사는 리베의 부모에게 아이를 공립학교에 보낼 것을 강력하게 추천했다. 그렇게 하면 리베가 자신의 손이 명백히 기형이라는 이유로 과잉보호를 받는 일이 없을 거라는 취지였다. 이와 관련해 다이아몬드 박사는 성인이 된 뒤 자신이 정말 운이 좋았다고 회고했다. “나는 행운아다. 부모님이 나를 버르장머리

◎ 그림 2.2. 정형외과 전문의이자 의학 박사 리베 다이아몬드

없게 놔두지 않고 스스로 인생을 개척하도록 하셨기 때문이다." 그녀는 성인기 초기에 이미 자신의 신체적 차이를 완벽하게 받아들였다. 리베는 "이것은 내가 짊어지고 가야만 하는 삶의 조건이다. 아울러 앞으로 살아가야 할 방식이기도 하다."라고 생각했다. 그녀는 친구들에게 이렇게 말하곤 했다. "자신의 처지에 욕을 하고 불평할 수도 있다. 또 주변에 있는 모든 이를 우울하게 만들 수도 있다. 하지만 현실을 받아들이고 삶을 긍정적으로 살아가는 방법을 선택할 수도 있다."

다이아몬드 박사는 어려움을 극복하고 삶을 긍정적으로 살아 나갔다. 그녀는 스미스 칼리지를 졸업하고 펜실베이니아 의과대학에 입학했다. 그녀는 여기서 정형외과 레지던트 프로그램을 이수했다. 비록 한 손에는 손가락 네 개가 없으며 "나머지 손도 모양이 별로 보기 좋지 않았"음에도 불구하고 말이다(그림 2.2.). 그녀는 성공적인 경력을 쌓았으며, 결혼해 아이도 낳고 손주도 두었다. 다이아몬드 박사는 손가락 문제로 피아노와 프렌치 호른을 가까이 할 수 없었지만, 트럼펫 연주는 배웠다. "나는 내가 하고 싶은 것은 무엇이든지 어떻게든 했다. … 심지어 나는 목수 일도 잘한다!" 그녀는 항상 손 때문에 부끄러워하지 않는 것이 중요하다고 생각했으며, 남들이 볼까봐 손을 감추는 행동도 절대 하지 않았다. 외과 의사 생활을 하는 동안(주문 제작한 글러브를 착용하고 의료 업무를 했다), 다이아몬드 박사는 아동의 손과 팔 기형 분야에서 전문적으로 활동했다. 이는 당시 정형외과계에서 철저하게 간과되던 분야였다. 결국 다이아몬드 박사는 자신의 업적으로 미국 내에서는 물론 국제 사회에서도 명성을 얻었다.

## 문제를 바라보는 세 가지 관점

영·유아의 손 모양 및 기능의 차이를 유발하는 선천적 기형은 부모는 물론 아이에게도 영향을 끼친다. 부모와 아이가 지닌 관점은 그들이 상의하는 손 외과 전문의의 관점과 다를 수 있다. 각각의 관점은 모두 독특하며 고려할 만한 가치가 있다.

### '당사자'인 아이의 관점

손이나 팔에 비정상적인 모양과 기능을 유발하는 선천적 상태에 직접적인 영향을 받는 이는 바로 당사자인 아이다. 간접적이지만 깊은 영향을 부모도 받기는 하지만 말이다. 1972년부터 1987년까지 보스턴 매사추세츠 종합병원 손 외과 과장을 역임한 바 있는 저명한 손 외과 전문의 리처드 스미스(Richard Smith)는 이렇게 말했다. "손은 환자의 눈에 늘상 노출되는 유일한 신체 부위다." 그래서 학령기에 이른 아동에게 손이라는 신체 부위의 이상은 자신이 또래 아이들과 사실상 다르다는 사실을 지속적으로 상기시키는 매개로 작용한다.

정상적인 손에 부상을 입는 경우와는 달리, 선천적으로 기형인 손은 기형의 영향을 받는 아동의 입장에서는 엄연히 '정상적인 손'이다. 어린 아이는 일반적으로 자신의 손이 아무리 장애를 입었더라도 그 기능을 최대한 활용한다. 하지만 결국, 비정상적인 모양의 손은 나날이 늘어나는 좌절감의 원천이 된다. 특히 어린 시절 아이가 또래들과의 놀이 활동에 쉽게 참여하지 못하거나 또는 아예 낄 수 없을 때, 좌절감은 더욱 심해진다. 또한 언뜻 보아도 남과 확연히 달라 보이는 손을 지닌 아이는 종종 다른 아이들의 악의가 담긴 비열한 놀림의 대상이 되며, 이는 정서적 위축이나 외로움의 원인이 될 수 있다. 외양은 물론 다른 또래와의 일치감에 굉장한 강조점을 두는 십 대 시절의 특성을 감안하면, 기형 손을 지닌 아이가 얼마나 힘겨운 시간을 겪을지 쉽게 상상할 수 있다.

인간의 손은 빠르게 자란다. 2살이 됐을 때 아이의 손 크기는 탄생 직후 아기의 손 크기의 두 배에 이른다. 그리고 청소년기 끝에 이르면 손의 크기는 다시 한 번 두 배가 된다. 선천적 손 기형을 지닌 아이가 성장하면서 느낄 불편을 완화시킬 수 있도록 하기 위해 손 외과 전문의는 아이가 1살에 이르면 엄지손가락과 집게손가락을 활용한 집기 기능을 획득할 것을 치료 목표에 포함시킨다. 아울러 아이에게 필요한 나머지 수술 절차를 초등학교 1학년 생활이 시작되기 전에 전부 또는 대부분을 완료하는 것도 목표에 포함시킨다. 아이가 초등학교 생활을 시작하는 연령이란 학습 체험 면에서 손의 기능이 예전보다 훨씬 중요해지는 시기이며 또한 아이가 지닌 손 기형이 다른 아이들의 눈에 특히 잘 들어오는 시기이기 때문이다.

### 부모와 가족의 관점

외양이나 기능에 영향을 끼치는 중대한 신체 문제를 지닌 아이를 둔 부모는, 종종 어떤 감정이 홍수처럼 밀려드는 것을 체험한다. 여기에는 죄책감과 분노가 포함된다. 부모는 어떤 부정적인 감정이라도 반드시 적절히 처리할 수 있어야 한다. 자녀가 완벽하게 치료에 주의를 기울이도록 지원하는 데 집중해야 하기 때문이다. 아울러 부모는 초기부터 자녀를 담당하는 소아과 전문의 및 손 외과 전문의와 견고한 관계를 구축하는 것이 중요하다. 앞으로 무수히 내려야할 결정 중 상당수는 부모와 의사간의 정보 공유를 바탕으로 하는 파트너십을 필요로 하기 때문이다.

“제 아이의 손을 정상적으로 만들어 주실 수 있나요?” 이는 부모가 의사에게 처음으로 던지는 질문이다. 간단하고도 솔직한 질문이지만 이에 대한 대답은 결코 만만치 않다.

손 외과 전문의를 처음 만날 때에는 답변을 듣고 싶은 질문 목록을 적은 메모지와 펜을 반드시 가져가야 한다. 그리고 손 수술 및 치료로 상당수 증상이 나아질 수 있지만, 어떤 증상은 개선되지 못한다는 사실을 깨닫는 것이 중요하다. 아이 각각의 사례는 독자적이고 유일무이하다. 손 외과 전문의가 부모와 대화를 나눌 때, 아이의 손이 외양 면이든 기능 면이든 결코 완전히는 복구되지 않을 것이라는 점을 설명하는 것이 가장 핵심이 되는 경우가 종종 있다. 그렇지만 대개는 다양하게 선택할 수 있는 좋은 치료법들이 존재한다. 부모가 아이에게 가장 좋은 치료법을 선택하도록 손 외과 전문의가 도울 것이다.

어떤 부모는 엄청난 긴박감을 느껴, 자신이 치료법을 신속하게 결정해야 한다고 믿는다. 수술을 통해 아이의 손이 재건될 수 있는 치료법이 선택지에 포함되어 있는 경우에 특히 그런 경향을 보인다. 그들은 '지금 당장 시작해야 해!'라고 생각한다. 또 어떤 부모는 상황에 지나치게 압도되는 바람에, 여러 외과 전문의와 다양한 대화를 나누었음에도 불구하고 아이에게 어떤 치료법을 적용시켜야 할지 결정을 못하는 경우도 있다.

사실, 절대 수술을 서두를 필요는 없다. 손의 선천적 차이에 대해서는 긴급 치료가 필요한 경우가 실제로 전혀 없기 때문이다. 부모는 마음에 여유를 가지는 것이 좋다. 외과 전문의가 같은 처지에 놓여 있는 다른 아동의 부모와 대화하는 것을 제안할 수도 있다. 다른 부모와의 대화를 통해 그들이 경험한 바를 습득할 수 있으므로 그런 기회가 제공된다면 주저하지 말고 받아들여야 한다. 분명 엄청난 도움이 될 것이다. 여기에 덧붙여, 인터넷 역시 선천적 손의 차이에 대해 도움이 될 만한 정보를 제공할 수 있다. (이 책의 말미에는 선천적인 손 기형을 지닌 아이의 부모에게 도움을 제공하는 조직 및 단체 목록이 수록되어 있다.)

아동의 손과 팔 기형을 전문적으로 다룬 정형외과 전문의 리베 다이아몬드 박사는, 정상적이지 않은 모양의 손을 수없이 보았다. 그녀는 아이를 치료하는 것은 물론, 심각한 괴로움에 시달려 안심이 될 만한 말이 필요한 부모들과도 마주했다. 다이아몬드 박사는 부모에게 이렇게 말하곤 했다. "아이가 태어난 그날에 앞으로 이 아이는 무엇을 하게 될까, 무엇이 될까 단정지어 말할 수 없습니다. 아이의 미래를 생각하고 문제를 제거하며, 아이에게 최고의 기능을 마련해 주는 데에 집중해야 합니다." 부모는 아이 손의 모양에 대해 엄청나게 우려하는 경우가 종종 있다. 태어날 때부터 심각한 손 기형을 지닌 다이아몬드 박사는, '제대로 작동하는 손'이 무엇보다 중요하다는 것을 강조한다. 미관상의 문제도 물론 중요하기는 하지만 이는 어디까지나 부차적이다. 그녀는 "최고의 기능을 발휘하는 손이라면 그 손이 가장 보기 좋은 손이다."라고 말했다.

### 외과 전문의의 관점

수술 조치를 신중하게 논의하거나 진행하기 전에, 외과 전문의는

'지원적인 역할'을 한다. 즉 외과 전문의는 손 기형을 지닌 아이의 가족에 지워진 부담을 이해하며, 이 압박감을 완화시키고 싶어 한다. 이는 처음에는 외과 전문의가 아이를 진찰하는 것보다 부모와 소통하는 데 더 많은 시간을 보낼 수 있다는 것을 의미한다. 손 상태의 원인을 알게 된다면 그것에 대해 철저하게 설명하는 것이 좋은 출발이다. 다음으로는, 치료를 위해 현실적으로 선택할 수 있는 모든 방법을 검토하고 이에 대해 논의할 수 있다. 초기에는 동일한 증상을 보인 친척이 있는지 찾기 위해 가족력을 분석적으로 평가하는 과정이 있을 것이다.

아이의 신체검사에는 질환이 생긴 팔은 물론 다른 팔에 대한 평가도 포함된다. 또한 영향을 받는 손 부위의 어깨와 팔꿈치도 검토하고 아이의 근골격계도 개괄적으로 살핀다. 아울러 검사에는 질환이 생긴 팔을 찍은 사진이나 아이가 손과 팔을 사용하는 장면을 비디오로 촬영한 동영상이 포함될 수도 있다. 태어난 지 몇 달 되지 않은 시점에서는 일부 뼈만이 '골화(骨化. 뼈가 충분히 딱딱해지는 것)'된 것이 눈으로 보이는 상태이더라도 어쨌든 엑스레이를 찍는 경우가 종종 있다. 이보다 정교한 이미징 방식(CT(컴퓨터 단층촬영) 스캐닝이나 MRI(자기공명영상))을 아기나 어린이에게 사용하는 것은 대개 비현실적이다. 아이들은 너무나 어려, 이러한 이미징 방식의 조사가 완료될 때까지 고정된 자세를 취하지 못하기 때문이다.

1950년대 후반부터 20년 이상 아이오와 대학교 손 수술과 과장을 역임하면서 선천적 기형 분야의 지도자 격인 인물로 평가받는 애드리언 플랫(Adrian Flatt) 박사는, 아동을 대상으로 하는 손 수술의 목표를 다음과 같이 확인했다.

- 이상적으로는, 아동이 손을 허공에 제대로 위치시키고 활동을 수행할 수 있어야 한다.
- 손과 손목은 피부에 안정적으로 덮여 있어야 하며 좋은 감각을 갖춰야 한다.
- 손은 힘껏 쥘 수 있어야 하며, 크고 작은 물체를 정확하고 정밀하게 조작·처리할 수 있어야 한다.

심각한 선천적 차이를 지닌 아이의 경우에는 위에서 열거한 목표 가운데 오직 일부만이 성취될 것이다. 일단 수술 목표가 확인되면 외과 전문의는 부모에게 수술 전 준비 사항, 수술 절차 자체, 수술 후 꼭 필요한 섭생에 대한 정보를 가능한 한 많이 제공해야 한다. 수술 전에는 부목이나 깁스를 할 필요성, 수술 전에 반드시 요구되는 평가 유형, 아이의 연령과 체중을 기준으로 하는 마취 선택권 등이 논의될 것이다. (실제로는 선천적 손 차이와 관련된 모든 수술이 전신 마취 상태에서 진행된다.) 상당수 수술은 질환이 생긴 관절 부위에 일시적 또는 영구적으로 핀으로 고정시키는 작업이 요구되기에 수술 뒤에 고려해야 할 사항에는 절개 횟수와 위치, 봉합사 유형(아동의 경우, 대개 흡수성 피부 봉합사를 사용한다), 부목과 깁스의 유형 및 수술 뒤 필수 장착 기간이 포함된다. 대개 외과 전문의는 안전한 수술 절차를 보장하기 위해 환자 보호자에게 아이가 출혈이나 심장병 증세는 없는지 전문적으로 검사해 볼 것을 권할 것이다.

여기서 알 수 있듯, 다뤄야 할 정보는 무척 많다. 나는 손 외과 전문의 노릇을 하며, 아무리 단순한 문제라도 환자 가족이 최소 한 차례 병원을 방문해야 충분히 검토할 수 있다는 점을 발견했다. 검토를 완료하려면 두 번이나 세 번쯤 방문할 필요가 있는 경우도 종종 있다. 또한 환자와 가족이 병원을 여러 차례 방문하면 외과 전문의와 편안한 관계가 될 수 있으며 선택 가능한 치료법을 완벽하게 숙지할 수 있다. 손 외과 전문의는 항상 손을 더 나은 기능을 발휘하는 신체 부위로 만들려는 의무감에 압도적으로 사로잡혀 있다.

아이가 아주 어리거나 아직 영아라면 의사결정 과정에 직접 참여할 수 없다. 어떤 부모는 치료 방법을 선택할 때 아이가 선호하는 방식을 포함시키려는 욕망 때문에 아이가 충분히 자랄 때까지 수술 결정을 미루기로 결정하기도 한다. 그런데 안타깝게도 이렇게 수술을 연기하면 아이는 기능이 훨씬 향상된 손을 지닐 기회를 놓칠 수도 있다. 각각의 사례는 유일무이하기 때문에, 외과 전문의는 수술 결정을 미룰 때 위험이 야기될 가능성이 있다면 환자 보호자에게 이에 대해 조언할 것이다.

## 팔의 발달

발생학자들은 태아의 손이 어떻게 발달하는지에 대해 많은 것을 배우고 있다. 팔과 손 부위(상지)의 최초 모양은, 수정 후 25일 뒤에 나타난다. 그런데 이 부위는 단지 가슴 쪽에 솟은 돌출부(싹 모양의 돌기인 지아(肢芽)라고 한다)일 뿐이다(그림 2.3.). 이 시기의 태아는 길이가 고작 4밀리미터 밖에 안 된다. 대략 쌀알의 길이와 비슷하다. 수정 후 30일이 되면, 손이 단단한 노 모양으로 나타난다. 발달이 진행되고 노 모양이 손처럼 생긴 구조로 발달하고 손가락이 개별적으로 생기면서, 이 조직 가운데 일부는 죽는다. 수정 후 50일이 되면 상지의 전반적인 형성이 완료된다. 우리가 인식하는 손, 즉 4개의 손가락과 1개의 엄지손가락은 수정 후 6~8주 사이에 눈으로 볼 수 있다. 선천적인 팔 기형이 처음 나타나는 때는 바로 임신 중 중요한 시기로 꼽히는 수정 후 2개월 뒤이다. 또한 이때는 심장이 발달하는 시기이기도 하다. 이는 왜 상당수 아이들이 선천적 심장 이상과 손 기형을 동시에 지니는 것인지를 설명해 준다.

몇몇 조직의 층은 팔을 형성하는 데 관여한다. 바깥쪽 층부터 관여하기 시작하는데, 이를 꼭대기외배엽능선이라고 한다. 이 구조가 없으면 팔은 형성되지 못한다. 만약 이 구조가 태아 신체의 다른 부분으로 옮겨간다면, 팔은 새로운 위치에서 형성되기 시작할 것이다. 팔다리싹 아래에는 팔다리싹 중배엽층이라고 불리는 것이 있다. 뼈, 연골, 힘줄이 이 중배엽의 한 유형으로부터 형성된다. 반면 근육, 신경, 혈관은 이 중배엽의 또 다른 유형으로부터 형성된다.

팔의 발달을 다양한 차원으로 이끄는 세 가지 다른 신호 메커니즘이 존재한다. 이를 통해 팔은 위아래 방향은 물론 좌우 방향으로도 확장된다. 또한 우리는 태아 위팔의 움직임은 어깨, 팔꿈치, 손목 같은 관절이 적절하게 형성되기 위해 필요하다는 점을 알고 있다. 당연히, 이렇게 복합적·연속적으로 이루어지는 발달은 원래 궤도에서 이탈할 수도 있는 것이다.

태아의 발달에 대한 지식을 많이 축적한 발생학계에서는 태아의 이상 증상을 치료하고 기형이 될 가능성을 방지하고 치료하는 자궁 내 수술을 개발하려는 물결이 몇 년 전에 활발하게 일어났다. 이러한 생각이 널리 받아들여지지는 않았지만, 태아에 관한 연구를 임상적으로 유용한 자궁 내 의료기술로 전환하는 과제는 여전히 의학계의 주요 목표로 남아 있다.

## 유전학

신생아 626명 중 한 명꼴로 선천적 팔 기형아가 태어난다. 이 같은 증상을 지니고 태어난 아기 10명 중 한 명은 손이나 팔 또는 손과 팔 모두의 외양 및 기능에서 중대한 질환이 나타난다. 이 모든 사례 가운데 절반 가량에서 선천적 문제 발생의 원인이 파악되지 않는다.

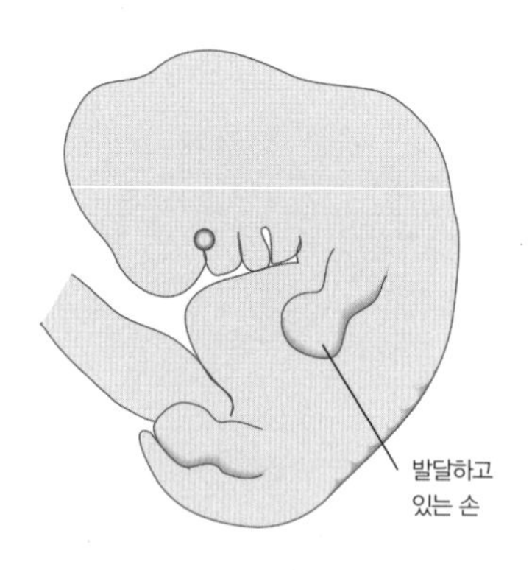


◎ 그림 2.3. 태아가 발달하는 동안 향후 팔과 손이 될 부위의 최초 모양

손에 차이가 나타나는 이유를 밝히기 위해 유전적 기반을 확인할 때, 일반적으로 다음에 소개하는 네 가지 범주 중 하나로 나누게 된다. 즉 손의 결함을 유발하는 특이적 유전자나 유전자 쌍(멘델의 유전 형질), 염색체 이상, 아이의 유전자에 미치는 환경적 영향, 또는 여러 영향의 조합이다.

인간은 23개의 쌍으로 이루어진 46개의 염색체를 지니고 있다. 각각의 쌍에서 한 개의 염색체는 모계로부터, 나머지 염색체는 부계로부터 온다. 이 중 첫 22개의 쌍을 상염색체라고 한다. 손 기형을 유발하는 염색체 대부분은 상염색체에서 발생한다. 나머지 2개의 염색체는 성염색체다. 여성에게는 이른바 XX라고 불리는 2개의 서로 유사한 성염색체가 있다. 이 성염색체는 부모 각각으로부터 온다. 남성에게는 서로 다른 성염색체(XY)가 있다. X는 모계로부터, Y는 부계로부터 온다. 이 책을 집필하는 시점에서, 인간 게놈 프로젝트에서는 46개의 인간 염색체에 있는 유전자의 수를 3만 개로 추산하고 있다.

## 우성 유전자 vs. 열성 유전자

멘델의 유전학에서, 형질이나 특질은 단일 우성 유전자나 열성 유전자 쌍의 결과로 올 수 있다. 단일 우성 유전자의 경우 이 유전자를 지닌 부모가 형질을 나타내며, 이 부모에게서 태어난 아이 중 절반

가랑이 영향을 받게 된다. 우성 유전으로 선천적 손 차이가 나타난 사례는 물갈퀴 모양의 손가락(합지증), 여분의 손가락(다지증)이다. 열성 유전자의 경우, 이 형질을 나타내는 유전자를 부모 모두로부터 받을 때에만 아이에게 형질이 발현될 것이다. 부모가 열성 유전자 형질을 나타내지 않는 경우에도 부모는 자신의 부모로부터 획득한 열성 유전자를 지니고 있는데 이 열성 유전자가 아이에게 전달될 수도 있고 그렇지 않을 수도 있다. 통계적으로 보면 부모 모두가 지닌 열성 유전자가 아이에게 전달되어 손 기형으로 나타날 확률은 네 명당 한명 꼴이다. 열성 유전자는 가족력에서 숨겨진 채 드러나지 않을 수 있다. 또는 열성 유전자로 인해 나타나는 증상이 세대를 뛰어넘을 수도 있다. 열성 유전자의 결과로 나타나는 손 기형은 흔하지는 않지만 일반적으로 우성 유전자의 결과로 나타나는 손 기형보다 증상이 훨씬 심각하다. 열성 유전자의 결과로 나타나는 손 기형은 발 및 얼굴의 기형과 함께 발생하는 경우가 상당히 많다. 아퍼트 증후군(Apert syndrome. 두개골, 얼굴, 손, 발 기형이 특징인 장애)이 대표적이다.

유전학이 항상 멘델의 유전법칙을 따르는 것은 아니다. 다중유전자가 일부 형질의 표현에 개입될 수 있으며, 환경 요인이 특정 유전자 형질의 발현을 어느 정도 결정할 수도 있기 때문이다. 염색체 이상이란 한 개의 염색체가 존재하지 않거나, 부분적으로 존재하지 않거나, 또는 다른 결함이 있는 것을 의미한다. 염색체 이상은 일반적으로 아기 신체에서 한 군데 이상의 부위에서 증후군으로 나타난다. 이에 대한 사례로 다운 증후군이 있다. 다운 증후군을 앓는 아동의 손은 아주 작으며, 손가락은 조그맣고 굽어 있다. 지적 장애와 심장 결함이 여기에 덧붙는다.

유전학에 대해 한 가지 기억해야 할 것은, 한 가계에서 얼마나 많은 아이들이 이미 유전 질환을 물려받았는지는 상관없이 각각의 아이들이 겪는 위험이 동일하다는 점이다. 이를 다른 말로 하면, 이전에 유전 질환을 물려받은 아이가 태어났다고 해서 유전의 위험성이 감소되지는 않는다는 것이다.

## 선천적 손 차이의 분류 체계

1970년대 초, 손과 관련된 다양한 유전 질환을 분류하려는 노력의 일환으로 손 수술에 전념하는 여러 단체가 국제적으로 통용되는 체계를 만들자는 데 합의했다. 이 체계는 외과 전문의 알프레드 스완슨(Alfred Swanson) 박사가 제안했는데, 그는 가장 널리 사용되는 인공 손가락 관절을 개발한 인물로 유명하다. 분류 체계에는 선천적 차이의 해부학적 외양을 바탕으로 한 7개의 군이 포함된다. 이 체계는 치료 담당 의사가 다른 외과 전문의나 전문가와 보다 일관성 있게 논의를 진행하는 데 도움이 된다. 또한 분류 체계는 환자 가족에게 선천적 차이의 다양성을 이해하는 기본적인 틀을 제공한다.

첫 번째 범주는 '팔(상지) 부위 형성의 실패'다. 여기에는 두 개의 하위 군이 속해 있다. 첫 번째 하위 군은 팔을 따라 다양한 수준으로 발생한 절단, 즉 '횡적 결함'이다. 여기서 절단이란, 수술로 신체 부위를 잘라낸다는 맥락이 아니다. 여기서 절단은 신체 부분이 원래 부재함을 의미한다. 손가락, 손, 또는 손과 팔 일부가 선천적으로 없는 것을 뜻한다. 이 범주에는 '단지증'이 포함되어 있다. 단지증은 손이 위팔*과 아래팔의 개입 없이 바로 흉부에 붙어 있기도 하는 기형의 일종이다. 단지증은 1950년대 후반 탈리도마이드를 복용한 산모가 낳은 아이에게서 종종 발견됐다. 탈리도마이드는 임신 중 입덧이 나타날 때 처방하는 신경 안정제다. 두 번째 하위 군은 '종적 결함'이다. 여기에는 손의 엄지손가락 면(방사 측면)과 아래팔의 결함, 손의 새끼손가락 면(척골 측면)과 하박의 결함, 그리고 열수(裂手, 갈림손) 같은 손의 중앙 측면의 결함이 포함된다.

두 번째 범주는 '구별 또는 분리의 실패'다. 이는 손의 기본 구성 단위가 존재하지만 완전하지 않거나 적절하게 발달하지 않은 상태를 의미한다. 이 범주에 속하는 가장 잘 알려진 사례가 바로 물갈퀴 모양의 손가락(합지증)이다.

세 번째 범주는 '중복'이다. 이는 다섯 손가락 외에도 손가락이 한 개 또는 여러 개 더 있는 것을 의미한다. 여기에는 엄지손가락의 분열 또는 중복이 포함된다.

---

* '위팔'은 어깨에서 팔꿈치까지의 부분을 가리키며 '아래팔'은 팔꿈치부터 손목까지의 부분을 가리킴.

네 번째 범주는 '과도 성장'이다. 이는 하나 또는 그 이상의 손가락 길이가 확대된 것이 포함되며, 아울러 '손가락 거대증'이라고 불린다.

다섯 번째 범주는 네 번째 범주와 짝을 이루는데, 바로 손가락의 '과소 성장(발육 부전)'이다. 이는 손가락 크기가 아주 작은 경우, 또는 엄지손가락과 나머지 손가락이 부재한 경우를 가리킨다.

여섯 번째 범주는 '협착띠 증후군'이다. 이 증후군이 일어나는 원인은 아이의 유전적 이상 때문이 아니라 자궁 내에 있는 대(양막대라고도 한다) 때문이다. 이 증후군은 태아가 발달하는 도중에 발생할 수 있으며, 손가락에 다양한 수준의 수축 현상을 야기할 수 있다. 또한 상지의 나머지 부분에도 증후군이 발생할 수 있다. 때로는 이 윤상 수축대가 너무 꽉 조이는 바람에 태아의 손가락이나 심지어 손 일부가 절단되는 결과가 나오기도 한다.

마지막 범주는 '전반적인 골격 이상'이다. 앞서 언급한 여섯 가지 범주에 적용되지 않는, 광범위하고 다양한 선천적 근골격계 장애가 이 범주에 포함된다.

## 흔히 발생하는 문제들

**합지증: 합쳐진 손가락**

합지증은 물갈퀴 모양의 손가락, 혹은 한 손에서 두 개 또는 그 이상의 손가락이 선천적으로 합쳐져 있는 증상을 의미한다. 합지증은 가장 흔한 선천적 차이로, 거의 신생아 2천 명당 한 명꼴로 나타난다. 합지증은 흑인 영아보다 백인 영아에게 10배나 많이 나타난다. 그리고 남자아이에게 합지증이 나타나는 경우가 여자아이보다 두 배나 많다.

손가락과 손가락 사이의 공간은 네 개가 있는데, 이것이 이른바 '손샅(web space)'이다. 합지증에서 가장 흔하게 나타나는 손샅은 세 번째, 즉 가운뎃손가락과 넷째 손가락 사이의 공간이다. 그렇지만 어떠한 손샅이라도 합지증이 발생할 수 있다. 이 증상은 상염색체 우성 형질로 유전될 수 있으며 가계에 정기적으로 나타난다. 또한 합지증 증상의 일부로, 아기에게 다른 건강 문제가 나타날 수도 있다. 합지증은 대개 손 양쪽에 나타나며, 대부분 정확한 이유를 밝혀내지 못한다.

물갈퀴 모양 손가락의 특정 면은 이 증상을 치료하는 외과 전문의에게 중요하다. 외과 전문의는 물갈퀴 모양 손가락 간의 연결이 불완전한지(손가락 끝에서 오직 반쯤 길이만 연결되어 있는 경우) 아니면 완전한지(두 손가락이 손가락 끝까지 완전하게 연결되어 있는 경우) 밝히고 싶어 할 것이다. 수술로 손가락을 분리하는 것을 추천하기 전에, 손가락 사이가 오직 피부로만 연결되어 있는지, 아니면 손가락 간에 뼈와 인대로 연결되어 있는지 알아내는 것이 중요하다. 손가락 끝부분까지 완전하게 연결된 합지증은 손톱을 공유하는 경우도 종종 있다.

물갈퀴 모양 손가락은 수술이 유일한 해결 방법이다. 물갈퀴 모양 손가락을 분리하는 작업이 간단하리라고 생각할지도 모르지만 실제로는 그렇지 않다. 수술 후 치유 과정에서 손가락 길이만큼 나 있는 흉터가 수축되고 짧아질 것이다(구축). 이렇게 되면 손가락이 한쪽으로 구부러지거나 운동성에 제약이 야기된다. 수년에 걸쳐, 외과 전문의들은 흉터 구축을 피하면서 손가락을 분리할 수 있는 기술을 개발하고 있다. 오늘날에는 물갈퀴 모양의 손가락을 분리할 때 활용되는 표준적 절개술이 존재한다. 이 절개술은 수술 흉터로 인해 손가락의 외양이나 기능이 손상되는 것을 방지한다. 여기에는 피부를 추가하는 방법(피부 이식 수술)이 필수적이다. 일단 붙어 있던 두 손가락이 수술을 통해 분리되면, 기존에 존재하는 피부로는 두 손가락을 충분히 덮을 수 없기 때문이다. 영·유아에게 피부 이식 수술을 하기 위해 떼어 올 피부 부위는 다양하다. 일반적으로 아랫배나 사타구니 바깥 부분에서 이식할 피부를 떼어 오는 경우가 가장 흔하다.

한 손에서 두 손가락 이상이 합지증에 연관되어 있더라도, 어떠한 경우든 한 번의 수술에 손가락 한쪽 면만을 분리해야 한다. 동맥을 보호하고 손가락의 혈액 순환을 유지하기 위해서다. 두 개 이상의 물갈퀴 모양 손가락을 지닌 아이의 경우, 관련된 손가락 모두를 완벽하게 분리하기 위해서는 한 차례 이상의 수술이 필요할 것이다. 아이가 건강하고 잘 자라고 있다면, 생후 6개월에 수술을 진행할 수 있다. 하지만 생후 12~18개월 사이에 수술을 진행하는 것이 가장 흔하다. 이처럼 정교하고 섬세한 수술 절차가 이루어지는 동안 손이 무심코 움직이는 상황을 방지하기 위해, 전신 마취가 이뤄진다. 손가락 분리 수술 외에 다른 의료적 사안이 없다면 대부분 수술은 비교적 짧은 시간에 끝나며 이후 외래 환자로서 통원 치료를 하면 된다.

외과 전문의는 향후 일어날 수 있는 위험 요소나 합병증을 면밀하게 검토해야 한다. 감염, 흉터가 짙어지거나 보기 흉하게 되는 증상, 손가락 사이에서 물갈퀴 모양이 부분적으로 재발하는 상황, 또는 손가락 관절의 뻣뻣해지는 증상 등을 염두에 두어야 한다. 수술은 현재까지도 효과가 제대로 입증된 방법이다. 또한 모든 손가락이 독자적으로 움직이기를 열렬히 바라는 부모는 수술 치료를 고려해야 한다.

### 다지증: 여분의 손가락

다지증은 손가락이 다섯 개가 넘는 경우를 일컫는 의학 용어다. 다지증에는 새끼손가락이 관련되어 있는 경우가 가장 흔하다. 또한 이 선천적 기형은 아프리카계 미국인에게 가장 흔하게 발생하며, 신생아 300명당 한 명 꼴로 나타난다. 새끼손가락이 하나 더 있는 경우, 상염색체 우성 형질로 인해 이 증상이 일어나는 경우가 상당히 빈번하며 한 가계에서 최소 한 세대 이상에서 발견된다. 여분의 손가락은 발육이 덜 된 아주 조그마한 형태일 수 있으며, 아니면 움직임과 감각에 전혀 문제가 없고 손톱까지 있는 완전한 형태의 손가락일 수도 있다.

치료 방법의 선택은 여분의 손가락 크기와 발육 정도에 달려 있다. 발육이 덜 된 작은 손가락의 경우, 신생아가 아직 병원에 있는 동안 봉합사나 작은 금속 클립으로 묶는 치료가 종종 진행된다. 이렇게 하면 여분의 손가락은 약 2주 이내에 떨어져 나간다. 여분의 손가락이 완전한 형태를 갖췄을 때는, 아이가 전신 마취를 해도 안전에 이상이 없는 연령과 몸집에 이를 때까지 기다리는 것이 통례다. 그런 다음 수술을 통해 여분의 손가락을 제거한다. 이 수술에서는 손에 있는 중요한 인대와 신경을 보호하기 위해 각별히 주의를 기울인다. 여분의 손가락을 제거한 뒤에는 대개 수술 부위에 조그마한 융기나 혹만 남는다.

엄지손가락은 인간의 손이 기능하는 데 아주 중요한 역할을 맡고 있기 때문에, 손 외과 전문의들은 '세 마디로 이뤄진 엄지손가락'과 '분열'된 엄지손가락을 광범위하게 연구하고 있다. 엄지손가락에 다지증이 나타난 경우, 두 개의 엄지손가락은 정상적인 두 손가락이 별개로 있는 것이 아니라 나란히 달려 있다. 또한 두 엄지손가락은 정상적인 경우보다 작으며 힘줄, 신경, 뼈 형성에 일부 근본적인 결함이 있을 수도 있다. 이 증상은 일반적으로 한쪽 손에만 나타나며, 유전 질환은 아니다.

엄지손가락 다지증은 엄지손가락을 형성하는 세 개의 뼈가 얼마나 많이 중복되어 있느냐에 따라 각기 다른 유형으로 나뉜다. 다지증 사례의 절반 이상은, 세 개의 엄지손가락 뼈 가운데 두 개가 중복되어 나타난다. 바로 손톱이 있는 부위의 뼈와 여기에 인접해 있는 뼈다. 손 외과 전문의는 엄지손가락을 평가하며, 어떤 것을 남기고 어떤 것을 제거할지 결정해야 한다. 일반적으로 손 외과 전문의는 특히 이 엄지손가락의 폭이 다른 손의 정상적인 엄지손가락 폭의 최소 60% 정도만 되면, 다른 손가락과 가까운 쪽의 엄지손가락을 보존하는 것을 선호한다.

엄지손가락 다지증을 교정하는 치료에서 비수술적 방법을 활용해 성공한 적은 없다. 대개는 아이가 만 한 살이 되기 전에 수술 치료법을 진행한다. 수술이 끝난 뒤에도, 손 외과 전문의는 몇 년 동안 아이를 진찰할 필요가 있을 것이다. 아이가 자라면서 엄지손가락이 딱딱해질 수 있고, 옆으로 잘 구부러질 수 있으며, 혹은 인대가 느슨해지는 방향으로 발달할 수 있다. 이러한 증상이 나타나면 추가 수술이 필요할 수도 있다.

### 무형성증 · 저형성증: 손가락이 작거나 아예 없는 경우

엄지손가락 또는 다른 손가락이 없거나(무형성증), 크기가 작은 경우(형성저하증 또는 저형성증)가 있을 수 있다. 자궁 내에 있는 양막대가 태아의 손가락을 얽매게 되면, 혈액 순환이 어려워지고 심지어 절단을 야기한다. 아울러 유전적인 원인도 '선천적으로 손가락이 없거나 기형인 장애(symbrachydactyly)'를 유발할 수 있다. 이 장애는 짧고 딱딱

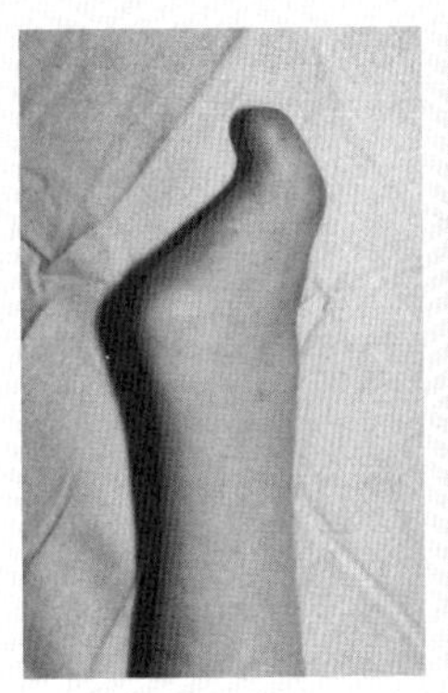
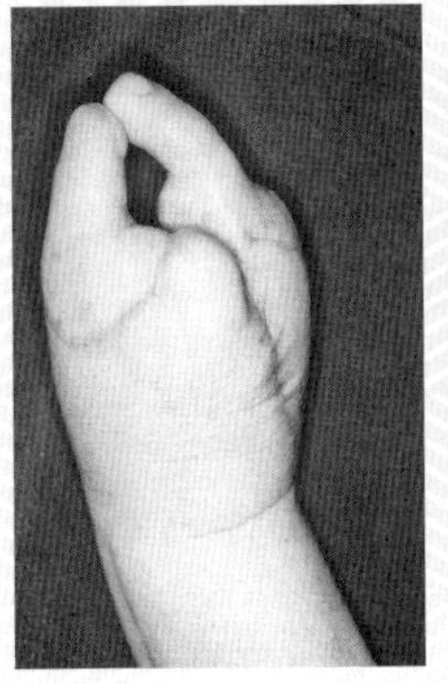
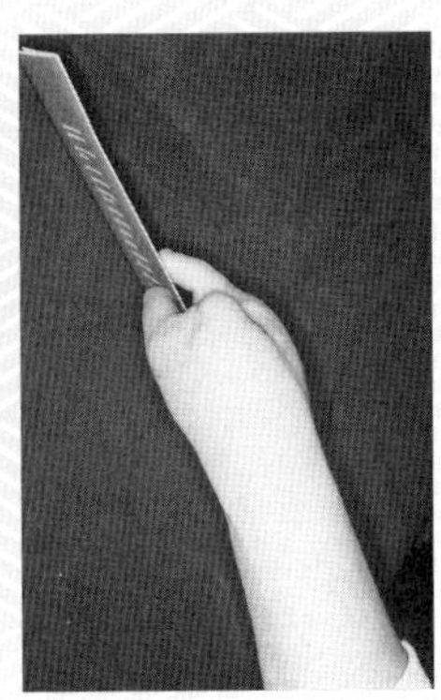

◎ 그림 2.4. 발가락 이식
(A) 손에 손가락이 하나밖에 없는 신생아의 손 모습이다. (B) 미세수술을 통해 발가락 전체를 손에 이식했다.
(C) 동일한 아기가 물건을 꽉 쥐는 행동을 위해 손을 사용했다.

한 손가락을 지닌 채 태어나는 증상을 의미한다. 이 증세가 나타나면 발육이 덜 된 작은 손가락을 지니거나, 작지만 정상적인 모양의 손가락을 지니게 된다. 이 증상에 대한 비수술적 치료법은 없다. 개별 손가락에 인공 기관을 부착해도 효과가 없다.

아이가 태어났을 때 손가락 발육은 덜 되었지만 피부는 충분하다면, '발가락 뼈를 떼어 내 접합하는 수술(free toe phalanx grafting)'을 실행할 수 있다. 이 수술법은 작은 발가락에서 한 개의 뼈(지골)를 떼어 내 발육이 덜 된 손가락 안에 만들어 놓은 '주머니'로 옮긴다. 어린 나이에 이 수술을 받으면 성장 중추가 아직 활성화 되어 있는 발가락뼈를 이식받은 것이며, 그렇기 때문에 발가락뼈는 새로운 장소에서 길이가 늘어날 것이다. 이 수술에서 관절은 이식되지 않지만, 수술 부위에서 관절의 기본적인 유형이 만들어져 아이로 하여금 손가락을 구부리는 동작이 가능해지도록 도울 수 있다.

만약 발육이 덜 된 손가락이 발가락 뼈를 떼어 내 접합하는 수술에 적합하지 않다면, 완전한 발가락을 이식하는 방법도 고려될 수 있다. 이 복합 수술 과정을 위해 우선 작은 발가락 전체를 발에서 떼어 낸다. 이때 발가락의 동맥, 정맥, 신경도 함께 떼어 낸다. 그런 다음 수술해야 할 손의 혈관(脈管)에 붙인다. 이렇게 하여 '새로운 손가락'에 느낌과 기능을 부여한다. 완전한 발가락을 손에 이식하는 수술은 위험성이 상당한 수술이기 때문에, 손에 손가락이 하나밖에 없는 아이에게 집을 수 있는 기능을 부여하기 위한 경우에만 허용될 수 있다(그림 2.4.의 A, B, C).

어떤 아이들의 경우, 엄지손가락이 적절히 자라지 못하거나 아예 없을 수도 있다. 이 증상은 크기의 왜소함이 어느 정도로 심각한지 또는 엄지손가락이 존재하는지에 따라 네 가지 범주로 나눈다. 첫 번째 유형은 정상적으로 기능하지만 정상 크기보다는 약간만 작은 엄지손가락이다. 두 번째 유형과 세 번째 유형을 거쳐 네 번째 유형에 해당하는 엄지손가락은 거의 존재하지 않거나 아예 없는 경우다. 크기가 작은 엄지손가락은 선천성 증후군의 일부일 수 있다. 이 증후군에는 영·유아에 나타나는 여러 기형이 포함되며, 기타 다른 근골격계 문제, 심장 질환, 혈액 응고 장애 등도 포함된다. 작은 손가락의 경우와 마찬가지로, 작은 엄지손가락도 절대 정상적인 엄지손가락 크기를 '따라잡지' 못할 것이다. 이 증상은 오직 수술을 통해

서만 치료가 가능하다.

치료 방법은 환자 개인별로 맞추어야 한다. 약간 작은 엄지손가락이 정상적인 기능을 할 경우 수술 치료가 필요 없는 아이도 있다. 엑스레이를 통해 주의 깊게 검토하고 관절의 질을 특별히 살펴보는 것이 작은 엄지손가락이 궁극적으로 어떻게 기능할지 알아내는 데 도움이 될 수 있다. 작은 엄지손가락 크기가 보다 심각한 경우(저형성증)에는 관절, 인대, 힘줄 재건 수술로 치료한다. 발육 부전이 심한 수준이거나 엄지손가락이 아예 없는 경우, 때로는 인접한 집게손가락을 엄지손가락 위치로 전이시키는 방법을 통해 기능을 복구시킬 수 있다. 이 치료 과정을 '집게손가락의 엄지화수술'이라고 한다. 이 치료법을 선택하는 것은 부모에게 아주 힘겨울 수 있다. 엄지손가락 없이 태어난 아이가 이제 인접한 집게손가락을 잃게 될 것이기 때문이다. 하지만 인간의 손은 엄지손가락의 위치에 있는 손가락과 다른 손가락을 마주 붙여 물건을 집을 수 있는 능력이 없이는 이상적인 기능을 성취할 수 없다. 집게손가락의 엄지화수술을 통해 손은 물건을 집고 쥘 수 있으며 이를 통해 손의 기능과 아이의 삶의 질은 엄청나게 향상된다. 그리고 만약 수술이 잘 진행된다면 치료 절차가 끝난 뒤에 아이를 본 다른 사람들은 대개 아이에게 손가락이 없다는 점을 절대 알아차리지 못한다. 부모는 엄지화수술을 받기 이전과 이후의 아이들 모습을 찍은 사진을 보면, 이 수술을 통해 무엇을 기대할 수 있는것인지를 어렵지 않게 가늠할 수 있다.

엄지손가락 길이가 짧은 아이가 손을 어떻게 사용해 오고 있는지,

즉 손 사용의 패턴이 엄지화수술의 가치를 예견하게 해 주는 한 가지 요소다. 예를 들어 만약 아이가 기형인 엄지손가락과 나머지 손가락으로 물건을 집는 시도를 전혀 하지 못하고 오히려 집게손가락과 가운뎃손가락을 이용해 집는다면, 향후 엄지손가락이 규칙적인 활동을 하리라고 보기 어렵다.

독일 출신의 손 외과 전문의인 디터 부크 그람코(Dieter Buck Gramcko) 박사는 1950년대 후반과 1960년대 초반, 탈리도마이드가 초래한 팔 기형을 지닌 채 태어난 아이 수천 명을 진찰했다. 그는 팔 기형 증상에 시달리는 수많은 아이를 치료했는데, 이 중에는 엄지손가락 없이 태어난 아이 수백 명이 포함되어 있다. 그는 230차례가 넘는 엄지화수술을 집도했으며 수술 기법을 수없이 개선했다. 그는 생후 6개월부터 수술이 가능하다고 주장했다. 다른 손 외과 전문의가 진행한 추가 연구에 따르면, 7~10세 아동 또한 새로운 엄지손가락을 이용해 정상적으로 물건을 집는 유형의 행동을 할 수 있다는 점이 밝혀졌다.

그렇지만, 부모는 새로운 엄지손가락이 완벽하게 정상적인 기능을 할 것이라고 기대해서는 안 된다. 일반적으로 새로운 엄지손가락이 약간 딱딱해지는 증상이 나타날 것이며, 평균적으로 발휘할 수 있는 힘은 완전하게 기능하는 엄지손가락의 약 25%밖에 되지 않을 것이다.

엄지화수술은 우선적으로 엄지손가락은 없고 네 개 손가락만 있는 아이의 엄지손가락을 재건하기 위해 진행된다. 손가락이 네 개

이하인 경우, 외과 전문의는 작은 발가락 한 개를 엄지손가락 위치에 이식하는 '미세수술'을 추천할 수도 있다. 미세수술을 통해 신경, 힘줄, 혈관을 발가락과 함께 이식하며, 엄지손가락 기능의 상당 부분을 획득할 수 있다. 비록 그 모양은 정상적인 엄지손가락과는 다르지만 말이다.

### 대지증: 커다란 손가락

정상적인 유전자 서열은 각 손가락의 성장 비율과 궁극적인 크기, 같은 손에 있는 손가락들의 상대적 크기, 오른손·왼손의 손가락 대칭을 결정한다. 만약 유전자 서열이 바뀌거나 혹은 손가락이 특정 종양의 영향을 받는다면, 때로는 엄지손가락이나 다른 손가락의 크기가 엄청난 수준으로 확대될 수도 있다. 대지증 또는 손가락 거대증은 흔하게 발생하지는 않는다. 이 증상이 발생하면, 대개 한쪽 손가락이 극도로 커진다. 넷째손가락이나 새끼손가락보다는 엄지손가락이나 집게손가락에서 대지증이 훨씬 흔하게 발생한다. 이 증상이 발생하는 원인은 밝혀지지 않고 있지만, 손가락으로 통하는 신경 공급의 과도한 성장, 손가락뼈의 과도한 성장, 또는 종양이 대지증 사례에서 공통점으로 꼽힌다.

대지증이 발생한 손가락은 크기도 클 뿐만 아니라 이 거대한 손가락이 종종 자기 위치에서 벗어나 엄지손가락이나 새끼손가락 쪽으로 향하기 때문에 문제가 된다. 손 전체의 기능에 방해가 된다.

심각한 수준으로 큰 손가락에 대한 치료는 대개 손가락이 나머지 인접한 손가락보다 현저하게 클 경우에만 고려된다. 아이가 성인이 됐을 때 적절한 손가락 크기가 어떨지 추정하는 작업은, 부모의 손가락 크기와 비교해 결정한다. (여아의 경우 어머니의 손가락과 비교해 결정하며, 남아의 경우는 아버지의 손가락과 비교한다.)

때로는 수술을 통해 손가락의 성장판을 교란시키는 방법으로, 손가락이 기형적으로 길어지는 증상을 멈추게 할 수 있다. 아이가 성장하면서, 인섭한 손가락이 지나치게 자라는 것을 방지하고 손가락 기능을 유지시키는 추가적인 치료 절차가 반드시 필요한 경우가 있다.

그런데 성장판이 결핍되도록 한다고 해서 손가락 둘레가 확대되는 것이 완전히 중지되는 것은 아니다. 손가락을 분리시켜 크기를 작게 유지하기 위해 수술 절차가 필요하다고 하지만, 이러한 수술로도 만족스럽지 못한 경우가 종종 있다. 만약 수술 치료가 성공을 거두지 못한다면 거대한 손가락은 계속 자라 정말 보기 흉하게 될 수 있다. 그런 이유로 절단 수술로 손가락을 제거하는 방법이 기능적으로나 외관상으로 최고의 선택이 되는 경우가 종종 있다. 당연히 이 방법은 부모가 선택하기에는 극도로 힘든 결정이기는 하지만 말이다.

### 요골 결핍

요골(橈骨)의 결핍은 엄지손가락 또는 손과 팔뚝의 요골 쪽 발육부전 증상을 설명하는 용어다. 이는 비교적 흔하게 나타나지는 않는 증상인데, 신생아 5만 명당 한 명 꼴로 나타난다. 요골 결핍 증상 중 약 25%는 다른 증상이나 증후군과 연관되어 있으며, 증상의 일부로 심장 질환이 포함되는 경우가 종종 있다. 골수 부전과 관련된 희귀 질환인 '판코니 빈혈' 역시 요골 결핍과 연관되어 있을 수도 있다. 판코니 빈혈을 앓는 영·유아의 혈구는 정상적인 수치를 밑도는데, 이 부족한 혈구에는 혈액 응고를 적절하게 촉진하는 세포도 포함된다. 그래서 수술 치료에 착수하기 전에 이 증상이 있는지 확인해야 한다. 수술 중에 통제하기 힘든 출혈이 발생할 수 있기 때문이다.

크기가 작은(저형성증) 손가락의 경우와 마찬가지로, 요골 결핍의 분류 체계도 네 가지 범주로 나뉜다. 첫 번째 범주는 손과 팔뚝의 요측이 약간 작은 경우이고, 네 번째 범주는 요골 전체(하박골 대다수)가 아예 없는 경우를 가리킨다. 이 증상을 앓는 아동은 손과 팔뚝 요측의 발육 부전과 더불어, 상완골도 작고 짧을 수 있다. 즉 팔뚝이 휘어지거나, 손목 기형(여기에는 엄지손가락 면이나 요측이 극도로 각이 진 증상이 포함된다), 또는 손가락이 딱딱해지거나, 엄지손가락 면의 근육, 신경, 심지어 동맥 발육이 부진한 증상 등이 있을 수 있다. 이 증상을 앓는 아동의 엄지손가락이 정상적인 경우는 드물며 엄지손가락의 지위는 종종 아이가 손으로부터 얼마나 유용한 기능을 얻을 수 있느냐에 따라 결정된다.

수술을 하지 않아도 요골 결핍을 치료하는 방법이 있다. 아이가 아주 어릴 때 치료를 시작하여, 부목이나 깁스를 착용하는 방법을 통해 손목과 손이 휘어진 증상을 교정하거나 개선하는 것이다. 증상이 가벼운 경우에는 이 치료법만으로도 충분할 수 있다. 증상이 심각한 경우, 이 치료법은 수술 치료를 받기 전 예비 단계로서 도움이 될 수 있다.

또 하나의 예비 단계로는 '일리자로프 수술'을 활용하는 방법이 있다. 러시아 출신 외과 전문의 가브릴 아브라모비치 일리자로프(Gavril Abramovich Ilizarov)는 공산주의 정권 기간 중에 활동해서, 비교적 국제적으로는 알려지지 않은 인물이다. 어쨌든 그는 태어날 때 선천적 기형이나 손상을 입은 경우, 환자의 기형적으로 짧은 팔을 똑바로 펴고 길이도 늘어나게 하는 수술법을 개발했다. 이 수술법에는 증상이 발생한 뼈를 조심스럽게 자르는 과정이 포함된다. 그런 다음 아주 조심스러운 방식으로 장력을 뼈에 천천히 적용시켜, 뼈의 길이를 늘어나게 하거나 똑바로 편다. 요골 결핍의 경우, 팔뚝 요측을 분할한 뒤 일견 이렉터 세트*처럼 생긴 외고정 틀을 뼈에 장착한다. 몇 주 동안의 과정을 거쳐 각이 진 모양으로 뼈가 나면 장력을 적용해 똑바로 펴게 만든다. 이 치료법은 나중에 손을 중앙으로 모으게 하거나 손을 심각하게 각이 진 위치에서 팔뚝 끝의 적절한 위치로 옮기는 수술 절차를 준비하는 데 도움이 된다. 이 수술 절차는 두 가지 절개 작업을 통해 진행된다. 하나는 꽉 조여 있는 바람에 손과 손목의 엄지손가락 면의 기형을 유발하는 구조를 분할하는 것이

* Erecter Set. 부품을 끼우거나 나사로 연결해 도시를 건설하는 어린이용 조립 완구 상품명

다. 또 하나는 교정 상태를 유지하기 위해 힘줄을 절개하여 손의 새끼손가락 면에 이식하는 것이다. 수술이 끝난 뒤에는, 팔뚝이 휘어지는 것을 방지하기 위해 3~6개월 동안 깁스를 착용한다. 깁스를 착용하면 손목이 딱딱해지지만 모양은 훨씬 양호해지며, 결국 손의 기능도 예전보다 획기적으로 개선된다. '중앙으로 모으는 절차'라고 불리는 이 치료법은 대개 생후 6~18개월의 영·유아에게 실시된다.

어떤 아동에게는 손목을 똑바로 펴는 치료가 좋지 않은 선택일 수 있으니 유의해야 한다. 만약 팔꿈치가 딱딱해 구부러지지 않는다면, 이 아이의 손이 입에 다다르게 할 수 있는 유일한 방법은 바로 손목을 극도로 각지게 만들거나 휘어지도록 하는 것뿐이다. 만약 손목이 똑바로 펴져 있고 딱딱하며 팔꿈치 또한 딱딱하다면, 아이는 더 이상 손을 들어 입이나 얼굴로 대지 못하게 되며, 기능은 더욱 악화된다.

요골 결핍을 앓는 아동 가운데 75%는, 엄지손가락이 상당히 기형이라 치료가 요망된다. 치료는 대개 집게손가락에 엄지화수술을 실시하는 형태로 이루어진다. 엄지화수술은 일반적으로 팔뚝과 손목을 똑바로 편 뒤에 실시된다.

### 단지증: 탈리도마이드 효과

단지증을 앓는 사람의 외양은 독특하다. 이 사람의 손은 일견 정상적으로 보이지만, 몸통에 연결되는 팔뚝과 위팔은 아주 짧거나 아예 없다. 이 사람의 손은 사실상 전혀 기능하지 않으며, 주변의 물체를 다루고 이용할 때 전적으로 발에 의지할 수도 있다. 사실 단지증의 모든 사례는 산모가 임신 기간 중에 탈리도마이드를 복용한 결과로 나타난다.

탈리도마이드는 독일에서 개발되어 1957~1961년 사이에 팔린 약품이다. 탈리도마이드는 임산부의 입덧을 줄이기 위해 개발됐다. 산모가 이 약을 복용한 결과, 유럽과 영국에서 1만~2만 명의 아이들이 상지 부위에 심각한 기형을 지닌 채 태어났다. 약과 기형의 상관관계가 밝혀지자 탈리도마이드는 시장에서 퇴출됐다. 미국에서는 두 명의 여성이 이 약이 널리 판매되지 않도록 노력을 기울인 덕분에, 탈리도마이드가 아이들에게 끼친 효과는 극히 미미했다. 미국 식품의약국(FDA)에서 근무하는 약리학자 프랜시스 올덤 켈시(Frances Oldham Kelsey)와 존스 홉킨스 병원에서 소아 심장전문의로 재직하던 헬렌 B. 타우시그(Helen B. Taussig)가 그 주인공이다. 그들 모두 탈리도마이드의 안전성을 우려해 미국 내 판매를 반대하는 캠페인을 전개했다. 그 결과, 겨우 17명의 아이들만 기형 증상에 시달렸다. 인공기관이나 보철물을 사용한 경우는 종종 있지만, 슬프게도 이 기형 팔을 재건하는 치료가 성공한 사례는 매우 적다.

영국 출신의 매트 프레이저(Mat Fraser)는 탈리도마이드의 영향을 받은 인물로 훗날 극작가 겸 배우가 됐다. 2005년, 그는 탈리도마이드의 영향을 받은 사람을 소재로 뮤지컬의 극본을 쓰고 주연으로 무대에 등장했다. 탈리도마이드 유행의 희생자가 된 몇몇 아이들도 훗날 강연자 겸 작가가 됐다. 그들은 대중이 탈리도마이드 사건을 계속 인식하여 미래에 유사한 성격의 비극이 발생하지 않도록 각고의 노력을 기울이고 있다.

### 갈림손: 갈라진 손

예전에는 열수(cleft hand)라고 불렸던 증상은, 현재는 갈림손 또는 '중앙 종단면 결핍증(central longitudinal deficiency)'으로 알려져 있다. '갈라진 틈(cleft)'이라는 단어에서 알 수 있듯, 이 증상을 앓는 아동은 손 중앙 부분에 있는 손가락이 작거나 아예 없다. 가장 극단적인 사례로는, 손의 갈라진 각 면에 손가락에 하나 밖에 없는 경우도 있다.

열수에는 두 가지 주요 유형이 있다. '진짜' 열수는 손 한가운데에 V 모양의 균열이 나있다. 이런 증상은 양쪽 손에 나타나는 경우가 종종 있다. 이는 부모가 아이에게 전하는 상염색체 우성 형질이며, 구순열이나 구개열과도 연관이 있을 수 있다. 열수의 또 다른 유형은 U 모양에 좀 더 가까운 균열이 손 한가운데에 일어난 경우다. 이는 V 모양 균열과는 전혀 다른 증상으로 보인다. 즉 이 경우에는 발육에 실패한 아주 작은 손가락이 잔여물로 달려 있을 수도 있다. 이 증상은 유전되지 않는다. 열수를 지닌 아이는 엄지손가락이 제대로 기능한다면 손 전체 기능에도 아무 이상이 없으며, 집게나 새끼손가락과 맞닿을 수 있다.

마주 보는 엄지손가락을 최대한 활용하려면, 엄지손가락과 손의 나머지 부분 사이에 반드시 충분한 손살이나 거리가 있어야 한다. 열수를 지니고 태어난 아이 중 일부는 엄지손가락과 인접한 집게손가락 사이에 띠가 있다. 이 띠는 마주 보는 기능을 손상시키는데 수술 절차를 통해 손가락 사이의 띠를 풀 수 있다. 또 다른 선택 방법으로는, 대개 1~2살 아이를 대상으로 진행하는 것으로, 집게손가락을 손의 척골 면(새끼손가락 옆면)에 이식하는 수술을 실시한다. 이 수술을 통해 손 중앙 부분의 갈라진 틈을 봉합하고 엄지손가락과 다른 손가락 사이에 손샅을 연다.

때때로 열수 중에는 엄지손가락 하나밖에 없는 경우도 있다. 나머지 다른 손가락은 모두 없는 것이다. 이런 경우에는, 발가락 한 개나 두 개를 이식하는 미세수술이 진지하게 고려된다. 이 수술을 통해, 엄지손가락과 짝을 이뤄 집는 행위를 할 수 있는 움직임이 가능한 새로운 손가락을 제공받는다.

열수의 범주에 해당되는 다양한 증상을 보이는 아이에게 수술을 실시하기로 결정하기 전에는 굉장히 고려해야 할 것이 많다. 심사숙고가 필요하다. 열수의 외양을 보고 깜짝 놀랄 수 있지만, 사실은 기능을 상당히 잘 하는 경우가 많다. 손 외과 전문의는 손의 미용적인 외관이 향상되는 대신 기능이 감소된다면, 절대 수술을 고려하지 않는다.

다음 3장에서는 심각한 손 기형을 지낸 채 태어났음에도 불구하고 삶을 충실하게 살아가고 있으며 손 기형이 없는 사람 그 누구보

다도 더 많은 것을 성취한 여러 인물에 대한 이야기가 소개된다. 나는 이 이야기를 통해 독자 여러분이 영감을 얻기를 희망한다. 손이나 팔이 기형인 자녀를 둔 부모는 2장 첫 부분에 소개된 메이저리그 야구선수 짐 애보트(그는 오른손이 없는 상태로 태어났다)의 조언을 통해 격려를 얻을 수 있을 것이다. 애보트는 이렇게 말했다. "가능한 한 자녀를 정상적인 인간으로 대하라. 어떤 활동이든 참여하도록 격려해라. … 없어진 신체 부분이 아닌, 주어진 신체 부분에 지속적으로 초점을 맞추어야 한다."

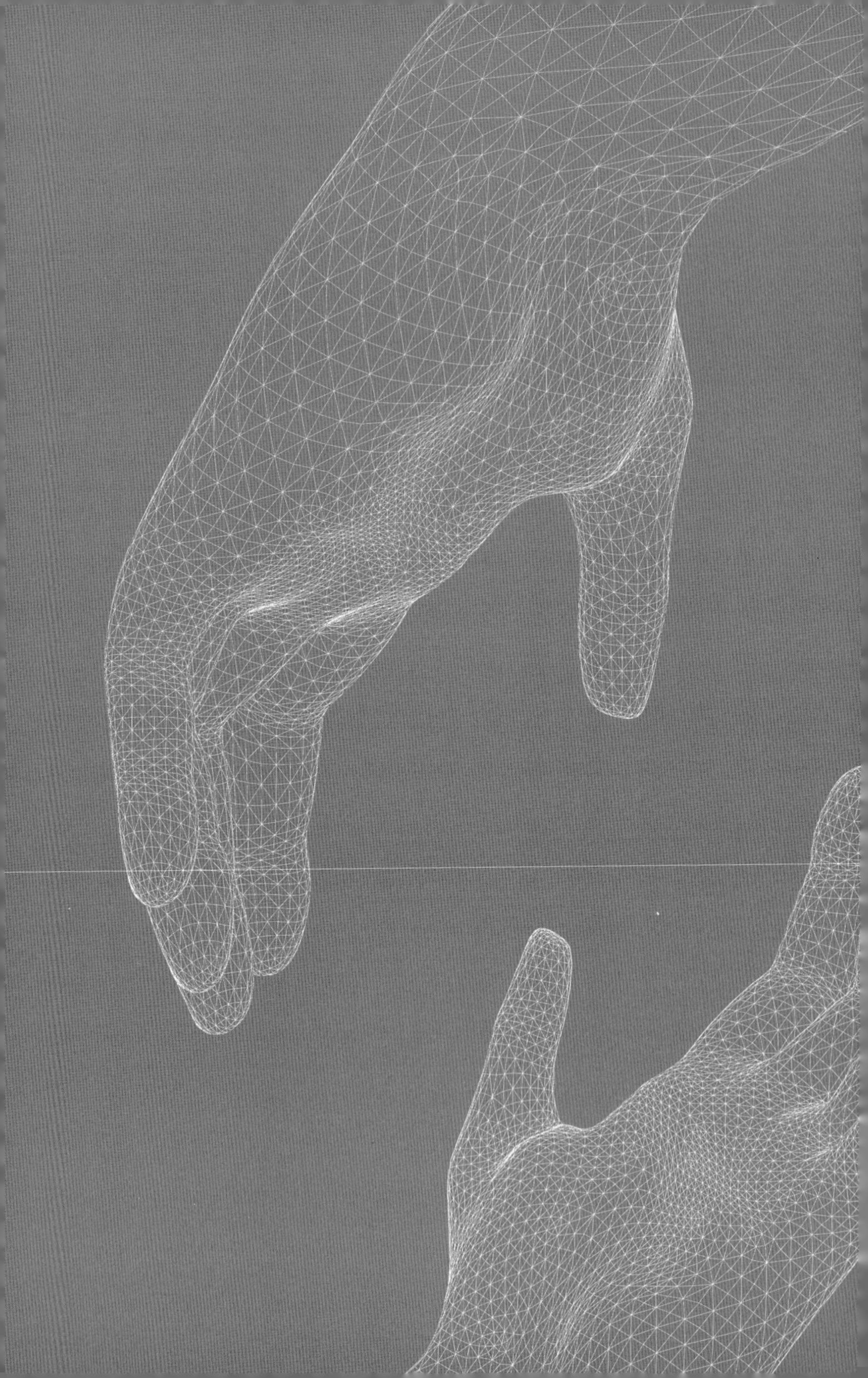

# 3장

# 운동선수의 손

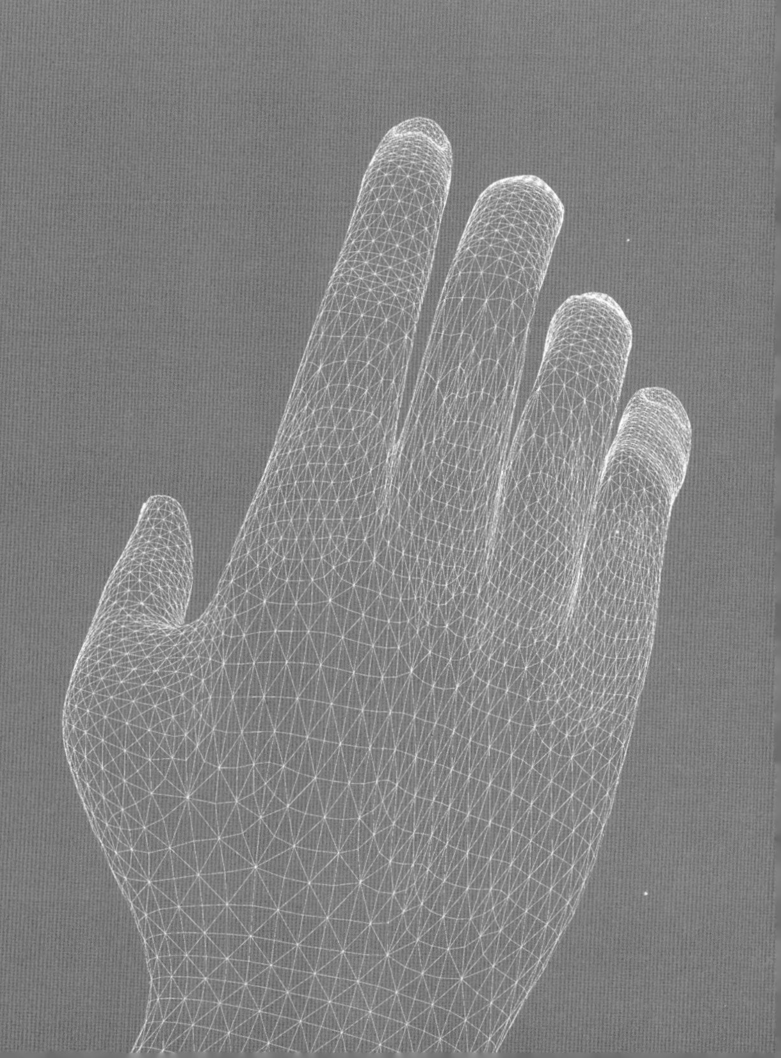

# 운동선수의 손

의학박사 W. 휴 바우거

의학박사 토마스 J. 그레이엄

2012년, 프로야구 선수 조쉬 레딕(Josh Reddick)은 오클랜드 애슬레틱스(오클랜드 에이스(Oakland A's)로 잘 알려졌다)에 입단한 첫 시즌에서, 아메리칸 리그 골든 글로브 수상자로 선정됐다. 그는 보스턴 레드삭스 팀에서 6년 동안 활동한 뒤에 오클랜드에 도착했다. 평생 야구와 사랑을 나눈 25살짜리 청년 조쉬 레딕에게 상황이 이보다 더 좋을 수는 없었다. 그는 2012년 시즌을 홈런 32개와 타점 85개로 마감했다. 매니저 밥 멜빈(Bob Melvin)이 "마치 로켓 같다."라고 일컬은 레딕의 오른팔 덕분에 오클랜드 에이스는 아메리칸 리그 디비전 시리즈로 진출했다.

다음 해인 2013년, 시즌이 시작된 지 한 달도 채 되지 않아 레딕은 부상으로 야구장에서 어쩔 수 없이 밀려나야 했다. 파울볼을 뒤 따라 가다가 벽과 충돌했는데 벽에 너무 세게 부딪치는 바람에, 그 충격으로 오른쪽 손목이 골절됐다. 레딕은 15일 동안 부상자 명단에 올랐으며, 2013년 시즌 대부분을 놓치지 않기를 희망하는 마음으로 투약과 식이 요법 및 물리 치료를 계속 따라갔다. 그는 "필요하다면 수술이 현실적인 선택이다."라고 기자에게 말했다. 그가 이렇게 말한 데는 나름의 이유가 있었다. 2011년 시즌이 끝난 뒤, 그는 왼쪽 손목에 파열된 연골을 바로잡는 수술을 받은 적이 있다. 회복은 2개월이 걸렸지만 수술 절차와 이후 물리 치료가 성공적이어서 그때 그는 마운드에 복귀할 수 있었다.

프로 운동선수라면 살면서 최고의 순간은 물론 최악의 상황도 겪게 마련이다. 하지만 레딕은 이 모든 것에 대해 묵묵히 낙관적인 시각을 유지할 수 있었던 것으로 보인다. '어떻게 하면 그런 태도를 보일 수 있을까?' 팬들은 의아해한다. 레딕은 자신의 이런 태도가 부모 덕분이라고 했다.

2012년 시즌이 시작되고 레딕이 골든 글로브 상을 수상하기 몇 달 전에, 『머큐리 뉴스(Merury News)』는 그의 사연을 일면 머리기사에 게재했다. '오클랜드 에이스의 강타자 조쉬 레딕, 부친으로부터 회복력을 물려받다.' 이 기사를 쓴 댄 브라운(Dan Brown) 기자는 레딕이 그해 후반에 야구 경력의 정점에 이를 것이라는 사실을 몰랐을 수도 있다. 또는 레딕이 처해 있던 역설적인 상황에 대해서도 알지 못했을 수 있다. 레딕이 업적을 이룬 나이는 바로 그의 아버지가 일을 하다가 끔찍한 사고를 당해 한쪽 손을 잃은 나이와 똑같았기 때문이다.

1988년, 당시 25세였던 케니 레딕(Kenny Reddick)은 조지아 주 서배너에 위치한 전력 회사에서 일하고 있었다. 그는 결혼해 두 아들을 두었다. 아들 중 한 명이, 아직 만으로 한 살도 되지 않았던 조쉬다. 케니는 점심시간이 끝나자, 일터로 돌아왔다. 이때 그는 아침에 작업했던 고압선에 전력이 복구된 사실을 전혀 몰랐다. 그에게 7,620볼트나 되는 거대한 전기 충격이 가해졌다. 이 사고로 케니는 목숨을 잃을 뻔했으며(그는 사망 판정을 세 번이나 받았다), 엄청나게 심한 화상을 입었다. 그는 왼손과 팔뚝 일부를 절단해야 했으며, 오른손 손가락은 세 개나 잃었다. 이후 수많은 수술을 거치며, 그는 왼팔 끝과 오른손을 함께 사용하는 법을 스스로 익혀 야구공을 다시 던지고 잡고 배트를 휘두를 수 있게 됐다. (그는 이러한 방법을 알아낸 데에 다람쥐의 생태를 담은 자연 다큐멘터리를 시청한 게 도움이 됐다고 믿고 있다.) 그는 마침내 야구 코치가 되어, 자기 아들은 물론 서배너 지역의 수많은 어린이에게 야구를 가르쳤다.

"제 아버지의 사연을 아는 사람이라면 누구든지, 절대 포기하지 않는다는 것의 의미, 그리고 어떠한 상황도 자신에게 진짜 방해가 되지는 않는다는 것의 의미를 이해할 수 있을 것입니다." 레딕은 이렇게 말했다.

프로 선수든 주말에만 활동하는 아마추어 선수든 상관없이 운동선수라면, 특히 손에 부상을 입기 쉽다. 대부분의 스포츠에서 선수는 손을 엄청나게 활용하기 때문이다. 실제로 야구, 미식축구, 골프,

테니스, 양궁, 사이클링 등(여기서는 극히 일부만 언급한 것이다)의 스포츠 종목에서, 선수는 손을 능숙하게 활용해야 한다. 손을 사용하는 방식은 스포츠 종목별로 각각 다르며, 경기에 따라 손은 다양한 수준의 힘을 발휘한다. 하지만 모든 스포츠에서 공통적으로 중심적 역할을 하는 것은 바로 손이 발휘하는 힘과 기술이다. 미식축구 라인 맨의 경우를 생각해 보자. 그는 상대편 선수들의 허를 찌르기 위해 손을 사용한다. 또는 노련한 솜씨로 손을 탁월하게 사용하는 농구 수비수를 생각해 보자. 심지어 축구 선수도 경기 중에 상대편의 방해를 받는 과정에서 손이나 손목에 부상을 입는데 이는 그의 균형감에 악영향을 미친다. 통증을 느끼면 경기에 집중하는 데 방해가 되기 때문이다.

프로 운동선수의 경우, 손 부상은 재앙을 초래할 수 있다. 즉 힘겹게 투쟁하며 쌓아온 선수 경력이 갑자기 종결되는 신호탄이 될 수도 있으며, (일시적이든 영구적이든) 수입이 불안정한 상태가 시작되거나 운동을 향한 열정을 포기해야 하는 비통함이 시작될 수도 있다. 우리처럼 그저 재미로 친구들과 함께 스포츠 활동을 즐기는 평범한 사람에게도 손 부상은 깊은 불안감을 야기할 수 있다. 우리에게 손 부상은 적어도 일상 활동에 방해를 받는 것을 의미한다. 단순히 방해받는 것을 뛰어넘는 상황이 이어지기도 한다. 수술을 받고 회복하는 과정에서 비용이 만만치 않거나, 생계 활동 시간을 잃어버리거나, 가정을 돌보는 의무를 수행하지 못하는 등의 어려움이 닥칠 수 있다. 프로든 아마추어든 운동선수의 경우, 스스로에게 느끼는 의

문은 동일하다. '완치될 수 있을까? 부상이 영원히 지속되면 어떻게 하지? 부상 때문에 일에 지장이 생기면 어떻게 하지? 회복되려면 얼마나 오래 걸릴까?'

일상생활에서 손이 중요한 역할을 하는 것과 마찬가지로 스포츠 활동에 참여할 때도 손은 주요 수단으로 활약한다. 더욱이 프로 운동선수의 경우, 스포츠 활동은 일상생활이자 생계 수단이다. 그들에게 있어 '온전한' 기능을 갖춘 손과 손목은 식업 및 생계의 중심축이다.

손은 스포츠에서 중심적 역할을 하며 기능 장애는 치명적이다. 그럼에도 불구하고 유명 운동선수의 경우, 손이나 손목에 문제가 발생하는 상황을 사소한 사건으로 하찮게 여기는 경향이 만연하다. 손가락 인대가 늘어난다든지 손목을 삐는 경우는 절대로 무릎 전방십자인대(ACL) 파열이나 뇌진탕의 경우만큼 언론 매체의 주목을 받지 못한다. 하지만 이렇게 일견 가벼워 보이는 부상으로 인해 운동선수는 스포츠 경기에 제대로 참여하지 못하거나 심지어 운동을 전혀 하지 못하는 지경에 이를 수 있다. 팀 소속 선수가 부상으로 경기에 참여하지 못하는 것은 승리나 패배에 돌발변수가 될 수 있다. 골프나 테니스처럼 홀로 활동하는 선수가 부상으로 경기에 참여하지 못했다면 이는 경력의 종말을 알리는 신호일 수도 있다.

도전적인 성향의 손 외과 전문의는 물론 운동선수의 곁에서 그들을 돌보는 내과 전문의도 선수가 경기에 불참하는 날을 최소화하고 되도록 빠른 시일 내에 경기에 복귀시켜야 한다는 압박을 받는다.

## 프로 운동선수를 치료하기

동일한 손 부상이라도, 시즌 중에 다쳤는지 시즌이 끝난 뒤에 다쳤는지에 따라 치료법이 다를 수 있다. 운동선수는 의사와 함께 자신이 이룬 단기적, 중기적, 장기적 경력 및 인생 목표를 생각해 볼 필요가 있다. 치료 방법을 선택할 때는 각 치료법에 수반되는 위험성과 유리한 점을 따져 보아야 한다.

**단기적 관점에서 보는 부상 및 치료 선택**

프로 운동선수의 경우, '단기'란 단일 시즌이나 최근 시즌이 진행되는 기간을 의미한다. 운동선수가 손이나 손목에 부상을 입었을 때, 당면 관심사는 과연 그 시즌 경기에 안전하게 그리고 효과적으로 복귀할 수 있을지의 문제다. 야구선수가 손목이나 손의 인대에 부상을 입고 동일 시즌에 복귀하는 경우가 적지 않다. 이 경우 선수는 시즌 나머지 경기를 치르고 난 뒤에야 고정 장치를 부착하거나 수술을 받는다. 운동선수가 동일 시즌에 경기에 복귀하는 것을 가능하게 하는 치료 방법을 선택하려 할 때는, 시즌이 끝난 다음까지 수술을 연기할지 아니면 다른 최종적인 치료법을 적용해야 할지를 크게 신경 써야 한다. 이 같은 결정은 운동선수에게 최선의 결과는 아닐 것이다. 이런 상황에 '적절한' 주의가 기울여지게 하는 방법 중 한 가지는, 시즌이 끝난 뒤 또는 운동선수가 자신의 경력을 끝낸다면 이후 어떤 치료를 할 생각을 가지고 있는지를 물어보는 것이다. 실제로 이러한 종류의 분석은 상황을 신속하면서도 제대로 볼 수 있게 한다.

일부 프로 운동선수는 치료를 어떻게 해야 할지는 개의치 않고 라인업에 남기를 단호하게 고집한다. 그들은 돈을 벌기 위해 자기 몸에 의지하기 때문에 대개는 외과 전문의의 치료나 수술 절차를 마치 '숙제'처럼 성가시게 여긴다. 그들은 자신과 유사한 증상을 겪는 동료에 대해 잘 알며, 수술이 끝난 뒤에 얼마나 빠르게 경기에 복귀하는 지도 잘 안다. 좀 더 보수적인 접근법을 제안하는 의사는 선수로부터 이의를 제기받기 십상이다. 하지만 외과 전문의는 운동선수가 '수리를 마치면' 좋은 컨디션으로 복귀할 수 있는지(수술과 물리치료를 끝낸 뒤 경기에 복귀할 수 있는지)에 대해 솔직한 평가를 공유해야 한다. 시즌이 개막된 지 삼 주만에 선수가 방어 태클을 하다가 주상골(손목) 골절 부상을 입었다면, 언제 고쳐야 할까? 4개월 뒤 플레이오프가 끝날 때까지 기다리는 게 좋을까? 어떤 부상은(주상골 골절도 포함된다) 시즌이 끝날 때까지 내버려 둔 뒤에 치료해도 별 탈이 없다. 그래서 선수가 시즌 중 경기에 참여하지 못하는 일이 생길 우려가 없는 경우도 있다.

수술 과학 및 기술의 비약적인 발전으로 인해, '공격적'이면서도 '보수적'인 단기 치료의 정의가 바뀌고 있다. 수술은 더 이상 공격적이거나 보수적인 치료법으로만 여겨지지 않는다. 손 외과 전문의와 운동선수가 기본적으로 집중해야 할 사항은 가장 안전하면서 효과적인 치료법을 결정해, 선수가 동일 시즌에 경기에 복귀할 수 있도록 하는 것이다. 오늘날에는 외과 전문의가 손상을 입은 신체 구조를 복구하고 치료에 유리한 생체 역학 환경을 만드는 것이 성취될 수 있다는 확신이 있을 때(그리고 휴식과 부목 및 깁스의 사용을 통해 적절하게 보호된다면), 운동선수가 시즌 중에 경기에 복귀하기 위해 수술을 실행하는 것이 올바른 결정으로 여겨진다.

### 중기적 관점에서 보는 부상 및 치료 선택

'단기'가 단일 시즌으로 규정되는 반면, '중기'는 운동선수의 경력을 얼마나 유지할지 예상되는 기간을 의미한다. (프로 운동선수에게 있어 "경력을 꽉 채운다"는 것은 40세까지 활동하는 것임을 명심하라. 그리고 일부 스포츠에서 40세 운동선수는 비현실적일 정도로 '늙은' 존재로 간주된다.) 다른 분야의 수많은 전문가처럼, 운동선수도 자신이 사랑하는 스포츠를 즐길 뿐만 아니라 바로 그 스포츠를 통해 생계를 온전히 유지할 수 있다. 팀의 동료애는 물론 유명인사의 지위와 특권에서 벗어나는 것은 쉬운 일이 아니다. 상당수 선수는 심지어 부상을 당한 뒤에도, 우승이나 리그의 기록 경신, 또는 개인적인 특별한 목표를 한 번 더 세우기를 열망한다. 운동선수의 시각에서, 이 모든 것은 "기꺼이 1년 더 죽자 사자 매달리는" 데에 타당한 이유로 작용한다. 또한 선수는 자녀들이 자기가 활약하는 모습을 보기를 원하는데, 이는 다른 분야에서 활동하는 사람들도 공감할 만한 타당한 욕구다.

이 모든 요인은 부상을 입거나 선수 경력을 마칠 때가 임박한 상황에서, 결국 특별한 결정을 내리는 동기로 작용한다. 그렇지만 미식축구를 제외한 북미 주요 스포츠 종목은 선수에게 보장된 계약을 제안한다. 이 계약에는 선수가 부상을 입어 최선의 기량을 보여 주지 못하더라도 아무튼 경기에 계속 참여하면 그만큼 보상을 확실하게 해 준다는 내용이 포함되어 있다. 운동선수가 경력을 앞으로 얼마나 더 유지할지 고려할 때, 운동선수와 외과 전문의는 만약 치료를 미룬다면 특정 치료법 및 여기서 예상되는 결과가 절대 더 이상 유효하지 않다는 사실을 감안해야 한다.

다행히, 어지간한 부상을 입더라도 경기에 계속 참여할 때 완전한 파멸로 이어질 가능성은 거의 없다. 하지만 주상월상간 해리(교정이 불가능한 손목 부상)나 겨울 스포츠 선수들에게 나타나는 중증 혈관경련성 질환(추위에 대한 반응으로 나타나는, 혈액 순환이 감소되는 증상)과 같은 예외도 분명히 존재한다.

### 장기적 관점에서 보는 부상 및 치료 선택

프로 운동선수의 삶에서 '장기'란, 스포츠 선수 경력이 끝난 뒤의 삶으로 규정된다. 미식축구처럼 선수의 평균 경력이 2~3년 밖에 안 되는 일부 스포츠에서는 '은퇴 후의 삶'이 성인 생활 대부분을 차지한다. 오늘날 프로 스포츠에서는 큰돈을 벌어들이는 것에 성패가 달려 있으며, 운동선수는 이러한 압박감으로 고통을 무릅쓰고 경기에 임하고 있다. 그래서 (운동선수가 진심을 숨길 만큼 사랑하는 사람들이 아닌) 누군가가 장기적 차원의 복지에 대해 주의를 기울여야 한다. 선수가 운동 경력을 마친 뒤 남은 삶을 즐길 수 있도록 보장하는 방법에 대해

누군가는 생각해 줄 필요가 있다.

손 외과 전문의는 '망막 박리를 앓는 권투 선수가 마지막 경기에 나서야할지'와 같은 일에 대해 논의하는 상황에 직면하는 일은 거의 없을 것이다. 또한 경추부에 문제가 생겼거나 뇌진탕을 여러 차례 겪은 미식축구 라인 배커가 선수 경력을 마쳐야 할지 논의하는 자리에도 어울리지 않을 것이다. 손 외과 전문의는 특정 부상을 치료할지 아니면 '의도적으로 방치'를 할지 결정해 달라는 요청을 받을 뿐이다. 어떤 것이 나은 선택이든 잘못된 결정은 관절염을 가속화한다든지 또는 향후 몇 십 년 동안 선수가 손을 움직이는 데 제약을 초래할 수 있다.

때로는 선수의 연봉 수입이 오를 가능성이 극대화되는 시기보다는 오히려 은퇴한 후에 부상이나 장애를 치료하는 것이 보다 적절하다. 이에 대한 좋은 사례가 바로 어깨 부상이다. 최근 내셔널 풋볼리그에 뛰는 미식축구 선수들은 모두 공통적으로 어깨 부상과 씨름하고 있다. 이들은 은퇴한 뒤에 치료할 계획을 가지고 있다. 볼티모어 레이븐스에서 라인 배커로 뛰고 있는 에드 리드(Ed Reed)는 2012년 어깨 관절와순 파열 부상으로 계속 고통을 받는 중에도, 여전히 뛰어난 기량을 보이고 있다.

## 운동선수라는 실험실

엘리트 운동선수는 의학 치료 및 요법을 위해 완벽한 '실험실' 노릇을 한다. 그들의 신체 조건은 놀랍다. 아울러 꼭 필요한 의학적 프로토콜에도 불만을 제기할 만큼 진지하고 비범한 이유들을 갖추고 있다. 또한 재활 과정에서도 도움을 받기 위해 필요한 자원을 전부 가지고 있다. 그 결과, 프로 운동선수를 돌보는 외과 전문의가 일반인에게도 적용시킬 수 있는 치료법을 개발하는 경우가 때때로 있다. 여기에 해당되는 몇 가지 사례가, 손목 골절을 발병 초기에 고정시키는 치료법과 손 골절이 났을 경우에 핀을 고정시키는 치료법이다. 이 두 가지 치료 절차는 원래는 운동선수를 위해 개발된 것이지만 머지않아 일반 대중에게도 적용되는 정규 치료로 탈바꿈하는 데 성공했다.

1995년, 프로 야구선수 켄 그리피 주니어(Ken Griffey Jr.)는 경기 도중 중앙 담장과 충돌하는 바람에 왼쪽 손목에 골절상을 입었다. 담당 외과의는 금속판과 나사를 사용해 부상을 치료했다. 이 치료법으로 켄 그리피 주니어는 손목의 안정을 되찾아 경기에 복귀할 수 있었다. 그는 2010년까지 성공적인 야구 선수 경력을 이어 나갔다. 현재 손목 골절을 치료하는 의료 기술은 운동선수는 물론 일반인에게도 보편적으로 활용되고 있다.

## 아마추어 운동선수

아마추어 스포츠 경기에서 손과 상지에 입는 부상은 극도로 흔하게 일어난다. 운동선수는 자신을 보호하기 위해, 다른 선수를 붙잡기 위해, 공, 스틱, 배트, 라켓 등의 물체를 다루기 위해 손을 사용한다. 손과 팔은 충돌이나 추락으로 인한 충격을 빈번히 흡수한다. 아마추어 운동선수는 손 부상을 입어 효율성이 감소되어도 경기를 큰 문제 없이 계속할 수 있는 경우가 종종 있기 때문에, 부상 문제가 무시당하는 경향이 빈번히 일어난다. 그래서 즉시 치료했으면 괜찮았을 부상이 상당히 악화되는 상황으로 치닫기도 한다.

처음에 입은 손 부상은 사소해 보일 수도 있다. 하지만 부상을 치료하지 않고 내버려 두면, 최소한의 개입으로 치료에 성공할 수도 있었을 부상이 절대 완치되지 못하거나 아주 광범위한 치료를 필요로 하는 문제로 발전해 버린다. 미식축구 경기에서 흔하게 일어나는 엄지손가락 인대 부상이 좋은 사례다. 이때 선수가 추가 부상을 방지할 부목을 착용하지 않는다면 인대 손상이 관절염으로 발전될 수 있다. 실제로 특히 나이가 어리고 지도 관리를 제대로 못 받은 운동선수가 이런 유형의 비극을 자주 겪는다.

운동선수가 손에 입는 부상 대부분은 '비개방적'(이는 의학 용어로는 '체내에서'라는 뜻으로 피부가 찢어지지 않았다는 의미다)이며, 적어도 부상 초기에는 비수술적 방법으로 치료될 수 있다. 하지만 손 부상에 대해, 최적의 결과를 위해 좀 더 적극적인 치료가 필요한지 여부를 인지하는 것이 중요하다. 어떠한 손 부상이라도, 적절한 조치를 받기 위해서는 초기 진단 및 치료가 반드시 필요하다.

부상과 계속 씨름하는 운동선수에 대해, 손 외과 전문의는 세 가지 매개 변수를 추적·관찰한다. 첫 번째이자, 가장 중요한 관심사는 바로 선수의 '안전'이다. 일단 운동선수가 적당한 수준으로 움직임이 제한되어 있거나 부목을 댄 상태라면, 손 외과 전문의는 선수가 경기에 계속 참여해도 추가 부상을 입을 위험이 거의 없는지 여부를 판단해야 한다.

두 번째로 중요한 관심사는, 스포츠 경기에 계속 참여하고자 하는 운동선수의 '욕구'이다. 이는 운동선수가 팀 내에서는 물론 인생 전반에서도 차지하는 위치를 기준으로 판단한다. 예를 들면, 장래에 피아니스트가 될 어린이가 손 수술을 받은 뒤에도 리틀 리그에서 계속 야구선수로 뛴다면 적절치 못할 것이다. 장학금을 받고 입학해 프로 스포츠 분야에서 활동할 의향이 있는 운동선수의 상황과는 꽤 다를 수도 있다. 외과 전문의는 코치, 가족, 운동선수 본인과의 대화를 바탕으로 추천해야 한다. 코칭 스탭은 그동안 형편없었던 능력을 이제 겨우 갖출 수 있게 된 운동선수가 후보 선수나 대체 선수 자리에 있는 것은 효과적이지 않다고 결정하는 경우가 빈번하다. 이 같은 결정은 선수를 위해 내린 것이기도 하다.

부모, 코치, 의사는 부상을 입은 운동선수에 대한 해결책을 찾기 위해 함께 노력할 필요가 있다. 비록 이것이 선수가 훈련이나 경기 기간 중에도 휴식을 취해야 한다는 것을 의미하더라도 말이다. 나이

어린 선수는 자신을 과대평가해 천하무적이라고 느낀다. 이 때문에 어리지만 열정적인 선수가 부상을 입었음에도 경기를 계속하겠다고 주장할 때, 연륜 있고 지혜로운 수뇌부가 설득을 잘 하는 것이 특히 중요하다. 건강 관리와 신체 단련을 담당하는 여러 지도자들은, 스포츠 외상 및 남용을 방지하는 운동 부상 관련 캠페인(Sports Trauma and Overuse Prevention, STOP)을 시작했다. 이 캠페인은 운동선수, 부모, 트레이너, 코치, 건강관리 제공자에게 유소년 스포츠 분야에서 급격하게 늘어나고 있는 부상 문제에 대한 교육은 물론, 어린 운동선수가 건강을 유지하기 위해 꼭 필요한 조치를 알리려는 목적으로 진행되고 있다. (자세한 내용을 알고 싶다면 www.STOPSportsinjuries.org를 방문해 보자.) 고등학교 운동선수의 경우 해마다 부상을 입는 사례가 2백만 건, 의사에게 찾아가 진찰을 받는 횟수가 50만 건, 입원 사례가 3만 건에 이르는 것으로 집계된다. 남용으로 인한 부상은 현재 중학교 및 고등학교 학생이 스포츠 활동 중에 입는 부상 중 거의 절반을 차지한다. 미국 정형외과 학회(the American Academy of Orthopaedic Surgeons)에 따르면, 8~12세 아동 가운데 20%, 13~14세 청소년 중 45%가 청소년 야구 단일 시즌 기간 중 팔에 통증을 느낀다. 리틀 리그 베이스볼의 경우, 투수가 휴식을 취하도록 하는 지침을 마련했다. 어린 투수가 피로가 막 몰려오기 시작하는 시점에도 공을 던진다면, 결국 휴식을 제대로 취한 선수보다 수술대에 오르는 사례가 훨씬 많기 때문이다. 손 부상의 방지 및 회복을 통해, 운동선수가 평생 동안 스포츠 활동을 계속 즐길 수 있는 길을 넓히겠다는 시도다.

세 번째 매개 변수는 '부상의 복잡성'이다. 이는 부상이 완치되지 못할 경우 다치지 않은 다른 관절에 끼치는 영향을 의미한다. 예를 들면 손 부상으로 인해 팔꿈치 및 어깨 동작의 역학이 바뀔 수 있다. 운동선수가 부상당한 부위를 잘 보호하지 않는다면, 다른 신체 영역의 역학이 바뀌어 추가적인 문제가 발생할 수 있다.

## 특정 종목 운동선수가 입는 손 부상

### DIP관절의 부상

DIP관절, 또는 원위지골간 관절은 손가락 끝 부분에 있는 관절이다(그림 1.1.의 A). DIP관절은 폄근면, 또는 손등 쪽, 즉 손의 뒷부분에서 가장 흔히 부상을 입는다. 이때 가장 흔하게 입는 부상을 추지(槌指)라고 하며, 다른 경우에는 야구지(野球指)라고도 한다. 이 부상은 힘줄을 똑바로 편 자세나 쭉 늘린 자세를 취하는 동안 손가락이 강하게 구부러져 힘줄이 파열될 때 발생한다. 그 결과 힘줄이 파열되며, 손가락은 구부러진 자세를 계속 취하게 된다. 추지는 고통이 전혀 없을 때가 종종 있으며, 비록 부상자가 자신의 의지대로 손가락을 똑바로 펴지 못하더라도, 압력을 부드럽게 가하면 수동적으로 똑바로 펼 수 있다.

DIP관절에 부상을 입은 뒤에는 엑스레이를 찍어 골절이 일어나지는 않았는지 사실을 확인해야 한다. 여기서 얻은 정보에 따라 치료 방법은 바뀔 수 있다. 그렇기는 하지만, 심지어 비교적 큰 골절을 입은 경우에도 관절의 부분 탈구로 이어지지 않았다면, 그냥 손가락을 똑바로 편 상태에서 부목을 대는 것으로 완치되는 사례가 종종 있다. 이때 운동선수는 대략 6주 동안 손가락을 전혀 구부리지 않은 채 쭉 편 상태를 계속 유지해야 하는 치료법을 제대로 이해하는 것이 중요하다. 미리 맞추어 놓은 부목은 종종 의사 진찰실에서 구할 수 있지만, 일부 운동선수의 경우 솜씨가 노련한 치료사의 도움을 받는다면 경기에 계속 참여해도 지장이 없는 부목을 착용할 수 있다.

DIP관절의 손바닥 면이 손상을 입는 경우는 그리 흔하지는 않다. 이 부상은 관절의 굽힘근 힘줄 파열을 의미할 수 있다. 굴근건이 파열되면, 손가락을 구부리는 동작이 힘들어 진다. 이런 종류의 부상은 미식축구 경기 진행 중에 한 선수가 다른 선수가 입은 저지를 움켜쥘 때 일어날 수 있다. 종종 부기 때문에 DIP관절 부위의 손가락이 약간 구부러지는 경우가 있으며, 힘줄 자체가 오그라들 수도 있다. 때로는 힘줄로 인해 손바닥까지 오그라들 수 있다. 이 부상을 치료하려면 대개 힘줄을 재부착하는 수술이 요구된다. 최상의 결과를 얻기 위해서는 되도록 부상 초기에 수술을 실시해야 한다.

### PIP관절의 부상

PIP관절, 또는 근위지간 관절은 손가락 중간에 있는 관절로, 아주 복합적인 관절이다(그림 1.1.의 A). 아마도 가장 흔하게 부상을 입

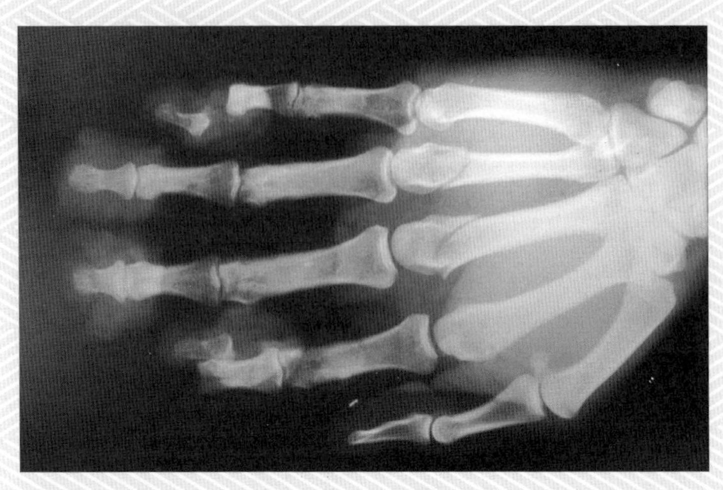

◎ 그림 3.1. DIP관절과 PIP관절의 골절이 함께 나와 있는 엑스레이 사진

는 관절일 것이다. 이른바 '꼼짝도 안하는 손가락'은 인대에 발생한 부상 때문이다. 이 움직이지 않는 손가락 때문에 상당한 힘이나 압력이 손가락 끝에 가해지면, 그 결과 관절에 손상이 올 수 있다. 이 경우, 즉시 의료기관으로 이동하는 동안 반드시 손을 보호해야 한다. 그렇지 않으면 인대 내부 구조가 파열, 부분 파열, 또는 관절이 완전히 탈구될 위험에

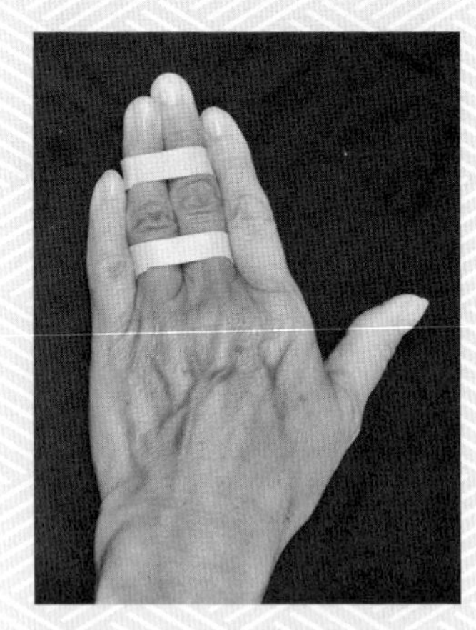

◎ 그림 3.2. 버디 테이핑

놓인다. 이 관절은 일시적으로 고정화되곤 하는데, PIP관절 부상은 사실 불안정성보다는 경직 때문에 악화되는 경우가 훨씬 많다는 점을 유념해 두어야 한다. 따라서 PIP관절 부상 중 상당수는 무리하게만 움직이지 않도록 보호하는 게 가장 적절한 치료법이다. 골절 역시 PIP관절 부상의 일부 요인이 될 수 있으므로, 엑스레이를 반드시 찍어보아야 한다(그림 3.1.). 손 외과 전문의는 인대에 압박을 주는 방법을 통해, 부목을 적절하게 사용할 수 있는지 평가한다.

PIP관절에서 발생할 수 있는 다른 부상으로는 안정적이던 힘줄 및 인대가 완전히 탈구되는 증상을 꼽을 수 있다. 이 경우에는 수술을 받아야 할 수도 있다. 일반적으로 PIP관절을 삐는 경우, 통증을 경감시키고 부기를 막기 위해 단기간 동안 관절을 고정화시키는 것이 표준 치료법이다. 하지만 이후 고정을 신속하게 풀고 관절이 움직이는 범위를 제한하기만 하는 치료법으로 바꾼다. 종종 관절이 치유되기 시작하면 운동선수에게는 '버디 테이핑(buddy taping, 한 손가락을 다른 손가락에 묶는 것)'이 훌륭한 해결책이 된다(그림 3.2.). 다양한 경첩 부목을 손가락에 대는 치료도 시도할 수 있다.

### MCP관절의 부상

운동선수가 MCP관절, 또는 중수지관절(中手指關節)에 부상을 입는 상황은 비교적 흔하며 많은 경우 적절하게 치료받으면 선수는 계속 경기에 참여할 수 있다.(그림 1.1.의 A) 다른 관절과 마찬가지로 MCP관절에도 안정화된 측부(側副) 인대가 있지만, 늘리면 느슨해지고 구부리면 단단해진다. 만약 이 관절에 하중이 세로 방향으로 실리는 경우, 예를 들어 한쪽 손을 쭉 뻗은 채 넘어지거나 손가락 끝에 야구공을 맞는 일이 발생하면 관절이 따갑고 부어오른다. 관절을 안정시키기 위해 택하는 가장 좋은 방법은 바로 관절을 구부리는 것이다. 즉 관절을 좌우로 구부려 안정화가 가능한지 테스트하는 것이다. 일단 골절됐을 가능성이 전혀 없고 부상이 인대나 작은 뼈 견열(牽裂, 작은 뼛조각이 인대와 함께 박리되었지만 인공 관절 수술은 필요 없는 경우)에 일어났을 경우, 버디 테이핑이나 손에 사용하는 작은 부목을 해당 관절에 묶는 방법으로 치료할 수 있다. 부상 부위에 부목을 적절하게 대면, 관절을 계속 치료하는 도중에도 상당수 스포츠, 특히 야구와 미식축구를 다시 시작할 수 있다. 때로는 손가락을 그냥 테이프로 묶어 놓은 상태에서도 활동이 가능하다(그림 3.2.). MCP관절이 진짜로 탈구하는 경우는 드물지만 가끔 인대가 관절에 닿게 될 때 발생한다. 이때 방향을 되돌리는 게 불가능하므로, 반드시 수술을 받아야 한다. 만약 탈구된 관절을 적절한 위치로 돌려놓는 것이 쉽지 않다면, 부목을 대고 엑스레이를 찍어야 한다. 이때 수술을 통한 치료가 필요할 수도 있다.

엄지손가락의 MCP관절에 부상을 입는 경우는 상당히 독특한 사례다. 왜냐하면 엄지손가락 척골 측부 인대 파열은 흔하게 일어나기는 하지만, 이때 인대는 원래 위치에서 벗어날 수 있으며 수술을 통해 다시 부착할 필요가 있기 때문이다. 스포츠 활동 중에 잘 일어나는 이 부상은, 아마도 아주 오래전부터 사람들이 알고 있던 질환일 것이다. 이 부상은 과거에는 '사냥터 관리인이 입는 부상'으로 알려졌다. 어느 영국 사냥터 관리인이 엄지손가락 끝으로 상처 입은 짐승의 목을 부러뜨리려고 자신의 인대를 늘이다가 걸린 만성 질환으로 묘사되기도 했다. 이 관절에 손상을 입으면 엄지손가락으로 힘주어 집는 행위가 어려워진다. 그러므로 부상 입은 부위를 얼른 교정해야 한다. 스포츠의 경우, 이 부상은 미식축구 선수가 엄지손가락을 편 채 넘어질 때 아주 빈번하게 발생한다. 이때 엄지손가락은 손바깥 방향으로 구부러지며, 일반적으로 엄지손가락을 똑바로 펴도록 유지시키는 인대를 파열시킨다. 또한 이 부상은 하키 선수가 상대편과 싸우기 위해 글러브를 벗고 엄지손가락을 손 바깥 방향으로 구부렸을 때, 혹은 스키 선수가 넘어지거나 스키 폴에 달린 끈을 엄지손가락으로 잡고 휘감았을 때 발생한다.

MCP관절이 가볍게 또는 불완전하게 파열됐을 경우에는 수술을 받지 않고도 치료될 수 있다. 하지만 인대가 완전히 파열되어 전체적으로 불안정한 상태에 있다면 수술이 반드시 필요하다. 만약 이 부상을 대수롭지 않게 넘긴다면, 나중에 인대 이식 수술을 받더라도 일상 업무수행 능력에 좋지 않은 영향을 계속 받게 될 것이다. 그렇기 때문에 긴급 수술을 받는 것이 가장 좋은 행동 방침이다. 엄지손가락에 탈구가 일어났을 때 최초 교정 치료를 주의 깊게 하지 않으면, 정상 회복이 불가능한 탈구가 계속 일어나는 경우가 간혹 있다. 일단 엄지손가락을 고치고 부기를 제어하게 되면, 선수는 주문 제작한 부목을 부착하고 경기에 복귀할 수 있다. 이후 부상 부위가 좀 더 안정을 되찾으면 테이프를 붙이는 치료법으로 진전시킬 수 있다.

### 손목에 입는 부상

운동선수의 경우, 수근관 증후군처럼 신경 압축으로 인한 부상은 (9장에서 자세히 논의될 것이다) 흔하게 발생하지는 않는다. 하지만 신경 타박상은 일어날 수 있다. 예를 들어 장거리 사이클링에서 사이클 선수가 손의 척골 측면을 자전거 핸들에 계속 대고 있다면, 신경 압축의 결과로 넷째손가락과 새끼손가락 마비가 일어날 수 있다. 사이클 선수가 이러한 종류의 마비 증상을 겪으면, 치료를 위한 최초 시도를 아주 신중하게 진행해야 한다. 이때는 휴식과 더불어, 특수 패딩을 넣은 글러브를 끼는 것으로 치료를 시작한다. 그렇지만 신경 부상 정도가 심각하다면, 신중한 접근법으로는 효과를 거둘 수 없다. 이럴 경우에는 신경 압축을 해제하는 수술 치료를 고려해야 한다.

### 손목 골절

비록 손목에 있는 작은 뼈 거의 모두가 운동 활동 중에 부상당할 가능성이 높은 편이기는 하지만, 특히 스포츠 분야에서 좀 더 흔하게 발생하는 부상은 바로 작은 뼈(주상골과 유구골(有鉤骨)의 갈고리 모양 부분) 골절이다. 주상골은 손목뼈의 두 개 열을 잇는 역할을 한다(그림 1.1.의 A). 주상골은 비록 혈액이 미미하게 공급되기는 하지만, 손목의 안정성에 중요한 역할을 하는 뼈다. 그래서 주상골은 손목의 '핵심'으로 불리는 경우가 많다. 주상골 골절을 치료하지 않을 경우, 시간이 지나면 관절염으로 발전될 수 있다. 간혹 처음 엑스레이를 찍었을 때 골절이 발견되지 않을 수도 있지만, 손목 부상을 당한 뒤 '스너프 박스(snuff box, 엄지손가락과 집게손가락 사이에 있는 지점)'에 통증을 느낀다면, 스포츠 전문의는 주상골 골절을 강하게 의심해 보아야 한다. 이 부상을 제대로 진단하지 못해 적절한 치료에 실패한다면, 운동선수가 손목을 사용하지 못하는 심각한 결과로 이어질 것이다. 감독 지도를 소홀하게 받은 운동선수의 경우, 골절 부상을 당했는데도 손목이 삔 것으로 오진을 받는 사례가 종종 있다. 이때 선수는 어느 정도 회복한 뒤 계속 경기에 참여하지만, 나중에 관절염이라는 문제로 발전하게 된다.

주상골 골절은 대개 손목을 쭉 내민 상태에서 넘어진 결과로 발생한다. 골절이 일어나면, 엄지손가락 주상 부목(thumb spica)이 적절한 치료 방법이다. 다른 선택으로는 수술을 통한 개입, 즉 나사를 사용한 내고정술이 있다. 수술을 받으면 때때로 경기 복귀 시점이 좀 더 빨라질 수 있다. 수술 치료법과 비수술 치료법 모두, 각각 위험 요소와 유리한 점을 동시에 지니고 있다. 그래서 치료 방법을 결정할 때, 두 가지 치료법을 전부 신중하게 고려해야 한다. 현재는 새로운 깁스와 부목이 개발됐기 때문에, 점점 더 많은 운동선수들이 깁스나 부목을 착용한 상태로 경기에 복귀하는 방안을 선택하는 추세다. 그렇지만 깁스를 한 채로 운동 경기에 임하면, 회복에 실패할 위험이 증가할 수 있다. 그리고 회복에 실패했다고 판단되면 반드시 수술을 받아야 한다. 또한 운동선수는 주상골 골절의 완치가 3~4개월이 걸린다는 사실을 인지하지 않으면 안 된다.

### 유구골 골절

손바닥의 불룩한 부분에 있는 유구골의 갈고리 모양 부위(그림 1.1.의 A)는 스포츠 경기 중에 부상당할 가능성이 높다. 손의 구조 중 상당 부분이 유구골 갈고리 모양 부위에 고정되어 있다. 또한 손의 주요 신경 및 동맥 중 하나는, 굽힘힘줄에 밀착한 채 지나간다. 이렇게 유구골과 가깝게 있기 때문에, 유구골이 부상을 입으면 힘줄이나 신경, 동맥이 자극받을 수 있다.

넘어질 때 손바닥의 불룩한 부분부터 직접 닿으면, 유구골 갈고리 모양 부위에 골절이 일어날 수 있다. 하지만 골절은 야구 배트, 골프채, 라크로스 스틱*, 테니스 라켓을 휘두르다가 입은 부상 때문에 일어날 수 있다. 배트나 도구가 지렛대 역할을 할 때마다, 회전력으로 인해 유구골 골절이 일어날 수 있다. 이 경우 운동선수는 손목 통증 및 움켜쥐는 힘의 약화를 호소할 것이며, 때로는 굽힘힘줄이나 척골 신경에 증상이 나타날 것이다. 만약 선수가 이미 부상당했던 전력이 있거나 손이 유구골 갈고리 모양 부위에 압력을 받기 쉬운 상태에 있다면, 유구골 골절이 발생할 가능성이 높다.

불행히도 이 부상은 일반적인 엑스레이를 통해서는 발견하기 어

---

* 하키 등의 구기에 사용되는 채

렵다. CT(컴퓨터 단층촬영) 스캔을 통해 손목 부분을 보다 명확하게 볼 수 있다. MRI(자기공명영상) 스캔은 검사 시간을 좀 더 많이 필요로 하고 비용도 비싼 편이지만, 유구골 갈고리 모양 부위를 파악하는 데는 효과가 높다.

때로는 골절 부위에 패드를 대거나 깁스를 할 수 있으며 운동선수는 제한적으로 경기 복귀가 가능하지만, 대부분의 경우 완치될 수 있는 예후는 그리 긍정적이지 못하기 때문에, 유구골 갈고리 모양 부위를 제거하는 수술을 받아야 한다. 이런 제안을 받으면 많은 이가 깜짝 놀라겠지만, 유구골 갈고리 모양 부위 제거 수술을 받은 상당수 프로 야구 선수, 하키 선수, 골프 선수가 경기에 계속 참여하고 있다는 사실을 알면 안심이 될 것이다.

### 손목 인대 부상

물론 운동 경기 중에는 어떠한 유형의 인대 부상이라도 발생할 수 있지만, 유독 스포츠에서 대단히 흔하게 발생하는 인대 부상은, 바로 손목의 바깥 면에 일어나는 삼각형 섬유연골 복합체(TFCC) 손상이다. 또한 삼각형 섬유연골 복합체 손상은 손목 바깥 면 근처에 있는 힘줄과 연관되어 있는 경우가 종종 있다. 이 힘줄은 손목을 늘리는 역할을 맡고 있다. 손목이 비틀리거나 충격을 받는 부상으로 인해 손목 인대가 파열되거나 탈구될 수 있다.

삼각형 섬유연골 복합체 손상은 일반적인 엑스레이를 통해서는 발견되지 못하며, 고자기장 강도 MRI를 활용하는 방법으로 최선의 평가를 내릴 수 있다.

손목에 삼각형 섬유연골 복합체 손상을 입으면, 때로는 부상 부위를 고정시키는 것만으로도 치료가 되는 경우가 있다. 이때 손목의 모든 움직임과 회전 운동을 봉쇄하는 부목이나 깁스를 착용해야 한다. 수술이 필요한 사례도 일부 있다.

### 팔뚝과 팔꿈치에 입는 부상

야구 투수에게 흔히 볼 수 있는 경우로, 팔뚝 근육 및 힘줄을 무리하게 사용하거나 압박이 가해지는 바람에 부상을 입는 사례가 있다. 이때는 일반적으로 부목을 대거나 일정 기간 휴식을 취하는 방법으로 치료한다. 팔꿈치에서 보다 흔히 발생하는 또 다른 문제는, 바로 팔꿈치 내측 인대 파열이다.

이 부상을 입으면 이른바 토미 존(Tommy John) 수술로 치료한다. 이 수술은 팔뚝 부위에서 떼어온 힘줄로 인대를 재건하는 치료법이다.

뉴욕 양키스 소속 투수로 26년(1963~1989년)에 걸쳐 선수 경력을 이어나갔던 토미 존이 부상을 치료하기 위해 수술을 두 차례나 받았던 사실을 아는 운동선수와 의사는 별로 없을 것이다. 첫 번째 수술을 받는 도중, 재건 과정에서 생긴 반흔 조직이 신경을 조이는 바람에 심각한 통증이 발생했다. 두 번째 수술은 신경을 좀 더 적절한 위치로 옮기기 위해 진행됐다. 오늘날 실시되는 수술에는 인대를 재건할 때 신경을 옮기거나 보호하는 과정이 포함된다.

손에 부상을 겪는 운동선수라면 아마추어든 프로든 상관없이 시기 적절한 치료 및 관리가 반드시 필요하다. 손 전문의는 어떠한 경우에도 동일한 목표를 가진다. 환자의 전반적인 삶의 질이 감소되지 않도록 하는 것, 그리고 부상으로 인한 영향을 최소화하자는 것이 목표다.

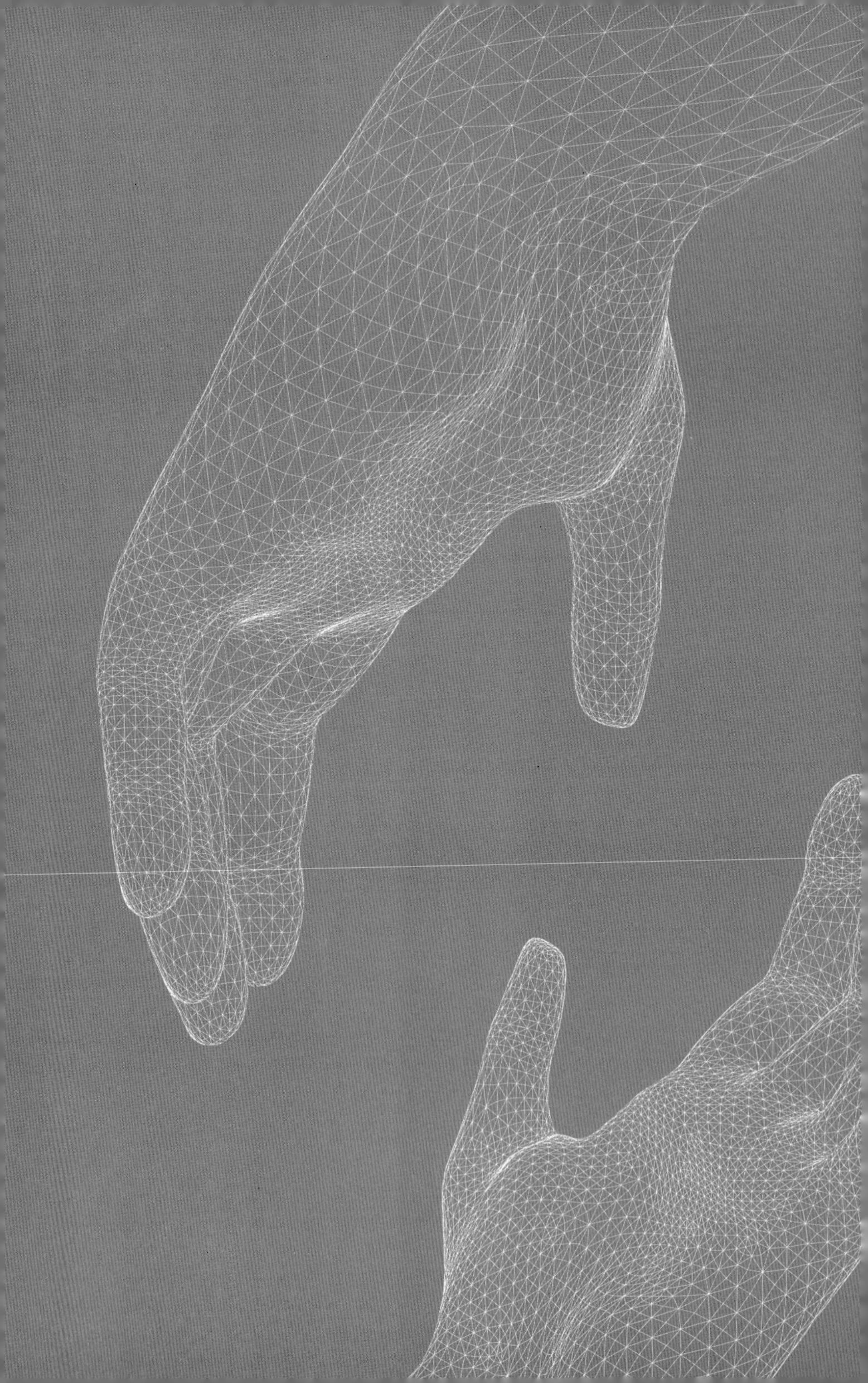

# 4장

# 관절염에 걸린 손

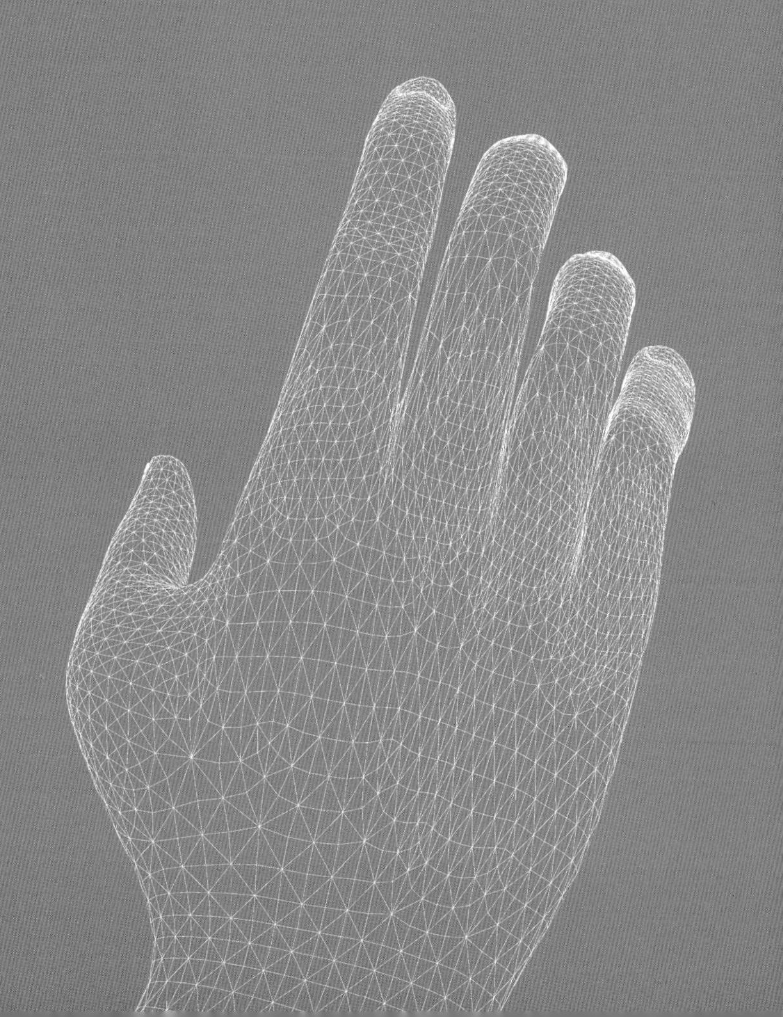

# 관절염에 걸린 손

의학사 **필립 클랩햄**

의학박사 **케빈 C. 청**

1937년 6월 22일. 자정이 지난 지 몇 분 되지 않아, 32세의 제임스 J. 브래독(James J. Braddock)은 시카고 화이트 삭스의 홈구장인 코미스키 파크(Comiskey Park)에 마련된 복싱 링에서 쓰러졌다. 브래독은 당시 대중 사이에서 '신데렐라 맨(Cinderella Man)'이라는 별명으로 불렸다. 그는 대공황 시대 뉴욕의 빈민가에서 자라나 유명 권투선수로 정점에 올랐기 때문이다. 하지만 이날 경기에서 브래독은 23살의 떠오르는 신예 조 루이스(Joe Louis)에게 8회 KO패 당했다. 이 경기는 브래독의 경력에서 마지막으로 널리 알려진 경기가 됐다. 2년 전, 브래독은 매디슨 스퀘어 가든에서 도전자 맥스 베어(Max Baer)와 치른 15회 경기에서 베어를 넉아웃시키고 새로운 세계 헤비급 챔피언의 왕좌에 올랐다. 당시 도박사들은 브래독이 이길 확률을 겨우 10%로 보고 판돈을 걸었다. 브래독에게 세계적인 명성을 안겨 준 이 경기는 지금도 권투 역사상 최대 이변으로 꼽히고 있다.

브래독은 권투 외에도 몇 년간 부두 노동자로 일하면서, 맨해튼 부두에서 오랜 시간 육체노동을 견뎌야 했다. 이 두 가지 고된 직업에 내포된 위험성이 그를 엄습해 결국 맥스 베어와의 시합과 조 루이스와의 경기 사이 몇 년 동안, 브래독은 손에 골관절염을 급격히 앓기 시작했다.

관절염의 가장 흔한 형태인 골관절염은 관절 내 연골이 점진적으로 감소하는 증상이다. 이 병은 활동으로 인한 '마모' 및 연령과 관련되어 있다. 이 증상에는 통증, 움직임의 상실, 경직, 부기 등이 포함된다. 골관절염을 앓는 환자는 관절을 사용할 때 "뼈와 뼈가 서로 겹치는 듯한" 느낌이 든다고 종종 표현한다. 실제로 엑스레이를 찍어보면 이 표현은 상당히 정확한 평가라는 점이 드러난다.

브래독의 경우, 특히 오른손(그가 주로 사용하는 손)에서 통증과 경직이 악화됐다. 그는 이를 보완하기 위해 왼쪽 팔을 매우 강하게 만드는 훈련을 했고, 이를 유지했다. 불행히도 관절염 증상은 상반신에 계속 퍼졌으며, 조 루이스와 경기를 벌이던 날 밤에는 막강한 실력으로 유명한 브래독이 심지어 팔을 머리 위로 거의 들어 올리지 못하는 지경에 이르렀다. 경기가 끝나고 몇 달이 지난 후, 브래독은 공식적으로 은퇴를 선언했다.

비록 관절염 때문에 권투선수 경력을 끝마치기는 했지만 제임스 브래독은 절대 무기력한 상태에 빠지지 않았다. 이어서 그는 미군에 입대했다. 중위로 군복무를 하며 2차 세계대전에 참전한 뒤, 브래독은 뉴저지 주에서 조선 기자재를 공급하는 업자로 일했다. 그는 1974년 69세 나이에 사망할 때까지 아내와 함께 살았다.

브래독과 마찬가지로, 다양한 형태의 관절염을 앓고 있는 미국인 4천6백만 명 중 상당수가 심각한 증상과 맞서 싸우고 있다. 미국 질병통제예방센터(CDC)는 1천9백만 명이 '활동에 제약이 따르는' 수준의 관절염을 앓고 있는 것으로 추산한다. 이는 관절염을 앓는 전체 환자 수의 절반에는 미치지 못하는 수치다. 오늘날에는 관절염이 발병한 환자 중 상당수가 신체 기능이 여전히 높은 편이며, 생산적인 삶을 계속 이어나가고 있다.

그렇지만 어떤 환자들은, 관절염 때문에 심한 기형과 장애를 초래하는 건강 상태에 놓인다. 관절염은 다양한 신체 부위에 있는 관절과 뼈에 영향을 끼치고 통증을 거의 끊임없이 일으키기 때문에, 단순한 일상 활동조차 무척 힘들게 된다. 손을 꼭 사용해야 하는 활동을 하면 극심한 고통이 따르며, 때로는 활동 자체가 불가능하게 된다. 펜을 집거나 병뚜껑을 열 때 주먹을 쥔 채 해야 했던 제임스 브래독의 사례처럼 이 증상을 앓는 사람에게는 간단한 일도 아주 힘겹거나 아예 불가능하다.

'관절염'이라는 일반 용어는 신체 관절에 영향을 주고 통증 및 활동의 제약을 유발하는 광범위한 증상군을 의미한다. 하지만 관절염은 다양한 원인과 증상에 따라 여러 유형으로 구별된다. 이 장을 통해 독자 여러분은 손과 관련되어 가장 흔하게 발생하는 두 가지 유형의 관절염, 즉 골관절염과 류마티스 관절염의 원인, 신체적 외양, 증상을 알게 될 것이다. 아울러 이에 대한 치료 방법도 알게 될 것이다.

앞에서 언급한 것처럼, '골관절염'은 관절 내에서 완충 작용을 하는 연골이 상실되는 병이다. 류마티스 관절염은 골관절염과 증상이 유사할 수 있지만(대부분 통증과 경직 증상이 두드러진다), 완전히 다른 질환이다. '류마티스 관절염'은 자가 면역 질환이며, 이 질환을 앓으면 면역체계가 건강한 조직을 공격하게 된다(이는 면역체계가 원래 하는 기능과는 정반대다). 그래서 특히 관절 주위에 만성 염증을 유발하며, 그 결과 뼈의 상실로 이어진다.

## 골관절염

'골관절염'은 가장 흔한 관절염 증상으로, 미국에서는 거의 3천만 명의 성인에게 영향을 끼친다. 골관절염은 관절에 있는 연골, 즉 '관절 연골'에 영향을 끼친다. 연골은 신체 관절에 있는 유연한 섬유질 조직이며, 움직이는 동안 뼈가 받는 충격을 완화시키는 역할을 한다. 골관절염을 앓는 환자의 연골은 아주 얇은 상태가 될 지경으로 닳아 있으며, 이 때문에 관절에 있는 뼈는 서로 마찰하면서 통증을 유발해 몸을 움직이는 것이 힘들게 된다. 연골 손실의 극심한 정도는 환자에 따라 다양하다. 이 때문에 상당수 사람들이(브래독처럼)

통증과 장애에 적응하고, 자신의 생활 방식을 이 질환의 증상에 맞출 수밖에 없다.

우리는 아주 많은 일에 손을 사용하기 때문에 손 관절은 수많은 압력을 겪으며 특히 부상에 취약하다. 날마다 쉼 없이 사용되므로 나이가 들수록 마모되기도 한다. 이 같은 이유 때문에, 손 골관절염은 흔한 질병이다. 특히, 손가락의 원위지골간 관절(DIP관절)과 엄지손가락의 수근중수관절(CMC관절)은 골관절염 증상을 아주 두드러지게 느낄 수 있는 부위다(그림 1.1.의 A). 골관절염은 손목 관절에서도 상당히 흔하게 발생한다. 특히 손목을 한 번 다치면 골관절염이 잘 발생한다.

### 골관절염의 발전

관절 내부에서 부상의 결과로 인대(뼈를 연결하고 지지하는 조직)가 찢어지면, 정상적이었던 관절의 움직임이 변하게 된다. 뼈가 정상적인 경로를 벗어나 움직이기 시작하면, 새로운 조직은 물론 끊임없는 압력에 맞서는 기능이 없는 다른 뼈와 마찰하기 시작한다. 시간이 흐르면서 관절이 비정상적으로 움직이는 상황이 반복되면 관절 연골은 마모되며, 뼈가 관절에서 드러나게 된다. 그 결과 골관절염이 시작될 수 있다. 이렇게 관절염으로 이어지는 경로가 손목에서 가장 흔하게 나타난다. 손목의 주상골과 월상골(그림 1.1.의 A)을 연결하는 인대에서 일어나는 골절이나 파열이, 흔하게 나타나는 외상성 손상의 결과다. 여기서 파열이나 골절 때문에 주상골은 움직이는 동안 요골을 스칠 수 있는데 이때 극심한 통증이 유발된다. 일단 관절의 어떤 부위에서 퇴행 과정이 시작되면 연골은 약화되고, '마모'는 나머지 관절 면 전반으로 빠르게 진전된다. 이로 인해 통증은 손목 전체에 퍼지게 된다.

관절 연골의 손실은 골관절염의 특징으로, 이 때문에 통증이 야기된다. 연골이 제공하던 완충 면과 윤활 운동 면이 사라지기 때문이다. 자동차 엔진의 피스톤 기관이 윤활유를 충분히 바르지 않은 상태로 실린더에서 반복적으로 움직이는 광경을 한번 상상해 보라. 이런 상태에서 금속 실린더에 마찰이 만성적으로 일어나면, 결국 엔진은 옴짝달싹 못하게 될 것이다. 이와 유사하다. 골관절염의 마지막 결과로 뼈가 서로 마찰을 거듭하게 되고 통증이 유발된다. 이때 환자는 예리한 아픔이나 타는 듯한 느낌의 통증을 겪는다. 통증 때문에 골관절염 환자는 활동에 제약이 따르며, 병에 걸린 관절의 움직임이 요구되는 행동을 삼가게 된다. 이러한 점에서, 특히 매우 활동적인 생활 방식에 익숙하던 환자의 경우 골관절염은 상당한 장애로 느껴진다. 심지어 우울증을 유발할 수 있다.

골관절염은 노년층은 물론 격렬한 활동으로 몸에 충격을 많이 받고 신체 특정 관절에 힘이 많이 가해지는 육체노동자나 스포츠 종사자에게 좀 더 흔하게 발생된다. 이 때문에, 골관절염이 발생하는 유일한 이유가 나이 및 육체 활동을 하다가 입은 부상이라고 생각한다. 하지만 이는 오해다. 실제로는 골관절염은 유전을 바탕으로 일어난다는 점이 상당수 연구를 통해 밝혀졌다. 한 연구에서는 골관절염을 앓는 환자 중 65%가 이 질환을 일으키게 만드는 유전적 요인을 지니고 있다는 사실을 발견했다. 연령은 골관절염의 직접적인 원인은 아니다. 나이가 들어갈수록 연골의 수분 함유량이 꾸준히 줄어들어 연골이 약해지는 원인으로 작용하기 때문에 노년층에서 골관절염을 앓는 비율이 훨씬 높은 것이다.

### 손 골관절염을 비수술적으로 치료하는 방법

손 골관절염을 앓는 환자 대부분은, 일반적으로 다음 같은 증상 중 하나 또는 그 이상을 겪는다고 보고되고 있다.

- 관절의 통증. 통증은 특히 움직이는 도중에 극심하게 일어난다.
- 발병된 관절 부위가 부어오른다.
- 관절을 움직일 때 '뚝' 또는 '딸깍'하는 소리가 나거나, 그런 소리가 나는 것 같은 느낌이 든다. 또는 소리와 느낌이 모두 일어난다.

골관절염이 발병하는 이유는 한 가지가 아니기 때문에 의학적 치료는 주로 증상을 완화시키는 데 초점을 둔다. 독자 여러분은 소비자용 잡지에서 글루코사민이나 상어 연골 추출물을 재료로 한 제품들을 섭취하는 것이 '연골을 재생시키는' 방법임을 보증하는 내용의 기사를 읽은 적이 있을 수도 있다. 하지만 이 방법 가운데 어느 것도, 손상된 연골이 치유되도록 촉진시키거나 상실된 조직을 재생시킨다고 입증된 적은 없다. 현재 의료 현장의 최전선에서조차, 골관절염의 치료라는 것이 그 목표를 통증을 줄이는 것에 두고 있음을 기억하자. 통증을 줄이기 위해 이부프로펜 같은 소염제를 복용하게 하여 움직임을 쉽게 하도록 하는 방법, 또는 부목을 대어 발병된 관절 부위의 움직임을 제한시키는 방법이 활용되고 있다.

### 손 골관절염을 수술로 치료하는 방법

보수적인 치료법만으로도 골관절염 증상을 다루는 데 충분할 수 있지만 결국 증상이 악화되어 도저히 견딜 수 없는 상태에 이르거나 장애에 이를 수도 있다. 이런 경우가 일어나면, 반드시 손 외과 전문의와 상의해야 한다. 현재 골관절염의 수술 치료법에는 두 가지 유형이 있다. 하나는 관절 유합술이며 나머지는 관절 대치술이다. 어떤 수술을 하는 것이 최선의 결과가 될지는 환자 개별 사례에 따라 다르며, 어떤 관절에 골관절염이 생겼고 관절염이 퍼진 범위가 얼마나 되는지에 따라 다르다. DIP관절에 손 관절염이 걸린 경우, 일부 손 외과 전문의는 유합술을 추천한다. 힘주어 집는 동작을 하면 DIP관절(원위지골간 관절. 그림 1.1.의 A)에 상당한 압박을 주는데, 유합술로 치료하면 이 동작을 안정적으로 할 수 있다. 반면 이식 대치술로 DIP관절을 치료하면 압박을 충분히 주지 못하게 되는 경향이 있다.

'유합술' 치료를 진행할 때, 외과 전문의는 파괴된 연골을 제거한 뒤 관절에 핀을 고정시킨다. 이렇게 고정시킨 상태를 6~8주 동안 유지하는데, 이 시기에 뼈는 서로 융합된다. 일단 융합되면, 관절은 더 이상 움직이지 않을 것이다. 이 수술은 역사가 오랜 것이며 결과가 좋은 치료법으로 입증되고 있다. 손가락 통증을 느끼지 않게 되며, 대체로 문제없이 손의 움직임을 유지할 수 있고, 손가락의 다른 관절은 계속 작동하기 때문이다. 더욱이, 미적 측면에서도 손가락은 훨씬 나은 외양을 갖출 것이다.

이와 대조적으로 엄지손가락 CMC관절(수근중수관절)에 골관절염이 생긴 경우, 큰마름뼈를 제거한 뒤 인대 관절성형술을 진행하는 수술법이 가장 흔하게 활용된다. 큰마름뼈는 손목에 있는 8개의 뼈 중 하나로, 안장 모양이며 엄지손가락의 중수골 아래에 위치하고 있다. 이 수술은 관절염에 걸린 큰마름뼈를 제거하며 CMC관절을 안정시키고 인대의 기능을 모방하기 위해 힘줄을 활용한다. '관절성형술'은 수술로 관절을 재건한다는 의미로, 이 수술을 통해 환자는 엄지손가락의 기능을 좋은 상태로 유지할 수 있게 된다. 이는 대단히 중요한데, 엄지손가락은 수많은 일상 업무에서 굉장히 중요한 역할을 하기 때문이다. 일반적으로는 CMC관절에 유합술을 추천하지는 않는다. 이 수술을 받으면 엄지손가락의 움직임이 제약을 받기 때문이다.

엄지손가락 CMC관절에 인대 관절성형술을 실시하면 좋지 않은 점 중 하나는 이 수술의 회복 기간이 대개 오래 걸린다는 것이다. 1년이나 걸리는 경우도 있다. 그래서 손으로 하는 일에 종사하거나 손에 힘을 많을 주어야 하는 작업을 하는 사람들의 경우, 유합술이 보다 끌리는 선택일 수도 있다. 유합술은 회복 기간도 비교적 짧으며 안정성 또한 탁월하기 때문이다. 이 두 가지 수술법 중 어떤 것을 선택할지는 담당 의사와 논의해 결정해야 할 것이다.

손 골관절염 치료에 활용되는 세 번째 수술법은 바로 상당히 새로운 물질인 파이로카본 인공관절을 이식하는 형태다. '파이로카본 관절성형술'은 새롭게 개발되어 촉망받고 있는 수술법이지만, 이식물 탈구 같은 합병증이 일어날 우려가 있으며 장기간 동안 신뢰성 및 내구성을 입증할 수 있는 데이터가 아직 완전하게는 확보되지 않은 상태다. 지난 20년 동안 두 개의 조각으로 디자인 된 형태의 파이로카본 이식물이 개발되었으며, 최근 손 관절 대치에 활용되고 있다. 이 혁신적인 이식물은 기존의 건강한 관절과 잘 융합되며, 뼈의 관절 면과 동일한 형태로 설계되어 외과 전문의는 손상된 관절의 뼈 관절 면을 잘라 낸 다음 이식물로 대치한다. 파이로카본 이식물은 디자인 측면에서 관절의 구성을 그대로 모방했다. 그렇기 때문에 이식을 한 다음에는, 기능적으로 충분히 수용할 수 있는 결과가 이어지며 물론 안정성이 유지된다.

환자의 MCP관절(중수지관절)이나 PIP관절(근위지간 관절)에 골관절염이 걸렸을 경우, 수술 방법을 선택할 때 안정성과 운동성 중 어떤 것을 더 중시해야 할지 신중하게 고려할 필요가 있다. 예를 들어 엄지손가락의 MCP관절의 경우, 힘주어 집는 기능을 제대로 하려면 관절의 높은 안정성이 요구된다. 그래서 일부 외과 전문의는 관절성형술보다는 유합술을 추천한다. 이와 대조적으로, 나머지 손가락의 MCP관절에 유합술을 시술하는 것은 제한된다. 왜냐하면 움켜잡거나 주먹을 쥘 때, 나머지 손가락 관절의 움직임이 대단히 중요한 역할을 하기 때문이다. 나머지 손가락의 MCP관절에 유합술을 시술하면, 본질적인 손의 기능 대부분을 구현하기 어려워진다. 왜냐하면 유합술을 받은 손가락은 영구적으로 특정한 자세만 취하게 되기 때문이다. 이 같은 이유로, 나머지 손가락의 MCP관절에는 일반적으로 이식 관절성형술을 시술한다. 골관절염에 걸린 MCP관절을 대치하기 위해 한 조각짜리 실리콘 이식물이 사용되기는 하지만, 현재 상당수 손 외과 전문의는 두 조각짜리 파이로카본 이식물을 선호한다. 파이로카본 이식물이 보다 원활한 움직임을 제공하기 때문이다. 나머지 손가락의 MCP관절에 있는 강력한 인대가 파이로카본 이식물을 지지할 수 있으며, 두 조각으로 구성된 디자인은 보다 원활한 움직임을 제공한다.

PIP관절의 경우, 관절성형술과 유합술 중 어느 것을 선택할지는 좀 더 복잡한 문제로 다가온다. 관절염에 걸린 PIP관절은 흔히 '뼈돌기'라는 곳에 위치해 있다. 뼈돌기는 뼈 물질로 구성된 작은 돌출부로, 주로 뼈에 형성되어 있다. 뼈돌기는 뼈가 부상을 입은 뒤 치유되는 과정에서 나타나거나, 마찰, 압력 또는 압박의 결과로 발생할 수 있다. 뼈돌기는 인간이 나이가 들면서 축적된다. PIP관절에 파이로카본 이식 관절성형술을 실시하면 통증을 상당히 완화시킬 수 있는 것이 여러 연구를 통해 밝혀졌다. 이 때문에 수술의 주된 목표가 통증을 완화하는 데 있다면, 파이로카본 이식 관절성형술을 추천한다. 하지만 환자의 욕구가 PIP관절의 움직임을 증가시키는 데 있다면, 파이로카본 이식 관절성형술을 받으면 실망하게 될 것이다. 파이로카본 이식 관절성형술을 마친 뒤에는 관절을 얼마나 움직일 수 있는지 예측이 불가능하기 때문이다. 이 밖에도 이식물이 탈구될 가능성도 고려해야 한다.

골관절염은 우리 중 상당수가 나이를 먹어 가며 직면하게 될 증상이다. 골관절염 치료를 고려한다면, 모든 치료 선택권을 주의 깊게 살펴보는 것이 중요하다. 치료 첫 단계에서는 보수적인 치료법이 좋다. 하지만 통증이 심각하거나 손을 움직이기 어렵다면, 다음 치료 단계로 손 외과 전문의와 어떤 수술을 선택할지 상의해야 한다. 이때 안정성과 운동성 중 어떤 것을 더 중시해야 할지 결정해야 하고, 이에 따라 유합술이나 관절성형술을 선택해야 한다는 점을 유념하라. 또한 수술 결과에 대해 현실적인 기대를 품는 것도 중요하다. 수술을 통해 통증을 줄이는 데 성공할 가능성은 높다. 하지만 손의 기능과 운동성을 완벽하게 되찾는 것은 가능하지 않다.

## 류마티스 관절염

'류마티스 관절염'은 골관절염과는 완전히 다른 질병이다. 류마티스 관절염은 전신질환이다. 이는 신체 어느 부분의 기관과 조직에든 영향을 미칠 수 있다는 것을 의미한다. 류마티스 관절염은 면역체계가 변화되어 일어나는 질병이다. 이때 환자가 지닌 면역체계 세포는 신체 관절의 윤활막 세포(SLC)를 공격한다. 윤활막(synovial lining)은 두 겹으로 이루어진 특정 조직의 층으로, 신체 관절을 둘러싸고

막을 형성한다. 또한 윤활막은 관절이 쉽게 움직이게 하는 기능을 하는 윤활액(synovial fluid)을 만들어 내고, 윤활 조직이 윤활액을 관절 내부에 보관하기 위해 관절 주변에 폐쇄된 공간을 만들어 낸다. 류마티스 관절염을 앓는 경우 면역체계 세포 때문에 윤활막이 손상되는데 이는, 염증을 비롯해 관절 연골은 물론 뼈 자체가 점진적으로 파괴되는 원인으로 작용한다. 그 결과 통증이 점진적으로 악화되며, 관절 경직도 서서히 진행된다. 이 때문에 행동에 제약이 따른다.

### 류마티스 관절염의 발전

약 130만 명의 미국인이 류마티스 관절염을 앓고 있으며, 여성의 발병률은 남성의 3배에 달한다. 류마티스 관절염 증상은 때때로 다른 기관에도 나타나기는 하지만 주로 관절에 발병하며, 손과 발의 관절에 가장 흔하게 나타난다. 일반적으로 이 질병의 최초 단계에서 환자는 관절에 염증 및 경직을 겪는다. 특히 아침에 걸을 때나 한동안 활동을 하지 않다가 움직일 때 이런 증상을 경험한다. 류마티스 관절염은 아주 고통스럽고 심각한 장애를 초래할 수 있어, 상당수 환자는 진단을 받은 지 몇 년 내로 일상적인 업무를 전혀 못하게 된다.

류마티스 관절염이 손에 발병하면 심각한 손가락·손목 기형이나 탈구의 원인이 되는 경우가 종종 있다. 관절에 염증이 일어나면 인대와 관절연골이 늘어나고 파괴된다. 또한 기형의 원인으로 작용한다. 그 결과 류마티스 관절염은 기구를 잡는다든지, 병뚜껑을 돌린다든지, 머리카락을 빗는다든지 하는 일상적인 일에 어려움을 겪는 원인으로 작용한다.

골관절염과 마찬가지로, 류마티스 관절염 환자도 놀라울 정도로 삶에 잘 적응한 사례가 있다. 19세기 프랑스 인상주의 화가 피에르 르누아르(Pierre Renoir)가 아마도 가장 잘 알려진 사례일 것이다. 르누아르는 평생 류마티스 관절염에 시달렸으며, 인생(그리고 그림 경력)의 마지막 30년 동안 그의 손은 몹시 수축되어서 그림 그리는 붓도 제대로 들어 올릴 수 없을 지경이었다. 그렇지만 르누아르는 붓을 일단 쥐면 계속 붙잡을 수 있었으며, 그의 가장 유명한 작품 몇 점은 이 시기에 완성됐다.

**류마티스 관절염을 비수술적으로 치료하는 방법**

안타깝게도 류마티스 관절염을 완치할 방법은 없다. 일단 관절 손상이 발생하면 류마티스 관절염은 돌이킬 수 없다. 그렇지만 증상을 완화하는 데 도움이 되고 심지어 병의 진전을 늦추는 치료법은 다양하다. 소염제와 진통제가 일부 통증 및 경직에 도움이 될 수 있다. 상당수 류마티스병 전문의는 병의 진전을 늦추기 위해 '항류마티스 약제(Disease Modifying Antirheumatic Drugs, DMARDs)'로 알려진 약한 두 가지를 처방할 것이다. 항류마티스 약제는 면역체계를 변경하는 작용을 한다.

**류마티스 관절염을 수술로 치료하는 방법**

류마티스 관절염을 앓는 환자 상당수에게, 약물 치료는 통증과 경직 완화의 효과가 있다. 이런 약물 치료를 통해 가능해진 기능 및 능력을 환자들은 일상 활동에 적용할 수 있다. 그렇지만 일부 환자는 손가락과 손목의 심각한 기형으로 고통받는다. 이런 환자들에게는 수술 치료가 이로울 수 있다.

류마티스 전문의와 손 외과 전문의 중 어느 쪽을 먼저 찾아가야 하는지 헷갈릴 수 있을 것이다. 먼저 류마티스병 전문의와 상의하면, 별도로 손 외과 전문의와 진료 약속을 해야 하는 것인지를 결정하는 데 도움을 받을 수 있다. 만약 수술이 결정되면 손 외과 전문의와 류마티스병 전문의는 힘을 합쳐, 수술 후 가능한 한 최상의 결과를 얻기 위한 약제 및 재활 치료를 조절할 것이다.

손 외과 전문의가 보게 되는 류마티스 관절염 사례 중 다수에는 손목 관절에 있는 척골 기형이 포함되어 있다. 이 기형이 발생한 경우, 척골이 손등 위로 튀어나온다(이를 '척골 배면의 아탈구(亞脫臼)'라고 한다). 이런 현상이 발생하는 이유는 손목 염증으로 인해 관절을 지지하는 인대가 느슨해지기 때문이다. 척골 끝이 손목뼈와 마찰하면 극도의 통증이 이어지는 것은 물론 척골 관절 면이 짓무를 수 있다. 심한 경우, 이 기형은 손목의 특정 폄근힘줄(extensor tendon) 파열의 원인이 되기도 한다. 또한 전위된 척골이 폄근힘줄을 계속 누르면, 손가락을 쭉 펼 수 있는 능력이 상실될 수 있다.

척골 배면 아탈구의 결과로 폄근힘줄이 파열되면, 손 외과 전문의는 손가락 능력을 회복시키기 위해 팔에 있는 다른 힘줄을 옮기는 몇 가지 선택을 하게 된다. 이 수술을 받은 뒤 정상으로 회복되는

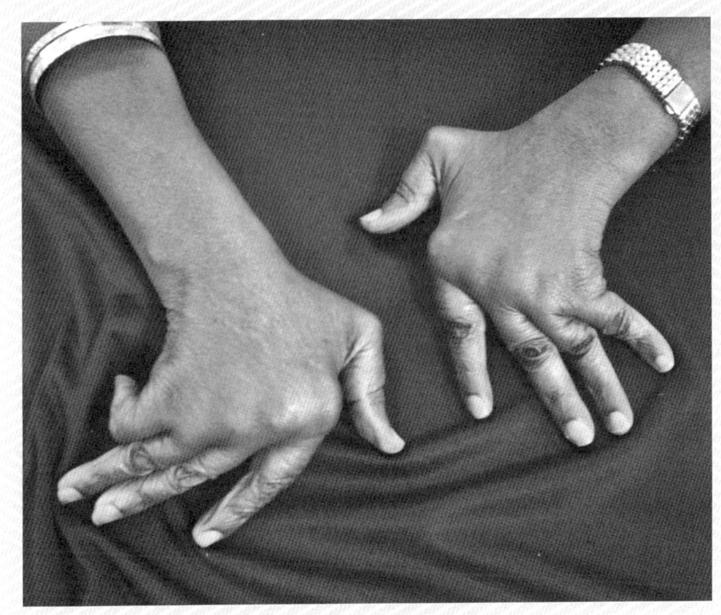

◎ 그림 4.1. 류마티스 관절염이 MCP관절에 발병하여 생긴 손가락 기형

데까지는 상당히 오랜 시간이 걸릴 수 있다. 이런 이유 때문에 항상 파열이 발생하기 전에 수술을 진행해 기형을 교정하는 것이 훨씬 낫다. 가장 흔한 치료 방법은 전위된 척골 조각을 제거하는 것이다. 이 치료는 손목 관절에 있는 다른 뼈와 마찰하는 것을 막고, 폄근힘줄 파열의 위험을 제거하기 위한 것이다.

류마티스 관절염을 앓는 환자 상당수가 수술을 받아야겠다고 결심하도록 만드는 또 다른 형태의 흔한 기형은 바로 MCP관절(그림 1.1.의 A)에서의 엄지손가락과 나머지 손가락의 탈구다(그림 4.1.). 이 특정 기형 또한 염증으로 인해 지지 작용을 하던 인대가 느슨해진 결과로 발생한다. 이 증상 때문에 손가락은 정상적인 위치에서 벗어나게 된다. 특히 나머지 손가락의 MCP관절에 류마티스 관절염이 발생하면 손가락은 불안정해지며 물건을 쥐거나 집는 능력을 제대로 발휘하지 못하게 된다. 해당 관절에 이식 관절성형술을 실시하는 것이 흔한 치료법이다. 이식 관절성형술은 약해진 관절을 강화시키며, 정상 위치에서 벗어난 손가락을 교정한다. 손의 미적 외양과 기능 모두 엄청나게 개선된다. 수술 후 1년 정도 지나면 좋은 결과가 나오는 것이 여러 연구를 통해 밝혀졌다.

다른 수술과 마찬가지로 손의 기능을 어떻게 개선할 것인가, 아울러 환자가 느끼는 필요성은 어떤 것인가에 따라 수술을 결정하게 된다. 환자는 류마티스병 전문의 및 손 외과 전문의와 함께, 기형이 수술이 반드시 필요할 정도로 엄청난 단계로 발전했는지 분명히 확인하는 것이 대단히 중요하다. 비록 수술 결과로 손의 기능이 완전히 회복되는 것은 아니지만 주의 깊게 계획을 짜면, 손의 기능은 눈에 띄게 호전될 수 있다.

## 손 관절염의 다른 유형

손에 생기는 관절염 가운데 드물게 발생하는 형태가 몇 가지 있다. 이러한 관절염 형태는 전체 관절염 증상 중 1% 미만으로 발생한다. 손에 박힌 성게 가시, 섬유 유리 가닥, 실리콘 등과 같은 '이물질'들은 손가락 관절에 염증성 관절염을 일으키는 독소를 만들어 낸다.

'통풍' 관절염은 요산이 바늘 모양의 결정체로 관절 극에 침착하는 현상이 원인이 되어 일어나는 관절염의 한 형태다. 통풍 관절염은 손의 모든 관절에 타격을 입힐 수 있다. 이로 인해 발생하는 극심한 염증은 감염과 혼동될 수 있다.

건선 관절염은 피부의 염증(건선) 및 관절의 염증(관절염)이 특징인 만성 질환이다. 건선을 앓는 환자 가운데 대략 10%가 관절 부위의 염증을 가지게 된다. 이 경우 건선 관절염이라는 진단을 받는다. 이 특정 관절염은 대개 40~50대 연령층에서 발생하며, 대부분의 사례에서는 피부 건선이 관절염에 앞서 나타난다.

손 관절염은 양성 질환도 아니고 나이가 들어가면서 체념해야 할 증상도 아니다. 손의 기능과 외양을 엄청나게 개선시키면서, 동시에 통증을 완화시키거나 없앨 수 있는 재건 수술법이 다양하게 있다. 이를 위한 첫 번째 단계는 의사와 함께 상의하여 환자에게 좋은 선택이 될 수술이 무엇인지를 결정하는 것이다.

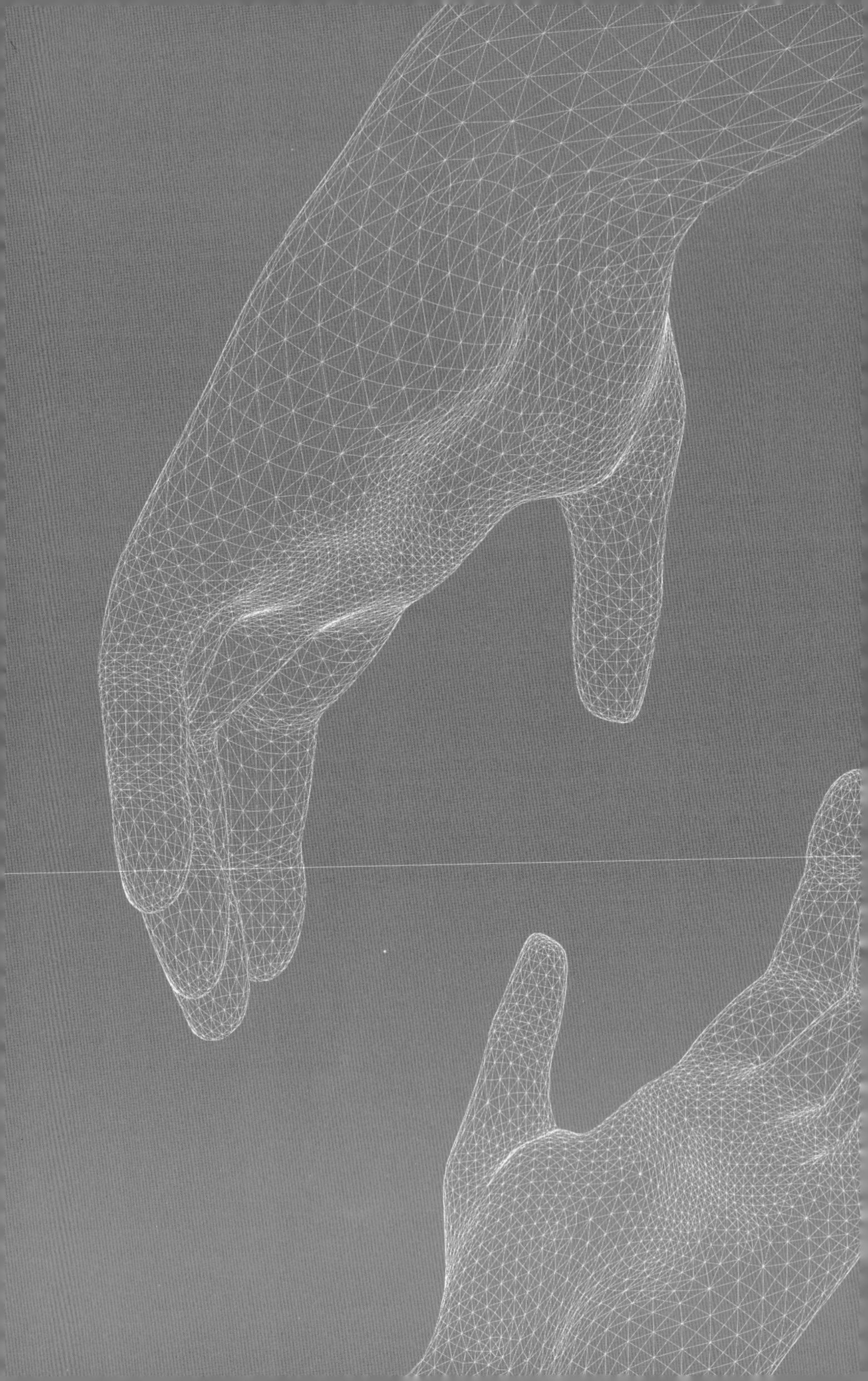

5장

# 음악가의 손

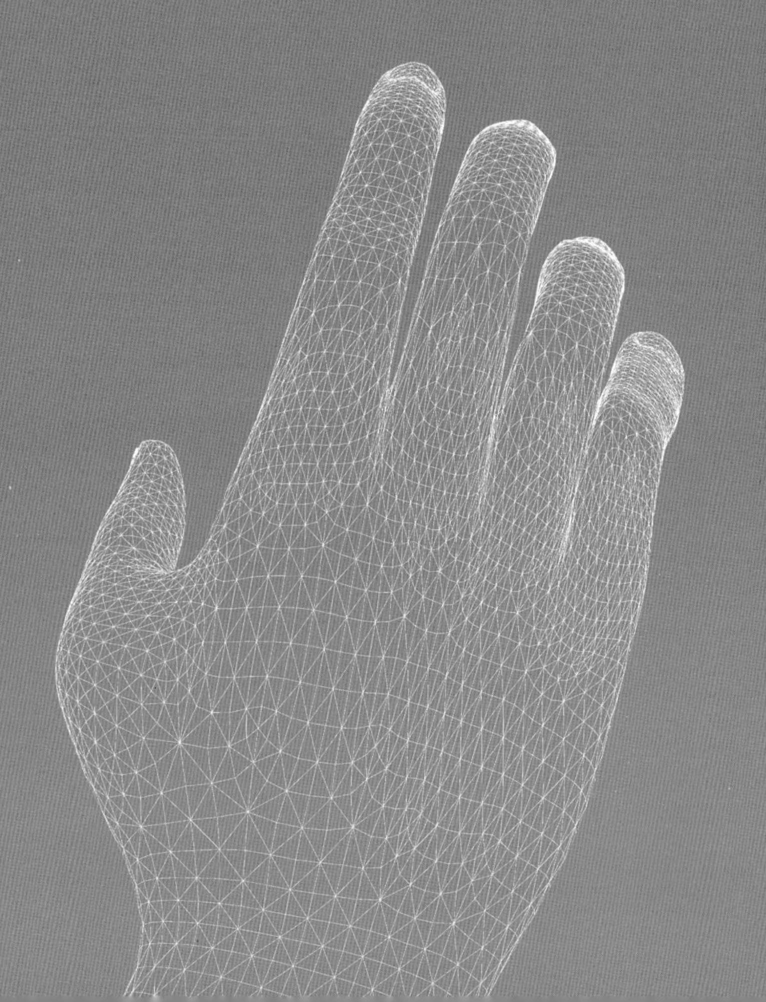

# 음악가의 손

의학박사 **레이먼드 A. 위트스타트**

17세 청소년 새러(Sarah)는 음악 영재다. 그녀는 4세부터 바이올린을 연주하기 시작했으며, 현재 명문 음악학교에서 수업을 받고 있다. 새러는 다가올 콘서트를 준비하느라고 하루에 5시간씩 연습하고 있다. 몇 주 동안, 새러는 연습을 마친 뒤 아래팔에 통증을 느낀다. 하지만 이제 그녀는 글을 쓰거나 키보드를 치는 등 다른 활동을 할 때에도 불현듯 통증이 타오르는 듯한 느낌을 받는다. 새러의 주치의는 소염제를 추천했지만, 통증은 집요하게 계속됐다. 그녀는 다음 단계로 정형외과 전문의를 찾아갔다. 그 의사는 건염(腱炎)이라고 진단한 뒤, 물리치료(PT)를 받으라고 처방했다. 그리고 바이올린 연주를 오랫동안 쉬라고 권했다.

2주 동안 총 4회의 물리치료를 받은 뒤, 새러는 치료를 통해 심신을 약화시키던 통증이 어느 정도 완화되어 기쁜 마음이 들었다. 하지만 바이올린을 들자마자 통증은 다시 시작됐다. 그녀는 그동안 맹렬하게 연습했던 콘서트 참가를 포기해야 했으며, 대학 지원을 위해 예정된 오디션에도 참가하지 못할까봐 심각한 걱정에 빠졌다(마찬가지로 새러의 부모도 근심에 빠졌다). 그녀는 바이올린을 15분 이상 연주하지 못한다. 극심한 통증이 몰려오기 때문이다. 마사지, 침술, 한방 치료가 모두 소용이 없었다. 새러의 심정은 점점 절박해져간다. 결국 그녀의 음악 선생님은 공연예술 관련 전문의를 찾아볼 것을 권했다.

새러는 '반복성 운동 장애(repetitive motion disorder)'를 앓고 있다. 반복성 운동 장애란 일부 생물학적 조직, 근육, 뼈, 힘줄, 인대가 물리적 한계를 뛰어 넘는 압박을 받을 때 발생하는 증상군이다. 신체는 반복적으로 일어나는 물리적 요구에서 회복하는 데 충분한 시간을 제대로 못 가질 때, 통증을 통해 '이제 그만 멈춰라!'라는 크고 분명한 메시지를 보낸다.

18세기에 직업병 분야의 전문가로 활동하며 자신이 살던 시대를 앞서 갔던 베르나르디노 라마치니(Bernardino Ramazzini) 박사는 다음 같이 언급했다. "심각한 장애를 유발하지 않는 종류의 연습이라 해도, 지나치게 하다 보면 건강을 해치거나 몸에 해롭다."

직업 연주자 노릇을 하려면 신속하고도 잘 조절된, 동시에 반복적인 동작을 능란하게 구사할 수 있어야 한다. 직업 연주자는 아마도 인간이 손과 팔(상지)로 할 수 있는 활동 중에 가장 힘든 일에 종사하는 존재일 것이다. 음악가가 프로페셔널 수준에 이르기 위해서는 강렬한 집중력, 동기 부여, 수련, 장시간 동안 혼자 하는 연습 등이 필요하다. 물론 이 과정은 엄청나게 힘들다. 이렇게 음악가에게 부여되는 엄청난 요구 때문에 팔에 대단한 부담이 된다. 이를 수량으로 환산하면 믿기 어려울 정도다. 1977년에 실시한 한 연구를 보면, 피아니스트가 펠릭스 멘델스존(Felix Mendelssohn)이 작곡한 매우 빠른(프레스토) 작품을 연주할 때 4분 3초 동안 5,595개의 음표를 연주하며, 두 손은 1초당 72번의 손가락 움직임(양손 모두 합친 수치)을 보여 주는 것으로 드러났다.

최근까지도 공연 음악가가 입는 부상을 다룬 문헌은 그리 많지 않으며, 고작 지난 20년 동안 음악가(대부분은 클래식 음악가)의 건강 문제를 의학 연구 주제로 다루고 있을 뿐이다. 음악가에게 주로 발생하는 의료 관련 문제를 자세히 묘사하고 수량화하는 데는 복잡한 요인이 작용한다. 이 요인이란 다름 아닌, 원인과 결과가 결코 단순하지 않다는 점이다. 주로 음악가 개개인 및 연주 악기와 관련된 독특하면서도 유일무이한 요인 때문에, 통증 증상은 아주 다양한 양상으로 발전할 수 있다.

1989년 교향곡 및 오페라 음악가 국제회의(ICSOM)는, 음악가에게 주로 발생하는 의료 문제를 조사하기 위해 대규모 설문 작업을 의뢰했다. 설문 조사 대상은 4천 명이 훨씬 넘는 현역 음악가들이었다. 비록 건반악기 연주자들은 설문 조사에 많이 참여하지는 않았지만, 이 조사는 다른 분야 종사자들이 지금까지도 비교해 보는 하나의 표준이 됐다. 설문을 통해 집계된 데이터를 통해, 중대 증상의 발병률이 높다는 사실이 드러났다. 36%(연구 대상이 된 음악가 집단 중 1,400명 이상)가 심각한 문제를 최소 4가지나 앓고 있는 것으로 밝혀졌다. 현악기 연주자 중 84%는 상지에 최소 한 가지의 통증 문제가 있다. 또한 현악기 연주자 군 가운데 76%는 연주가 위태로울 정도의 중증 증상을 앓고 있다. 중증 증상 문제는 35세 이하의 연주자들에게서 좀 더 흔하게 나타나지만, 35~45세 음악가들이 최소 한 가지 이상의 건강 문제로 고통받고 있다고 밝히는 경우가 상당히 많았다. 신체 통증은 현악기 연주자 사이에 보다 만연했다. 하지만 목관악기, 금관악기, 기타 다른 악기 연주자 역시 의료 문제가 발생하는 정도가 매우 높다고 보고했다.

이 설문 조사를 통해 나온 데이터는 방대해 요약하기 어렵지만, 여기서 명백하게 드러난 것은 프로페셔널 공연 음악가는 손과 상지에 압박을 받는 정도가 매우 높으며, 이에 따른 장애를 앓을 가능성이 높다는 점이다. 또한 장애 중 상당수는 심각한 수준으로 발전해, 음악가는 연주 활동을 계속 이어 나가지 못하는 경우도 있다. 비록 이 같은 의료 문제 중 상당수는 반복성 긴장 장애(repetitive strain disorders)인 경우가 많은데, 이 장애는 반드시 앓게 되는 질환도 아니며 점진적으로 진행되는 병도 아니다. 음악가가 '좋은' 기술, 합리적인 생활 방식, 기초 체력 및 유연성을 조절하는 몇 가지 훈련(악기와는 관련이 없다)을 잘 따르면 대부분의 문제를 피할 수 있다.

통증에 시달리는 음악가는 종종 의료 조치를 꺼리며, 적지 않은 음악가가 장애를 앓고 자가 치료를 한 지 상당 기간이 지난 뒤에야 본격적인 진료를 받는다. 직업을 잃을지도 모른다는 두려움, 고통에 익숙한 직업적 전통, 동료 집단의 압력, 의학적 관심의 부족, 보험 보장 범위의 제약 때문에 치료법을 찾는 상황은 지연된다. 높은 수준의 음악가는 높은 수준의 운동선수와 여러 모로 유사한 면이 있다. 즉 음악 세계에서도 높은 지위에 오를 수 있는 음악가 수가 비교적 한정되어 있고 이를 위해 무수한 경쟁을 거쳐야 한다. 음악가가 자신이 부상을 입었다는 사실, 또는 공연 활동에 제약이 따를 수 있는 통증을 느낀다는 점을 알리면, 자칫 직업을 잃는 결과로 이어질 수 있다(실제로 그런 경우가 많다).

그밖에도 의료인이 보여 주는 반응, 즉 도움이 안 되는 치료를 한다거나 불신을 불러일으키는 발언을 한다거나 하는 일들 때문에, 의학적 조언을 찾았던 음악가들이 학을 떼는 경우도 적지 않다. "통증을 일으키는 활동을 피하십시오." 같은 단순한 조언을 따르는 일조차 불가능할 수 있다. 음악가 개인 전체를 고려하지 않고 통증 부위에만 국한된 치료를 진행하는 경우, 성공적인 결과에 이르지 못하는 경우가 종종 있다. 세계 최상급의 첼로 연주자 재닛 호바스(Janet Horvath)는 저서 『덜 아프게 연주하기(Playing Less Hurt)』에서 자신이 겪은 문제를 자세히 묘사한다. 그녀는 인디애나 대학교에 재학하던 시절 왼손과 왼팔에 통증이 도지자 의료 서비스를 찾았다. 이때 호바스는 실패에 대한 공포에 시달렸다. 그녀는 의사 십여 명의 진찰을 받았는데 잘 모르겠다는 반응, 별로 도움이 되지 않는 처방에 좌절을 느꼈다. 호바스는 통증, 공포, 절망으로 온몸이 굳어 버려 3개월 동안 악기를 만지지도 못했다. 그녀는 머뭇거리며 멘토인 첼로 연주자 야노스 슈타커(Janos Starker)에게 자신의 경력이 끝날까봐 두렵다고 털어놓았다. 다행히, 슈타커는 그녀의 말을 아주 잘 이해했으며 호바스가 '몸 전체를 활용하는 연주 기법'을 재구축하도록 지속적으로 도왔다. 그녀가 회복하는 데는 9개월이 걸렸다. 호바스는 이때의 경험을 책에 담겠다고 결심했다.

## 위험에 빠진 음악가

의학계에서 음악가가 겪는 특정 의료 문제를 범주화시키는 작업은 완성되지 않았고 아직 발전 단계에 있다. 그러나 현재 음악가가 직면하고 있는 문제는 다음의 세 가지 증상군 중 한 가지, 또는 그 이상에 해당될 수 있다고 간주된다.

- 류마티스 관절염 또는 다른 장애나 관절, 힘줄, 인대, 신경 손상
- 악기 연주와 직접적으로 관련된 문제, 또는 연주 기법 특성의 문제
- 심리적·정서적 스트레스로 촉발된 문제, 또는 이른바 무대공포증으로 인한 문제

근골격계 문제는 다음의 세 가지 범주로 분류된다. 빈도수가 덜한 순서대로 나열해 본다.

- 근골격계 통증 및 과사용증후군
- 말초신경병증 및 신경 포착
- 국소성 근긴장 이상(불수의(不隨意)근 수축이 원인인 신경학적 질환)

공연과 관련된 의료 문제에서 음대생이 전문적 직업 음악가보다 취약성이 훨씬 높은 요인이 몇 가지 있는 것으로 보인다. 음대생은 음악 캠프와 여름 페스티벌에 참여하며 부상을 입기 쉽다. 이 기간 동안 연주를 하는 시간이 급격히 증가하기 때문이다. 예를 들어 보통 하루에 2~3시간 연습하던 학생이 여름 캠프에 참여하는 동안에는 하루에 6~8시간 연주할 수 있다. 짧은 기간 동안 동료들 및 저명한 교사와 함께 하는 이벤트를 최대한 이용하려는 욕망에 더불어 새로운 연주 기술을 시도하는 상황까지 겹쳐, 무대에서 연주하다가 부상을 입기 쉽다. 또한 마지막 학년에도 연습 시간이 증가할 수 있다. 경쟁, 심사위원단, 오디션으로 인한 스트레스 때문에 음악학도가 부상을 입을 위험성은 급격히 높아진다.

행진 악대에 참가하는 학생은 부상당할 가능성이 높은 상황에 노출된다. 악기를 정확한 자세로 계속 들고 행진하며 게다가 춥고 축축하거나 뜨거운 날씨에서 연주하면, 허리와 다리(하지)에 부상을 입을 위험이 증가한다. 여기 참여한 음악가들은 대역을 맡은 집단이기는 하지만, 연주 시간이 멈췄다 재개됐다 하는 특성 또한 그들이 부상을 입는 원인이 된다.

교향곡 및 오페라 음악가 국제회의가 진행한 연구와 더불어, 최근에 실시된 다른 연구를 통해 프로페셔널 클래식 음악가가 '어떤 부상을, 어디서, 왜 입는지'에 대해 보다 명확한 설명들이 제시되고 있다. 즉 레퍼토리를 빈번하게 교체하고, 연주 시간이 들쭉날쭉하며, 시차를 넘나들며 연주여행을 떠나다 보면, 이 모든 것이 부상을 입는 원인으로 작용할 수 있다. 그밖에도 어떤 유형의 악기를 연주하는지가 부상 위험 수준과 상관관계가 있다는 점이 밝혀졌다.

## 부상의 요인

과사용으로 인한 부상은 생물학적 조직이 신체적 한계를 넘어서는 압박을 받을 때 발생한다. 이런 유형의 부상은 급성 또는 만성으로 구분된다. 급성 증상은 특정한 활동을 한 뒤 발전하기 때문에, 대개 음악가는 통증이 언제 시작됐는지 정확하게 기억해 낼 수 있다. 때로 급성 증상은 장기간의 연습 세션을 마친 뒤 또는 새로운 연주 기법이나 악절을 완벽하게 익힐 때 나타난다. 만성 과사용 부상은 급성의 경우보다는 좀 더 서서히 시작된다. 미세한 불쾌감으로 시작해 시간이 지날수록 악화된다. 과사용, 일관성 없는 사용, 오용이 전부 부상을 입을 수 있는 잠재적 요인으로 작용한다. 『음악가의 생존 매뉴얼(The Musician's Survival Manual)』에서는 음악가가 부상을 입게 하는 요인 열두 가지를 선정하고 있다. 이 요인은 아마추어는 물론 프로페셔널 음악가에게도 해당된다.

- 불충분한 신체 조절
- 연주 시간의 갑작스러운 증가
- 잘못된 연습 습관
- 잘못된 연주 기법
- 악기를 바꾸는 경우
- 예전에 입었던 부상의 재활 과정의 불충분.
- 부적절한 신체역학 및 자세
- 음악 외 활동으로 인한 신체적 스트레스
- 해부학적 변이
- 성별
- 악기의 품질
- 환경 요인

**불충분한 신체 조절**

손 외과 전문의인 나는 불충분한 신체 조절이 음악가가 부상을 입는 주요 원인인 경우를 자주 본다. 물론 음악가가 '운동선수'라고 할 수는 없지만, 운동선수가 부상을 입지 않기 위해 따르는 조절법과 똑같은 것을 익히는 것이 좋다. 악기를 3시간 동안 연주하는 것은 손과 팔로 마라톤을 뛰는 것과 맞먹는다. 적절한 준비 운동과 전반적인 신체 조절이 모든 운동 활동에서 강조되지만, 음악 연습 및 공연 활동에서는 대개 간과된다. 근육이 약하거나 형편없이 조절되거나 지나치게 팽팽하면 과사용 부상을 입기 쉽다는 것이 문제다.

### 연주 시간의 갑작스러운 증가

프로페셔널 음악가 및 열정적인 음대생은, 손의 기능을 생리학적으로 최대 한계에 이를 때까지 활용하게 된다. 연습 양이나 연주 시간을 급격하게 또는 갑자기 바꾸는 상황이 아마도 과사용 부상을 입는 원인 중 가장 흔한 것일 것이다. 이는 여름 캠프가 끝난 뒤에 부상자 수를 보면 잘 알 수 있다. 과사용을 최소화하려면 연주 시간을 서서히 늘려나가는 것이 가장 좋은 방법이다. 며칠 또는 몇 주 동안 진행되는 연습 세션에서 10~15분쯤만 늘리는 것이 적절하다.

### 잘못된 연습 습관

악기 연주가 몸 전체를 이용하는 활동이라는 점을 음악가는 유념할 필요가 있다. 상당수 음악가는 준비 운동을 완전히 건너뛰거나 또는 느린 악절을 연주하는 것으로 준비 운동이 충분하다고 여긴다. 눈으로 보기에는 분명하게 와닿지 않을 수 있지만 악기는 몸 전체를 활용해 연주되는 것이다. 그래서 연주를 시작하기 전에 몇 가지 방식으로 몸 전체에 준비 운동을 해 두어야 한다. 연습 세션을 시작할 때 5~10분 동안 심장 박동 수가 조금 증가할 정도로 준비 운동을 하면 굉장한 이득이 된다. 이때 계단을 오른다든지, 제자리 뛰어오르기를 한다든지, 두 손을 바닥에 짚고 두 다리를 쪼그렸다 폈다 하는 운동을 하는 것이 좋다. 유산소 심장 강화 운동으로 준비 운동을 한 다음에, 특히 팽팽해진 근육 부위를 몇 분 동안 부드럽게 스트레칭한다. 단, 만약 관절이 이완되어 있다면, 즉 이른바 이중 관절이 있거나 동요 관절*이 있는 경우라면 관절이나 근육 스트레칭을 지나치게 하지 않도록 조심해야 한다. 준비 운동을 충분히 한 다음에만 연주를 시작해야 한다.

연주하기 어려운 악절을 지속적으로 연습하는 일은 피해야 한다. 장시간 동안 진행되는 단일 세션에서 어려운 부분이나 새로운 연주 기법을 완벽하게 익히려고 무리하다 보면, 과사용 부상으로 이어질 수 있다. 어려운 악절을 연습하는 시간은 한번에 5~10분으로 제한되어야 한다. 사이사이 비교적 덜 어려운 다른 곡을 연주하며 휴식을 취하는 것이 부상을 막는 데 도움이 될 수 있다. 피로가 몸의 조정력을 감소시킨다는 점을 기억해 두어야 한다. 여러 연구를 통해, 손과 손목을 반복적으로 움직이면 90분이 지난 뒤에는 아래팔의 혈류량이 감소한다는 점이 밝혀졌다. 즉 연습을 1시간 30분 이상 하면 역효과가 나는 것이다. 5~10분간 짧은 휴식을 하고, 부드럽게 스트레칭을 해 정상적인 혈류량을 회복하는 것이 중요하다. 이상적인 연습 세션 스케줄은 다음과 같이 하는 것이 좋다. 10분간 준비운동을 한 다음, 40분 동안 연주하고, 10분 동안 휴식을 취하거나 긴장했던 신체를 가라앉히는 시간을 갖는다. 이후 이 같은 주기를 반복한다.

---

* 動搖關節. 근육·인대·윤활 주머니 등이 상해를 입어 관절이 정상적인 운동 범위 이상으로 움직여 안정성이 결여되고, 이 때문에 기능을 잃게 되는 관절

### 잘못된 연주 기법

연주를 할 때 빠져들게 되는 과도한 긴장 상태는, 음악가가 입는 과사용 부상의 흔한 원인이다. 현악기를 연주할 때 악기나 활을 너무 꽉 움켜잡으면 근육 긴장이 추가적으로 발생한다. 이때 힘과 에너지를 추가로 필요로 하는 상황이 발생해 부상으로 이어질 수 있다. 흔히 드럼 스틱, 관악기, 활(아울러 자동차 핸들, 펜, 핸드폰도 마찬가지다)을 필요 이상으로 강하게 잡는다. 이때 발생하는 긴장은 음악가의 어깨, 목, 등으로 퍼져 나갈 수 있으며, 과사용 부상으로 악화될 가능성이 있다. 프로 운동선수의 동작을 분석하기 위해 사용되는 현대 이미징 기술은 점차 다른 직업 분야에서도 도입되고 있다. 이미징 기술은 음악가로 하여금 적절한 근육 긴장과 연주 기술에 대해 보다 깊이 이해할 수 있도록 이끌 것이다.

### 악기를 바꾸는 경우

음악가가 악기를 바꾸어 사용하는 경우 부상을 입을 가능성이 높아진다. 예를 들어 현악기의 활이나 줄 받침대를 바꾼다든지, 현을 새로 갈거나(이때 현을 누를 때 힘이 조금 더 들어갈 수 있다) 악기를 새 것으로 바꾸면 손과 팔에 받는 압박이 증가할 수 있다. 악기뿐만 아니라 연주 레퍼토리, 또는 담당 교사가 바뀌는 상황에 직면할 때 음악가는 연주 시간을 적절히 줄여 자신의 신체가 새로운 대상에 맞출 수 있게 해야만 한다.

### 예전에 입었던 부상의 재활 과정의 불충분

부상이 완쾌되기도 전에 다시 격렬하게 연주하는 경우, 운이 좋으면 연주에 차질을 빚게 되고, 운이 나쁘면 부상을 추가로 입을 수 있다. 음악가는 통증이 완전히 없어질 때까지, 전방위로 움직일 수 있을 때까지, 체력과 지구력을 되찾을 때까지 계속 치료를 받아야 한다. 이는 프로페셔널 음악가에게는 쉽지 않은 도전 과제다. 하지만 이 도전 과세에 실패하면 연수 기법이 미묘하게 변하는 상황으로 이어질 수 있다. 상황이 이렇게 되면 결국 새로운 문제가 야기될 수 있다.

### 부적절한 신체역학 및 자세

불충분한 신체 조절과 더불어 좋지 않은 자세 및 역학은 종종 상당수 음악가가 부상을 입는 근본적 요인이 된다. 프로페셔널 음악가 대부분은 성장기인 어린 나이부터 음악 트레이닝을 받기 시작했다. 즉 몸이 악기에 적응하는 시기에 신체 변화가 동시에 이루어지는 바람에, 좋지 않은 자세와 신체역학을 가지게 될 수 있다. 또한 악기를 어떻게 운반하는 지에 대해서도 주의를 기울이는 것이 중요하다. 연주 활동을 활발하게 하는 도중 부적절한 자세로 악기를 옮기면 과사용 부상을 입을 수 있기 때문이다. 요가, 알렉산더 테크닉*, 휄든크라이스(Feldenkrais) 신체 치료법을 받게 되면 음악가는 좋은 자세를 보다 쉽게 유지할 수 있을 것이다.

### 음악 외 활동으로 인한 신체적 스트레스

음악 외 수행 업무 역시 과사용 부상으로 발전되는 계기가 될 수 있다. 일상생활에서 규칙적으로 하는 일들, 예를 들어 집안 청소, 정원 일, 학교 업무, 기타 다른 해야 할 일들 때문에, 음악가의 손은 추가적 압박을 받을 수 있다. 이런 일을 하며, 손은 날마다 수없이 많은 수축 현상을 겪게 된다. 그래서 하루 활동에 따라 손이 수축되는 상황을 고르게 분배해야 한다. 즉 다른 일을 할 필요가 있는 날에는 이에 맞춰 연주 시간을 줄여야 한다.

### 해부학적 변이

모든 사람이 모든 악기를 연주할 수 있는 것은 아니다. 이는 아주 단순한 사실이다. 수많은 음악가는 아주 어린 나이에 트레이닝을 시작하기 때문에, 그들은 자신이 선택한 악기가 궁극적으로 자기와 '어느 정도 잘 어울리는 것인지'를 제대로 알지 못한다.

상당수 음악가는 과도한 관절 이완 증상을 앓고 있다. 이밖에 다른 해부학적 변이로는 비정상적으로 연결된 힘줄, 새끼손가락의 굽힘힘줄 결여 등을 거론할 수 있다. 이러한 변이가 음악가에게 보호 역할을 하는지 촉진 역할을 하는지는 분명하지 않다. 또는 교정 조치를 취할 필요가 있는 골칫거리인지도 확실하게 밝혀지지 않았다.

---

* Alexander Technique. 오스트레일리아 출신 연극배우 프레데릭 마티아스 알렉산더가 창안한 명상적 춤 수련법

예를 들어 일반 인구 가운데 겨우 5~6%만 양성 과운동성 증후군(benign hypermobility syndrome. 관절이 정상적인 예상 범위 이상으로 움직이는 증상)을 앓고 있다. 하지만 손목 및 손 통증을 치료하기 위해 애쓰는 음악가 중에서 약 20%가 과운동성 증상을 앓고 있다. 이 증상 때문에 관절에 받는 압박이 증가할 수 있으며, 손가락과 손목에 통증을 유발할 수 있다.

### 성별

수많은 연구를 통해, 여성 음악가가 의료 문제를 겪는 경우가 남성 음악가보다 훨씬 많다는 사실이 밝혀지고 있다. 왜 그런지에 대해서는 아직까지 완벽하게 규명되지 않았다. 우리는 여성이 일반적으로 남성보다 의료 서비스를 찾는 경향이 훨씬 높다는 점을 알고 있다. 바로 이런 점은 음악가를 대상으로 하는 설문 조사에서 여성이 차지하는 비율이 지나치게 높은 이유로도 작용한다. 또한 여성의 근육은 남성보다 작은 경향이 있으며, 상체와 팔의 힘을 유지해야 하는 활동에 덜 몰두하는 것으로 보인다. 아울러 연주자와 악기 크기의 부조화도 부상 가능성을 높이는 요인으로 작용할 수도 있다. 예를 들어 하프의 현을 퉁기려면 다른 현악기를 연주할 때보다 힘이 훨씬 많이 들어가는데, 하프 연주자 중 여성이 차지하는 비율은 거의 100%라고 보아도 무방하다.

### 악기의 상태

모든 음악가가 최상급 품질의 악기를 소유할 정도로 여유가 있는 것은 아니다. 그럼에도 음악가에게는 자신이 소유한 악기를 잘 유지하는 것이 무척 중요하다. 목관악기와 금관악기의 밸브가 끈적거리거나 공기가 새면 손가락과 힘줄에 받는 압박이 증가한다. 이와 유사하게 현악기의 줄 받침대가 너무 높다든지 피아노가 낡았다면, 그만큼 연주 시 힘을 추가로 주게 되어 부상 위험이 증가한다.

### 환경 요인

또한 야외 페스티벌이나 추운 지하 연습실 같은 조명이 형편없고 쌀쌀한 환경에서 공연하거나 연습하면 부상으로 이어질 수 있다. 기온이 낮아 신경 전도 속도가 느리게 되면, 음악가의 감수성이 줄어들거나 연주를 제대로 하기 위해 의식적으로 힘을 늘려야 할 수도 있다. 관절은 유연성이 덜하며, 기민성을 천천히 발휘하는 경향이 있다. 열악한 환경에서 연주하는 상황이라면 좀 더 따뜻한 옷을 입고 준비 운동을 평소보다 긴 시간 동안 보다 철저하게 한 뒤에 연주를 시작하는 것이 도움이 된다.

## 악기별 위험

### 건반악기

특정 건반악기 연주 작품을 연주하는 경우, 복잡하거나 고난도의 기교, 손을 최대한 펼치는 테크닉, 그리고 속도가 필요하다. 이러한 요소를 고려하며 반복적으로 연주하다 보면 건반악기 연주자는 부상의 위험에 놓인다. 손과 손목을 건반에 놓는 위치는 물론 건반악기의 위치 자체도 중요하다. 아르투르 루빈슈타인(Arthur Rubinstein)은 연주 여행을 할 때 반드시 자신의 피아노를 가지고 갔는데 그의 피아노는 저항력을 가볍게 해 연주 속도를 향상시키고 쉽게 연주할 수 있도록 특수 제작됐다.

### 바이올린과 비올라

여러 연구를 통해 바이올린 연주자와 비올라 연주자 간에는 과사용 부상이 발전되는 면에서 중대한 차이가 있다는 점이 밝혀졌다. 비올라 연주자가 부상을 당할 가능성이 훨씬 높은데, 이는 비올라가 바이올린과 비교해 폭과 길이가 훨씬 월등하다는 점과 연관성이 있다.

### 첼로

첼로 연주는 팔꿈치를 구부리는 시간이 다른 악기에 비해 긴 경향이 있다. 이 때문에 척골 신경에 문제가 생기기 쉽다. 또한 첼로를 켜는 활은 크고 두껍고 무겁기 때문에 활을 잡는 오른손에 통증이 유발될 수 있다.

### 더블베이스

더블베이스는 다루기 힘들 정도로 크기가 크고, 연주 방식도 다른 악기와 차이가 난다. 이 때문에 더블베이스 연주자는 다양한 문제에 직면할 수 있다. 클래식 음악의 경우 일반적으로 활을 손에 쥐고 더블베이스를 연주하는데, 이로 인해 첼로의 경우와 동일한 문제가 일어날 수 있다. 재즈와 대중음악의 경우 활발히 움직여 가며 손으로 튕기는 방식으로 더블베이스를 연주하는데, 이때 집게손가락과 엄지손가락에 문제가 일어날 수 있다. 현을 튕길 때는 손목을 과도하게 구부리는 자세를 피해야 한다.

### 하프

하프는 악기 크기와 무게는 물론, 연주할 때 요구되는 자세로 인해 문제가 발생한다. 어깨를 과도하게 벌리고 손목을 지나치게 펴면, 해당 부위에 건염이 발생하는 문제로 이어질 수 있다.

### 기타

기타 연주 스타일은 클래식 기타를 연주하느냐 대중음악 기타를 연주하느냐에 따라 상당히 다양하다. 하지만 두 연주 스타일 모두 손에 압박이 가해진다는 점은 똑같다. 손목 신경 및 힘줄에 가해지는 압력을 줄이기 위해, 손목을 과도하게 구부리는 일을 피해야 한다. 기타 몸통 가장자리에 아래팔을 놓는 자세 역시 해당 부위에 국소 압력을 주게 되어, 통증이나 저림 증상으로 이어질 수 있다.

### 목관악기와 금관악기

건반을 누를 때, 그리고 목관악기나 금관악기를 손으로 받칠 때 손과 팔에 발생하는 문제는 서로 공통적이다. 금관악기와 목관악기를 손으로 받치면, 종종 엄지손가락 통증의 원인이 될 수 있다.

지금까지 열거한 위험 목록을 보면 걱정이 들 수 있겠지만, 아울러 좋은 소식도 있다. 신체를 늘 조절하고 연주 기법을 적절하게 한다면, 공연 음악가나 아마추어 연주가 모두 오랫동안 경력을 누릴 수 있다.

## 과사용 증상

과사용이나 반복성 긴장으로 인한 증상 중 가장 흔한 것으로는, 가벼운 불편감과 날카롭게 쏘는 듯한 통증 및 경련 등이 포함된다. 연주자가 자신이 느끼는 증상이 무엇인지 명확하게 진술할 수 있다면, 의사와 상의할 때 도움이 된다. 연주자들은 아래의 목록을 주의 깊게 보고, 자신의 통증과 가장 부합하는 것을 골라 보기를 권한다.

- 한쪽 부위에서만, 오직 연주 중에만 통증을 느낀다.
- 여러 부위에서 통증을 느낀다.
- 연주를 마친 뒤에도 통증이 지속된다.
- 연주를 마친 뒤에도 통증을 느낀다. 이때 연주 외의 활동을 할 때도 통증을 느끼는 상황이 포함된다.
- 연주를 마친 뒤에도 통증을 느끼기는 하는데, 해당 신체 부위를 사용할 때마다 통증을 느낀다.

이밖에 다른 증상으로는 찌릿하는 느낌이나 감전당한 것 같은 기분이 포함될 수 있다. 이러한 증상은 일반적으로 신경 압박과 보다 밀접한 관련이 있다. 팔다리가 차가운 증상은 주위 환경의 기온이나 동맥 경련 때문에 혈류가 감소되어 나타나는 것으로, 통증이나 저림의 원인이 될 수 있다.

## 치료시 고려해야 할 점

주변 사람들에게 프로페셔널 음악가에게 일어날 수 있는 악기 관련 질환 문제에 정통한 의사를 아는지 물어보아라. 또는 가능하다면 직접 찾아 나서라. 손 전문의와 첫 번째 진찰 예약을 하는 동안, 의사는 다음의 세 가지 분야를 주의 깊게 검토해야 한다. 의사는 우선 환자의 병력에 대한 검토에서부터 출발할 것이다. 그런 다음, 의사는 악기를 지니고 있지 않는 상태에서 환자의 신체검사를 진행한다. 그 다음으로 (가능하다면 어느 때든) 환자가 악기를 연주하는 상태에서 검사를 실시해야 한다.

### 병력

환자가 증상이 언제부터 발생했는지, 또는 시간 순으로 증상이 어떻게 경과했는지 자세히 알려 준다면, 부상 원인에 대한 단서를 알 수 있다. 여기에 덧붙여 환자는 자신의 연주 특징 및 일정, 예전에 치료받은 이력, 일반적인 건강 상태에 대해 의사에게 알려 주는 것이 좋다.

### 신체검사

음악가는 손 전문의에게 한쪽 손이나 아래팔에 대해서만 불편을 느껴 그 부위에 대해서만 불만을 털어놓을 수 있지만, 건강진단을 할 때는 양쪽 팔은 물론 등도 포함시킬 필요가 있다. 아울러 음악가의 자세도 검사받아야 한다. 근육의 힘이 얼마나 부족한지 알아내기 위해 도수(徒手) 근력 검사(MMT)를 실시하는데, 여기에는 손 내재근이 포함되며 양쪽 손 근육을 전부 검사해 서로 비교해 보아야 한다. 또한 의사는 목과 팔의 신경 압박 테스트를 진행하기를 원할 수도 있다. 철저하게 검사하기 위해서는 능동적·수동적으로 움직일 수 있는 범위, 관절 이완, 과운동성 역시 중요하게 살펴야 하는 요소다.

### 악기 검사

환자가 악기를 연주하는 상태에서 검사를 진행할 수 있다면, 의사는 최상의 치료를 제공하는 데 도움이 될 소중한 정보를 얻게 될 것이다. 이때 환자는 앉은 자세든 서 있는 자세든 상관없이 의사의 평가를 받게 된다. 상당수 음악가는 어렸을 때부터 트레이닝을 시작했을 음악가의 신체 발달의 비대칭성, 악기에 대한 신체 적응도 등에 대한 검사를 받게 되는데, 검사자는 신체 근육이 과도한 긴장 상태에 있는지, 지나치게 구부러져 있는지 등을 가늠하게 된다. 음악가는 자신의 손목이 얼마나 구부러져 있는지, 또는 연주할 때 손목을 어느 정도로 펼치는지 전혀 모를 수 있지만, 의사는 이를 정확하게 관찰할 것이다. 바이올린 및 비올라 연주자는 고음역을 연주할 때 손목을 과다하게 굽힐 수 있다. 또한 기타를 몸 아래로 너무 낮춘 상태에서 연주하면 손목을 과도하게 구부릴 수 있다. 플루트 연주자는 악기를 연주하는 동안 왼쪽 손목을 과신전(過伸展)시킬 수도 있다. 이밖에도 음악가의 위험한 자세는 많다. 음악적 기교를 부리는 행위 자체는 문제될 것이 없지만, 부적절한 연주 기법은 부상의 주요 원인이다.

## 흔히 받는 진단들

### 신경 압박 증후군

말초신경이 압박을 받는 상황은 연령과 직업에 상관없이 나타날 수 있지만, 특히 프로페셔널 음악가가 이러한 위험에 놓일 가능성이 높다. 손에 이르는 신경의 길이는 거의 3피트*나 된다. 이 신경은 목에서 시작해 손가락 끝까지 다다른다. 신경에 외부 압력이 가해지면, 손이나 팔의 비특이성 통증에서 국소 통증, 저림, 얼얼함에 이르는 여러 증상으로 이어진다. 상지에 발생하는 신경 압박은 목이나 척추, 흉곽의 출구 부분(흉곽과 쇄골 사이에 있는 부위), 팔꿈치, 손목에서 비롯될 수 있다.

### 척골 신경 포착

척골 신경은 척골 끝 부위에 있는 팔꿈치 내부에 위치하고 있다. '척골 신경 포착' 증상에는 팔꿈치 통증이나 불편한 느낌이 포함되며, 종종 새끼손가락에 저림 증상이 퍼져나가는 상황이 수반된다. 또한 해당 손의 기능이 약화되거나 아예 상실되는 일이 발생할 수 있다. 팔꿈치를 과도하게 또는 반복적으로 구부리면 신경을 압박할 수 있다. 또한 손가락과 손목을 구부리게 하는 근육은 척골을 에워싸고 있기 때문에, 과도하게 긴장을 주거나 손목을 지나치게 구부리

* 91.44센티미터에 해당하는 길이

는 행위 역시 척골을 압박할 수 있다.

### 수근관 증후군

'정중신경'은 손에 감각을 제공하는 또 하나의 주요 신경이다. 정중신경은 엄지손가락, 집게손가락, 가운뎃손가락, 그리고 넷째손가락 제1지 부분의 근육과 감각을 조절한다. (넷째손가락의 제3지 부분과 새끼손가락의 감각은 척골 신경이 제공한다. 척골 신경에 대해서는 앞에서 설명했다) 손목에는 정중신경이 지나가는 '관'이 있는데 손목을 과도하게 구부리거나 펴면 수근관 내부의 압력이 증가할 수 있다. 이는 '수근관 증후군'의 원인이 될 수 있다. 수근관 증후군은 손목 및 손가락 저림 증상의 원인이 된다(수근관 증후군은 9장에서 자세히 다룬다).

### 근골격통과 과사용 증후군

공연 예술가와 음악가가 치료를 받으려고 적극 나서는 이유는, 단연 근육 및 힘줄에 문제가 발생했기 때문인 경우가 가장 흔하다. 음악가는 엄지손가락의 드퀘르뱅(de Quervain) 건염, 팔꿈치의 내측 및 외측 위관절융기염, 손의 협착윤활막염 또는 '방아쇠 손가락*' 같은 공통 힘줄 부위의 염증이 발전할 수 있다. 이러한 문제는 대개 치료를 받으면 좋은 결과로 이어진다.

---

* 손가락을 움직일 때 딸깍 소리가 나면서 펴지는 질환

독자 여러분은 의사로부터 팔, 어깨의 근육은 물론 핵심 몸통 근육이 약화되면 손과 아래팔의 과도한 긴장 및 통증으로 이어질 수 있다는 설명을 듣고 깜짝 놀랄지도 모른다. 이를 방지하기 위해 가벼운 운동과 더불어, 여기에 보다 가벼운 형태의 상체 조절 프로그램을 첨가할 수 있다. 음악가에게 익숙할, 물리치료사나 작업치료사가 실시하는 치료는 물론이고 알렉산더나 휄든크라이스 요법을 함께 활용하변 근육의 과도한 긴장을 최소화할 수 있다. 이 같은 방법을 활용하면 아주 성공적인 결과가 나온다는 점이 입증되고 있다.

### 국소성 근긴장 이상

'국소성 근긴장 이상(focal dystonia)'은 직업 경련 또는 '작가의 경련'이라는 명칭으로도 알려져 있다. 국소성 근긴장 이상은 근육을 제대로 통제하는 기능이 부지불식간에 상실되는 것이 특징인 증상으로, 이에 대한 원인은 아직 제대로 밝혀지지 않은 상태다. 대개 이 증상은 악기 연주 같은 특정 기술을 활용한 동작을 하는 동안 별다른 통증 없이 근육 통제 기능이 상실되는 것으로 설명된다. 아직 원인이 밝혀지지 않은 상황이기는 하지만, 일부에서는 고도로 복잡하고 조직화된 동작을 장기간에 걸쳐 반복하면, 특정 동작을 위해 꼭 필요한 특정 신경이 손상을 입을 수 있다고 믿는다. 국소성 근긴장 이상을 앓는 음악가는 오직 악기를 연주할 때만 어려움을 겪는, 반면 타이핑 같은 다른 업무를 하는 데는 전혀 지장이 없을 수 있다.

대부분 국소성 근긴장 이상은 까다롭거나 새로운 악절을 격렬하게 또는 오랫동안 연습하는 동안, 아니면 그 이후에 증상이 발전한다. 아울러 새로운 연주 기법을 익히려 시도하거나 악기를 다른 것으로 바꿀 때 증상이 발전하기도 한다. 일반적으로 새끼손가락과 넷째손가락이 국소성 근긴장 이상을 앓기 쉽지만, 밴조 및 기타 연주자의 경우는 집게손가락과 가운뎃손가락에 병이 생길 수 있다. 어느 손가락이 국소성 근긴장 이상 증상을 보이든 상관없이, 이 병을 앓는 손가락은 둥글게 감기거나 부지불식간에 힘이 들어가는 증상을 보인다. 이 증상은 드물게 발생하는 편이기는 하지만, 일부 유명 음악가가 앓고 있기도 하다. 최근에는 저명한 피아노 연주자 몇 명이 국소성 근긴장 이상 때문에 자신의 연주 경력이 바뀌는 상황을 맞이하기도 했다. 레온 플라이셔(Leon Fleisher)도 그중 한 명이다(그림 5.1.).

© 그림 5.1. 피아니스트 레온 플라이셔

플라이셔는 국소성 근긴장 이상에서 벗어나기 위해 수많은 의학 처방과 치료를 시도했지만, 전혀 차도가 없었다. 그는 더 이상 공연 활동을 할 수 없게 되자 크게 낙담했으며, 결국 가르치는 일로 방향을 전환했다. 그러던 어느 날, 플라이셔는 왼손으로만 연주하도록 되어 있는 작품을 발견했다(오스트리아 빈 출신의 부유한 피아노 연주자 파울 비트겐슈타인(Paul Wittgenstein)의 의뢰로 탄생한 작품이다. 비트겐슈타인은 1차 세계대전 중 오른 팔을 잃었다). 플라이셔는 이 곡으로 공연 활동을 일부 재개했다.

그는 오른손 근육의 경련 현상을 약화시키기 위해 '보톡스(박테리아에서 만든 약물인 보툴리눔 독소의 상품명이다. 보툴리눔 독소를 근육에 주입하면 근육은 일시적으로 마비되거나 약화된다)'를 사용했으며, 아울러 롤핑(rolfing. 근육을 깊숙하게 마사지하는 요법)도 병행했다. 이를 통해 플라이셔는 오른손을 일부 다시 사용할 수 있게 됐다. 1995년 클리블랜드 오케스트라와 협연할 때는 두 손을 전부 활용해 공연했다. 그는 현재도 공연 연주는 물론 제자를 가르치는 일을 하고 있다.

## 연주에 복귀하다

공연 음악가를 치료하는 일은 프로 운동선수를 치료하는 것과 유사하다. 즉 첫 단계는 통증의 원인을 진단하고 치료한다. 두 번째 단계는 음악가를 무대로 복귀시킨다. 음악가는 악기로부터 멀어지는 상황에서 비롯되는 정서적 스트레스 때문에, 병세가 호전되기 시작하자마자 서둘러 연주에 달려드는 경우가 종종 있다. 하지만 진정으로 치유하려면 점진적이면서도 체계적인 계획을 세워 연주 시간을 조금씩 늘려나가는 과정이 반드시 필요하다. 회복이 불완전한 상태에서 무대에 서면 부상을 추가로 입을 우려가 있다. 치료를 너무 빨리 진행하려는 충동을 최소화하면서 연주로 복귀하는 스케줄을 음악가, 의사, 치료사가 힘을 합쳐 짜야 한다.

이상적인 연주 복귀 스케줄을 다룬 연구는 아직 없지만, 많은 이는 연습 스케줄을 연주 시간과 휴식 시간으로 나누면 최상의 결과를 낳을 것이라고 여긴다. 통증이 일어날 때까지 연주 시간이 지속되어서는 절대 안 된다. 대개 연습 시간을 1시간 단위로 쪼개는 것이 좋으며 각 세션을 시작할 때는 5~10분간 대근육근을 활용하는 준비운동을 해야 한다. 준비운동을 마친 뒤에는 연습을 시작하는데, 대개 5분 동안 지속된다. 다음 단계로는 머리와 몸을 식히는 시간, 즉 악기에서 벗어나는 시간을 가진다. 이렇게 1시간 단위로 실행하는 연습 시간 중간에 휴식을 취해야 한다.

처음에는 이러한 연습 주기를 하루에 한 번씩만 진행하고 치유에 진전이 있으면 연습 주기를 하루에 한 번 이상 반복할 수 있도록 해야 한다. 연습을 통증 없이 2~3주기 진행할 수 있게 되면, 연주 시간은 통증을 겪지 않는 조건에서 3~7일마다 3~5분씩 늘릴 수 있다. 10분 간 준비운동, 40분간 연주, 10분간 머리와 몸을 식히는 시간으로 구성된 1시간 연습 스케줄을 소화하는 것이 종착점이다. 1시간 내내 통증을 전혀 느끼지 않으면 비로소 성공이다.

우리가 어린 시절에 들어 익히 알고 있는 거북이와 토끼의 경주 이야기는 치유와 재활 측면에서도 사실과 부합된다. 즉 '천천히 꾸준하게 달리면 경주에서 이긴다.'

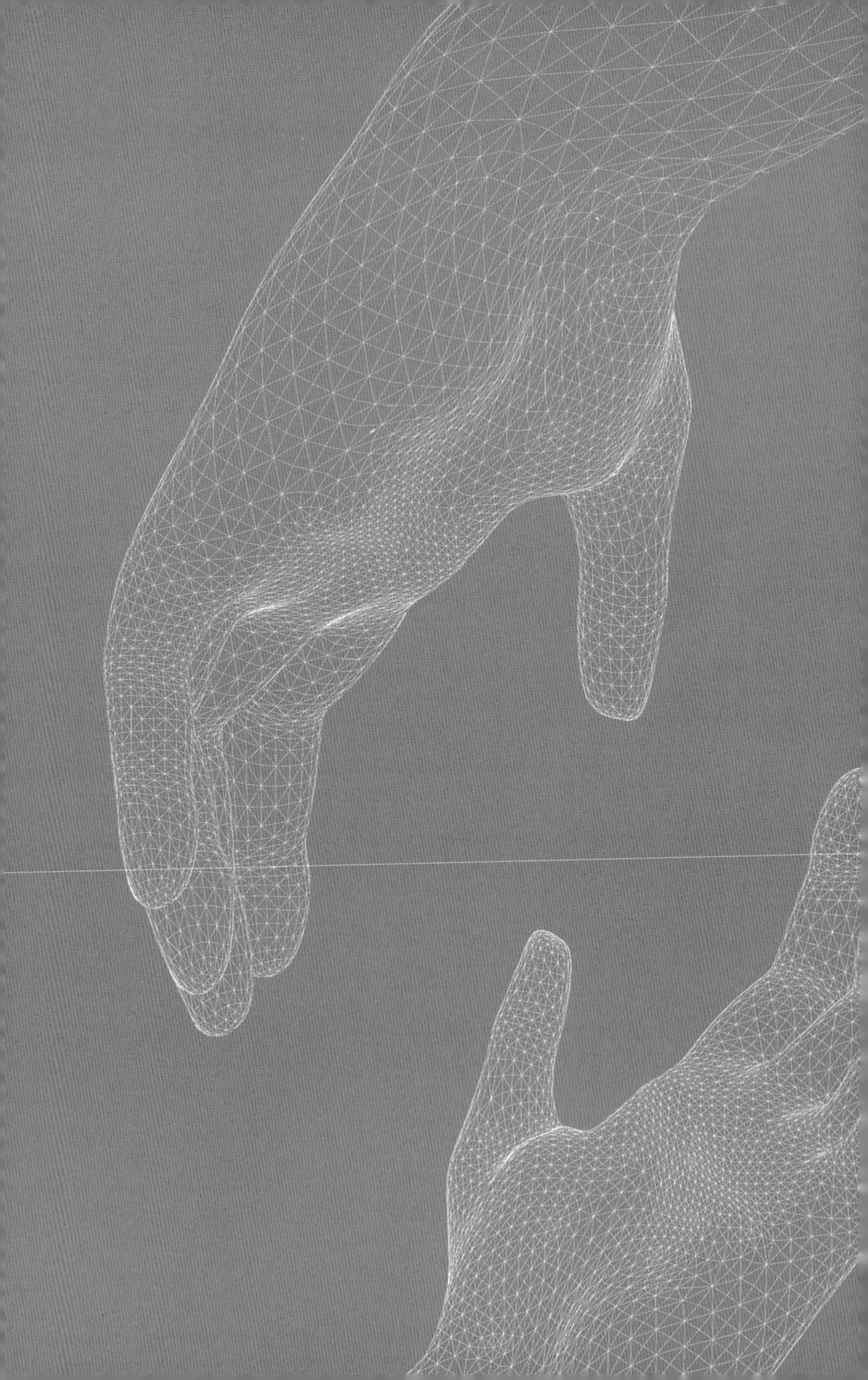

6장

# 말하는 손: 미국의 수화

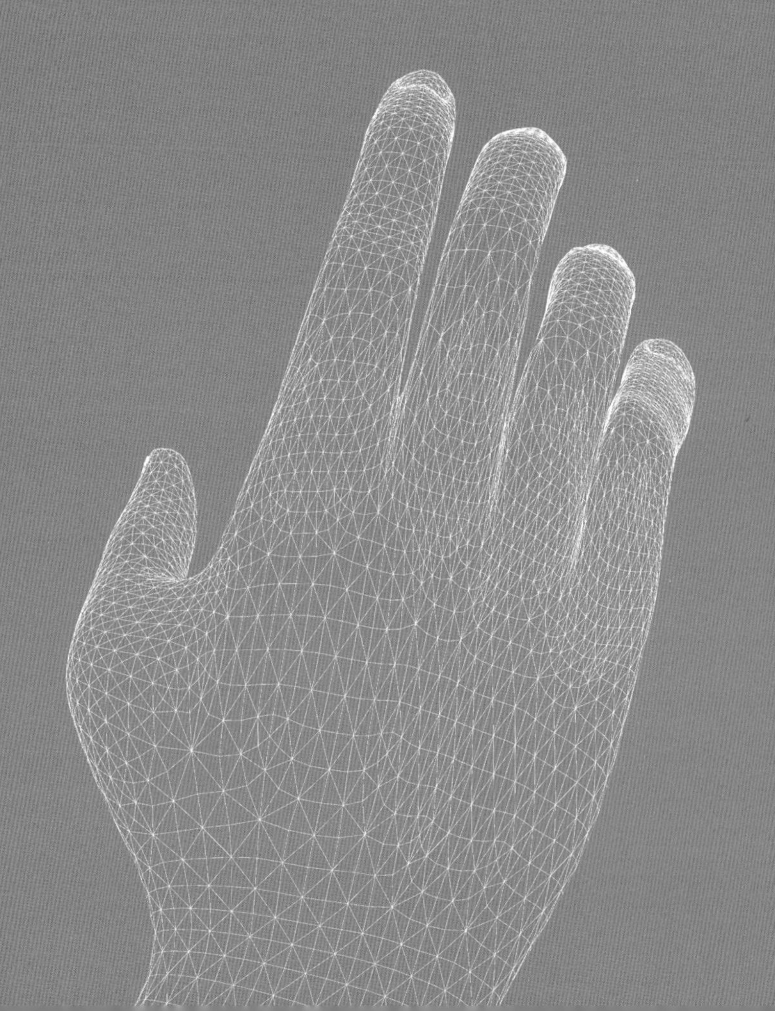

# 말하는 손: 미국의 수화

물리치료사 겸 공인 손 치료사 **레베카 J. 선더스**

그레이스 벤험(Grace Benham)은 선천적으로 귀가 들리지 않았다. 하지만 그녀가 극복해야할 상황은 청각장애뿐만이 아니었다. 그레이스는 심장에 결함이 있었으며 척추 기저에 낭종*도 있었다. 이 때문에 그녀는 서 있거나 걷는 행동이 힘겨웠다. 그런데 귀먹은 아동인 그레이스에게는 절박한 문제가 또 하나 있었다. 바로 그녀에게는 '요골 무형성증(radial aplasia)'이 있었다. 요골 무형성증은 선천성 증상으로, 오른손 엄지손가락은 물론 요골(손목에서 팔꿈치에 이르는 두 개의 뼈 중 하나. 그림 1.1.의 A)도 없다는 것을 뜻한다. 두 손이 기능을 완전히 발휘

---

* 주위 조직과 뚜렷하게 구별되는 막과 내용물을 지닌 주머니 모양의 물혹

하지 못하기 때문에, 그레이스는 의사소통을 하기가 더욱 어려웠다.

그레이스는 어느 부부에게 입양됐는데, 다행히도 그들은 그녀가 앓는 청각장애를 포함한 신체적 문제들이 삶을 충실하게 사는 데 절대 심각한 지장이 되지 않는다고 여기고 있었다. 실제로 그레이스의 양어머니인 낸시 벤험(Nancy Benham) 박사는 농아 학교에 재직했다. 그녀는 "귀가 먹었다고 해서 문제될 것은 전혀 없다."라고 굳게 믿었다. 벤험 박사는 그레이스가 언어를 습득할 것이라는 점을 잘 알고 있었다. 그녀는 "우리는 가정에서 그 언어를 활용했다."라고 언급했다. 여기서 '그 언어'란 바로 미국식 수화(American Sign Language, ASL)다.

그레이스가 지닌 심장 결함은 생후 6개월이 됐을 때 교정됐으며 척추에 있던 낭종은 2세 때 제거됐다. 하지만 엄지손가락 문제는 여전히 남아 있었다. 미국식 수화에서 사용되는 단어와 글자 중 상당수는 엄지손가락을 반드시 활용하기 때문에, 그레이스에게 엄지손가락이 없다는 사실은 부모와 또는 다른 사람과 '대화'를 나누지 못한다는 것을 의미했다.

벤험 부부는 손의 모양을 고치고 집게손가락을 엄지손가락의 위치로 옮겨 엄지손가락 역할을 하도록 만드는 손 외과 전문의가 몇 명 있다는 이야기를 들었다. 이 수술 절차는 '엄지화수술'로 알려져 있다(엄지화수술은 2장에서 자세히 다룬 바 있다). 결국 벤험 부부는 마크 배래츠(Mark Baratz) 박사를 찾아갔다. 당시 배래츠 박사는 펜실베이니아주 피츠버그에 위치한 엘러게니 종합병원에서 손 정형외과 전문의로 재직 중이었다.

의대생 시절 수화를 공부한 적이 있는 배래츠 박사는 2005년 9월 그레이스와 부모를 처음으로 만났다. 배래츠 박사는 이렇게 말했다. "저는 다양한 유형의 엄지손가락 재건 수술, 엄지손가락 재조정 수술을 많이 진행해보았습니다. 아동에게 정말 흔하게 실시되는 수술이지요. 그런데 그레이스 같은 사례는 제가 처음 겪어 보는 수술이었습니다. 그레이스는 말을 못하고 듣지도 못하는 아동이었으니까요. 이런 경우 손은 식사, 놀이, 일 뿐만 아니라 의사소통 기능도 필요했습니다." 배래츠 박사는 이렇게 언급했다. "제 입장에서 말하자면, 상당히 위험한 수술이었습니다."

다른 외과적 대안은 있는지 벤험 부부와 논의한 뒤, 결국 엄지화 수술 절차를 포함시키기로 결정했다. 그레이스의 오른손 집게손가락은 수술을 통해 새로운 엄지손가락으로 재탄생될 것이었다. 오른손의 나머지 세 손가락은 그냥 놔두기로 했다. 수술 후 그레이스는 거의 1년 동안 오른손에 깁스나 부목을 장착하고 있어야 했지만, 그렇다고 해서 낙담하지는 않았다. 그레이스는 다른 아이와 마찬가지로 계속 놀고 배우며 하고 싶은 욕망을 거리낌 없이 표현했다. 그레이스의 부모, 의사, 교사 모두 수술이 성공적이라는 데 동의했다.

마침내 그레이스의 주목할 만한 사연은 뉴스를 통해 알려졌다. 2007년 『피츠버그 포스트-가제트(Pittsburgh Post-Gazette)』지의 댄 메이저스(Dan Majors)는 한 어린 소녀가 새로운 언어를 습득하기 위해 밟아야 했던 여정을 기사로 썼다. 태어나자마자 수많은 시련과 도전에 직면한 4살짜리 아동이 보여 준 회복력을 다룬 이 기사는 독자의 마음을 사로잡았다. 기사에는 그레이스가 다니는 학교에서 조정자로 재직하던 매리 앤 스테프코(Mary Ann Stefko)의 인터뷰도 포함되어 있었다. 스테프코는 자신이 목격한 그레이스의 변화 과정을 자세히 설명했다. "처음에 그레이스는 아주 얌전했고 조심스러웠습니다. 의사 표시를 할 때도 상당히 머뭇거렸지요. 하지만 학교를 계속 다니면서, 그레이스는 점차 소녀다운 모습을 완벽하게 꽃피우기 시작했습니다. 정말 꽃이 활짝 피어나는 광경을 지켜보는 것 같았어요."

그레이스는 날이 갈수록 의사 표시에 대한 열정을 보였으며 두 손을 활용하려는 의지도 무척 불타올랐다. 머지않아 그녀는 자기 또래보다도 훨씬 빠르게 미국식 수화를 습득했다. 스테프코가 지적한 대로, 그레이스는 "아마도 일반적인 4살짜리 아이들보다 조금 앞서 나갔"던 것 같다.

오늘날 거의 2천9백만 명이나 되는 미국인이 전혀 들리지 않는 수준의 청각장애를 지닌 것으로 분류된다. 청각장애는 단순히 의학 질환이 아닌, 그 이상의 의미를 띤다. 청각장애는 특유의 문화 정체성을 나타내기도 한다. 청각장애인들은 그들만의 전통, 관심사, 행동을 지닌 사회언어학적 소수 집단을 이룬다. 그들에게는 다른 곳에서는 볼 수 없는 독특한 언어가 있다. 이 언어가 바로 수화로, 반드시 손을 사용해야 하는 의사소통 방식이다(그림 6.1.).

청각장애의 정도와 유형은 아주 다양하다. 일반적으로 청각장애인들의 커뮤니티에서 개인을 지칭하는 용어는 두 가지가 있다. 바로 '귀먹음(deaf)'과 '난청(hard of hearing)'이다. (사실 귀먹은 사람들의 커뮤니티에서는

◎ 그림 6.1. 미국식 수화로 '나뭇잎'이라는 단어를 표현하고 있다.

'청각장애(hearing impaired)'라는 용어를 별로 선호하지 않는다. 그들은 귀가 안 들리는 증상을 절대 장애라고 믿지 않기 때문이다.) 귀먹은 사람들 대부분은 청력이 일부 남아있다*. 잔청마저 없는 사람은 중증 난청 또는 귀가 완전히 먹은 것으로 간주된다. 독자 여러분의 가족이나 친구들로부터 알 수 있듯이, 귀먹은 사람은 주변 환경의 소리를 증폭시키는 기구인 보청기를 사용할 수 있다. 하지만 귀먹은 사람은 보청기를 통해 사람이 하는 말을 듣지는 못한다. 그래서 귀먹은 사람에게는 손의 기능을 완전히

* 이를 잔청(殘聽)이라고 함.

활용하는 것이 중요하다. 손은 귀먹은 사람에게 의사소통이라는 가장 중요한 수단을 제공하기 때문이다.

캐럴 패든(Carol Padden)과 톰 험프리스(Tom Humphries)는 그들의 저서 『미국의 귀먹은 사람들: 문화로부터 나오는 목소리(Deaf in America: Voices from a Culture)』에서 'deaf'와 'Deaf'의 차이를 설명하고 있다. 소문자 'deaf'는 소리가 들리지 않는 청각적 증상을 의미한다. 반면 대문자 'Deaf'는 자신들만의 문화와 미국식 수화를 공유하는, 귀가 들리지 않는 사람들로 이루어진 집단을 지칭한다.

또한 귀먹음 증상은 청력을 언제 상실했는지를 기준으로 분류된다. 이를 바탕으로 하여 '언어 습득 전(pre-lingually) 귀먹음', '언어 습득 후(post-lingually) 귀먹음', '나이 들어 귀먹음(late-deafened)'으로 나뉜다. '언어 습득 전 귀먹음'은 말 그대로 언어를 습득하기 전에 청력을 잃은 사람을 의미한다. 또한 '언어 습득 후 귀먹음'은 언어를 습득한 이후에 청력 상실이 발생한 경우를 뜻한다. '나이 들어 귀먹음'은 인생 말년에 청력을 잃은 사람을 뜻한다. 이렇게 분류하는 것이 중요한 이유는 귀먹음 증상이 시작된 연령이, 귀먹은 사람이 어떤 의사소통 방식을 주요 방법으로 사용할지에 영향을 끼치기 때문이다.

비록 귀가 안 들리는 아동 가운데 겨우 10%만이 귀먹은 부모로부터 태어나기는 하지만, 이들 아동이 가급적 이른 나이에 수화를 접하면 미국식 수화를 주요 언어수단으로 배울 수 있으며, 아울러 영어를 배우는 데도 도움이 된다. 아기에게 '베이비사인*'을 가르치는 최근 트렌드를 연구한 내용에 따르면, 베이비사인은 언어 발달을 가속화시키며 아이와 부모 모두에게 의사소통 면에서 느끼기 쉬운 좌절감을 크게 감소시키는 것으로 나타나고 있다. 언어 습득 전에 귀를 먹은 아동은 생후 6~8개월부터 수화를 익히기 시작할 수 있다. 이때 대개 3~5가지의 수화 기호를 가르치는 것부터 시작한다. 말하기란 목표를 정하고 하는 것이기 때문에, 대개 단어는 기호와 함께 사용된다. 또한 시선을 마주치고 단어에 강조를 두면, 의미를 전달하는 데 도움이 된다.

인간이 유창하게 언어를 구사하기 위해서는 어린 나이부터, 가급적 학교에 입학하는 나이 이전부터 언어에 노출되기 시작하는 것이 필요하다. 미국식 수화를 배우는 아이의 경우, 나이가 아주 중요한 문제로 떠오른다. 여기에는 수화를 제1언어로 배우느냐 제2언어로 배우느냐는 상관없다. 네이티브 수화자(유아기에 미국식 수화를 배운, 선천적으로 귀가 먹은 사람)는 비(非)네이티브 수화자보다 훨씬 뛰어난 수화 능력을 지속적으로 보여 준다. 이 같은 차이를 통해 미국식 수화를 어린 나이에 접하고 습득하는 것이 대단히 중요하며, 그렇기 때문에 손과 손가락의 재간이 반드시 필요하다는 점을 알 수 있다.

---

* baby sign. 아직 말을 못하는 아기와 의사소통을 하기 위해 서로 주고받는 몸짓이나 표정 등의 신호

## 농교육(聾教育)과 미국식 수화의 역사

프랑스에서 태어나고 자란 로랑 클레르(Laurent Clerc)는 1816년 미국으로 이주했다. 이후 일 년도 되지 않아 그는 미국 최초로 농아를 가르치는 청각장애인이 됐다. 귀먹은 사람들을 위해 이룩한 작업과 성취가 너무도 중요하기 때문에, 클레르는 '미국 청각장애인의 주창자'로 불린다. 그는 1817년 코네티컷 주 하트포드에 개교한 미국 최초의 농아학교(원래 명칭은 '농아의 교육과 가르침을 위한 미국 하트포드 보호 수용소(the American Asylum at Hartford for the Education and Instruction of the Deaf and Dumb)'였으며, 현재는 미국 농아학교(the American School for the Deaf)로 불린다)를 공동으로 설립했다. 아울러 그는 미국 최초로 수화를 구두(口頭)로 교육하자고 제안한 인물이기도 하다. 클레르는 귀먹은 사람들이 수화를 사용하려는 성향을 타고났다는 점을 제대로 이해했으며, 이 같은 이해를 바탕으로 귀먹음을 소수 문화로 바라보는 시각의 기반을 형성했다. 즉 귀먹은 사람들이 이루는 문화는, 주류 문화 한복판에 존재하는 다른 소수 언어 집단과 유사하다고 본 것이다.

프랑스 출신이며 클레르의 친구이자 수화의 옹호자였던 에드워드 마이너 갤러뎃(Edward Minor Gallaudet)은, 클레르가 설립한 하트포드 농아학교에서 교사로 재직했다. 1857년 갤러뎃은 워싱턴 D.C.에 위치한 컬럼비아 농아학교(the Columbia Institution for the Deaf and Dumb)의 교장으로 취임했다. 1864년 미 의회는 에이브러햄 링컨 대통령이 승인한 국립 농아대학(the National Deaf-Mute College) 설립 법령을 통과시켰다. 훗날 이 학교는 종합대학교 승인을 받았으며 갤러뎃 대학교(Gallaudet University)로 명칭이 바뀌었다.

비록 전 세계에서 100여개 이상의 서로 다른 수화가 각각 사용되고 있지만, 특히 미국식 수화는 의미를 전달하기 위해 손짓 기호, 몸짓 언어, 얼굴 표정을 활용하는 시각언어라는 점에서 독창적인 위치에 있다. 미국식 수화는 귀먹은 미국인들이 널리 사용하는 수화다. 여기에는 미국은 물론 캐나다 영어권 지역도 포함된다. 미국식 수화는 구어체 영어와는 완전히 다르며 독자적인 의미론, 구문론, 문법을 갖추고 있다. 미국식 수화는 영어와 스페인어의 뒤를 이어 미국에서 세 번째로 가장 흔하게 사용되는 언어로 꼽힌다.

미국식 수화를 할 때, 수화자는 손 모양, 손바닥 방향, 손을 몸통 사이의 공간에 놓는 위치, 신체 동작, 얼굴 표정 등을 조합해 정보를 표현한다(그림 6.2.). 예를 들어 궁금한 점을 물어볼 때는 눈썹을 치켜올리고 눈을 크게 뜨거나, 아니면 몸을 앞으로 구부리고 얼굴 표정을 활용하는 방법으로 표현한다. 수화 동작을 주로 하는 한쪽 손이 정보를 대부분 전달한다. 나머지 손은 수화 동작을 하는 손을 받치거나 거울 이미지* 역할을 한다.

그러므로 미국식 수화 사용자가 손을 사용하지 못하게 되면 상황이 얼마나 심각할지 능히 짐작할 수 있다. 만약 이런 상황이 실제

* 경상. 좌우 대칭의 상

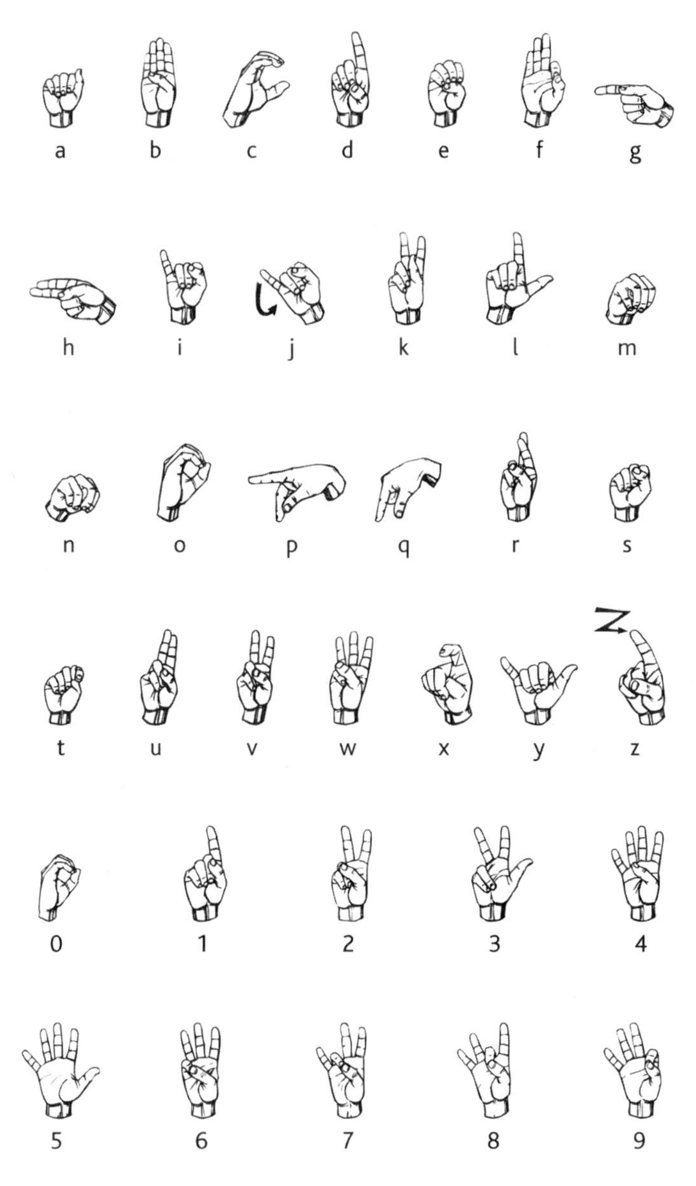


◎ 그림 6.2. 미국식 수화의 알파벳과 숫자

로 발생한다면, 수화는 무척 어렵게 된다. 이는 원래 글씨를 쓰던 손이 아닌 다른 손으로 쓰는 법을 배우는 것만큼이나 힘겹다. 이런 것을 배우는 일은 특히 나이가 많을수록 점점 어려워진다. 독자 여러분은 글씨 쓰는 손의 손목이나 팔이 골절된 경험이 있다면, 다른 손을 활용해 글씨 쓰는 법을 배우는 것이 얼마나 곤란하고 고된지 정확하게 알 것이다.

수화의 다른 형태로는 지문자*가 있다. 지문자는 알파벳 철자를 쓰고 숫자를 전달하기 위해, 손가락의 위치를 다양하게 움직이는 방법을 활용한다. 지문자는 미국식 수화의 일부이며 주로 고유명사, 강조할 내용, 명확성을 필요로 하는 내용, 자세한 설명을 위해 사용된다.

수화 영어(Signed English)는 손을 활용한 또 다른 의사소통 유형이다. 수화 영어는 구어체 영어 단어를, 미국식 수화에서는 사용되지 않는 배열 순서로 기호로 표시하기 때문에 미국식 수화와는 아주 다르다. 수화 영어는 복잡하고 다루기 힘든 유형으로 간주되며, 이 때문에 수화 영어를 사용하는 사람들은 적지 않은 부담을 느낀다. 언어 연구자 어슐러 벨루지(Ursula Bellugi)는 귀먹은 사람들이 각각의 수화 유형이 나올 때마다 처리할 수는 있지만, 메시지 내용을 전체적으로 제대로 처리하는 데는 힘겨워한다고 털어놓았다고 보고했다.

* 指文字. 손가락으로 문자를 표현하는 방법

이렇게 어려움을 느끼는 이유는 일반적으로 단기 기억과 인지 처리에 신경학적 제약이 있는 것이 정상이기 때문이다. 또 다른 연구자인 샘 수팔라(Sam Supalla)는, 오직 수화 영어만 접한 농아가 '수화 영어의 문법 장치를 미국식 수화 또는 다른 수화에서 발견되는 것과 유사한, 순수하게 공간적인 문법 장치로 대체한다'는 사실을 발견했다. 각 언어권마다 고유하게 존재하는 수화는 모두 공간 구조가 아주 유사하며, 반면 수화 영어나 손짓으로 하는 말과는 비슷한 면이 전혀 없다. 그렇기 때문에 귀먹은 사람들의 집단이 있는 곳이라면 어디든 수화는 각각 별도로 진화하며, 구어와는 별개로 발전한다는 사실은 전혀 놀라운 게 아니다.

## 귀가 먹은 상태를 인식하기

'청각장애' 또는 '귀먹음'은 소리를 감지하거나 처리하는 능력이 부분적으로 또는 완전히 감소하는 상태를 뜻한다. 선천성 청각장애 중 50%는 귀가 먹은 원인을 알 수 없다. 하지만 출생 전, 귀를 안 들리게 하는 위험인자가 몇 가지 있는 것으로 알려져 있다. 여기에는 풍진, 거대세포바이러스(CMV, 태아에게 가장 흔하게 나타나는 바이러스 감염이며, 귀가 먹는 주된 원인으로 작용한다), 기타 다른 감염병(특히 톡소포자충증, 헤르페스, 매독, 플루)이 포함된다. 임산부가 불법 마약이나 알코올 중 하나 또는 전부를 소비하는 경우에도 선천성 농아가 태어날 가능성이 높다.

아울러 산모가 청력을 손상시킬 수 있는 약제가 들어간 내이독성 약물을 복용했을 때도 위험하다.

신생아에게 나타나는 선천성 귀먹음 증상은 다음과 같다.

- 큰 소리가 나도 반응이 거의 없다.
- 조용한 방에서 잘 때, 목소리나 다른 소리를 내도 이에 대한 반응이 거의 없다.
- 엄마의 목소리에 반응을 보여 진정하는 모습을 보이지 않는다.
- 생후 6주가 될 때까지 초기 옹알이 같은 아기의 정상적인 소리를 전혀 내지 않는다.
- 생후 3~6개월이 될 때까지 소리가 나는 곳을 전혀 찾지 못한다.
- 생후 6~8개월이 될 때까지 소리가 나는 장난감을 갖고 놀지 못한다.
- 생후 약 6개월이 될 때까지 옹알이를 전혀 하지 못한다.

아기나 아동에게 나타나는 청각장애 증상에는 다음과 같은 상황이 포함된다.

- 큰 소리가 나도 반응을 거의 보이지 않는다.
- 소리를 흉내 내는 행동을 전혀 하지 않는다.
- 생후 1년 동안 자기 이름을 들어도 반응을 거의 보이지 않는다.
- 생후 2년이 될 때까지 입으로 소리를 내는 행동(소리를 흉내 내기, 말과 관련된 놀이를 하기, 또는 두 단어로 된 문장을 말하기)을 전혀 하지 않는다.

- 생후 3년이 될 때까지 간단한 지시도 전혀 이해하지 못한다.

대개 아이가 청각장애를 앓고 있는지 최초로 의심하게 되는 사람은 부모다. 이런 우려가 든다면 즉시 소아과 전문의의 진찰을 받아야 한다.* 발달 및 교육이 지연되는 상황을 막거나 최소화하기 위해서는, 청각장애를 조기에 발견해 치료하는 것이 대단히 중요하다. 여러 연구를 통해, 생후 6개월 이전에 귀가 먹은 상황이 발견되어 적절한 의학 조치를 받은 청각장애 아동의 경우, 생후 6개월 이후 청각장애 사실이 밝혀진 아이보다 언어능력이 현저히 뛰어나게 발달된다는 사실이 밝혀졌다. 청각장애를 앓거나 귀가 잘 들리지 않는 유아 중 상당수는 태어날 때부터 수화를 가르친 경우, 생후 7개월 무렵에는 베이비사인을 활용하기 시작한다.

미국의 경우, 청력 상실 진단을 받는 평균 연령은 약 2세다. 하지만 여러 연구를 통해, 아동들이 심각한 청각장애를 앓고 있는데도 6살이 될 때까지 장애 진단을 받지 않는 경우도 있다는 점이 밝혀지기도 했다. 귀가 먹었거나 난청인 아이는 조기에 진단을 받는 것이 아주 중요하다. 진단을 빨리 받는 만큼 가족은 아이가 시각 언어나 음성 언어, 또는 둘 다 습득할 수 있도록 돕는 자원을 확실하게 마련하기 때문이다. 아울러 조기 진단은 아이가 적절한 의사소통·인

---

* 우리나라도 2008년부터 시작한 영유아건강검진에 따르면 1차(생후 4~6개월)부터 6차(생후 54~60개월)까지 청력 상태를 문진하도록 되어 있음.

지·학습·사회적·정서적 발달에 이르는 데 도움이 된다. 이러한 이유 때문에 미국 국립 농인협회(the National Association of the Deaf, NAD)는 2000년 청각장애의 조기 발견 및 중재안(the Early Hearing Detection and Intervention Act, EHDI)의 통과를 지지했다. 청각장애의 조기 발견 및 중재안 프로그램을 실시하는 목표에는, 모든 신생아를 생후 1개월이 될 때까지 검사하는 것, 아기의 청력 상태를 생후 3개월까지 확인하는 것, 생후 6개월이 될 때까지 귀가 먹었거나 난청인 아기와 가족을 조기 개입 프로그램에 등록시키는 것 등이 포함된다.

미국 국립 농인협회는 태어날 때부터 언어를 습득하는 것이 인간의 권리라고 강조한다. 미국 국립 농인협회는 귀가 먹거나 난청인 유아에게 가능한 한 조기에 미국식 수화를 습득할 기회를 주어야 한다는 것, 여기에 덧붙여 가족이 사용하는 구어에 접촉하고 습득할 기회를 부여해야 한다는 것을 강조한다.

## 귀먹은 사람들의 손이 받는 스트레스

UCLA 의료센터에서 손 정형외과 전문의로 재직 중인 로이 밀스(Roy Meals) 박사는, 손으로 하는 의사소통의 기능적 요구와 결과에 대한 연구를 실시했다. 그와 동료들은 팔이 기형인 청각장애 수화자 15명을 연구 대상으로 선정했다. 이들의 연령은 5세에서 83세에 이르렀다. 밀스 박사와 동료들은 연구 대상자들의 기형이 수화를 하는 데 어떤 영향을 미치는지 밝혔다. 아울러 연구진은 과사용 증후군을 앓고 있는 6명의 수화통역사를 관찰했다. 총 21명의 연구 대상자 가운데, 9명은 부상의 결과로 손가락이 경직되어 있거나 아예 없었다. 기타 다른 문제로는 방아쇠 엄지손가락, 뒤퓌트랑 구축, 새끼손가락의 허혈성 질환 및 통증 등이 포함됐다. 연구자들은 이러한 장애가 수화 패턴이 비교적 느슨한데도 내용의 의미는 최대한 놓치지 않고 담으려는 의지 때문에 일어난다는 사실을 발견했다. 이를 다른 상황에 비유하자면, 어떤 사람이 형편없이 쓴 손 글씨를 읽는다든지, 외국인 억양을 구사하거나 가벼운 목소리 장애를 앓는 사람이 말하는 것을 듣는 상황에 비견할 수 있다.

밀스 박사의 연구 대상 가운데 청각장애인 두 사람은 선천적으로 팔이 결핍되어 있었다. 이 중 한 사람은 양손 모두 요골 무형성증을 앓고 있었다. 즉 한쪽 손에는 엄지손가락이 없으며, 나머지 손에는 저형성 엄지손가락(작고 기능을 완전하게 하지 못하는 엄지손가락)을 지니고 있었다. 이 사람의 수화는 정말 심각한 수준이었다. 즉 아래팔을 회전하는 동작, 손목을 쫙 펴는 동작은 물론 손가락을 유연하게 움직이는 동작이 모두 불가능한 복합적인 문제를 안고 있었다. 다른 연구 대상자는 양손 모두 척골이중기형을 앓고 있었다(그녀의 양손 모두 엄지손가락이 없었으며, 양쪽 팔 모두 아래팔 뼈 하나가 없었다. 이 때문에 손은 특이한 자세를 취했다). 그녀의 한쪽 손은 손가락이 6개였으며, 나머지 손의 손가락은 5개였다. 양쪽 아래팔 모두 경미한 회내(回內, 손바닥 면이 바닥면을 향하고 있는 증상) 상태로 고정되어 있었다. 그녀는 5세 때 엄지손가락 재건수술을 받아야 한다는 판정을 받았다. 당시 그녀는 수화를 하는 데 심각한 장애가 있었으며, 이 때문에 오로지 그녀의 독특한 수화 패턴에 익숙한 가까운 가족들하고만 의사소통을 제대로 할 수 있었다. 그녀의 수화 능력은 양손에 엄지화수술(집게손가락이 엄지손가락 역할을 하도록 위치를 옮기는 수술)을 받은 뒤에 엄청나게 개선됐다. 비록 아래팔을 회전시키지 못하는 바람에, 일부 수화 기호는 여전히 느슨한 형태로 표현하기는 했지만 말이다.

6명의 수화통역사가 지닌 팔과 손의 문제에는 공통적으로 약간의 과사용 염증 증상이 포함됐다. 즉 어깨 윤활낭염, '굴근 건초염(방아쇠 손가락)', '외측상과염(테니스 팔꿉증)', 요측굴증후군, 수근관 증후군 등이다. 이 같은 문제는 교실과 공개연설 상황에서 오랜 기간 동안 적절한 휴식 없이 수화 통역을 하면 악화된다. 시각장애와 청각장애를 모두 지닌 사람을 위해 수화를 하는 경우, 또 다른 차원의 어려움이 부가된다. 이러한 경우, 귀가 먹은 사람은 의사소통을 느끼기 위해 자신의 손을 수화통역자의 머리끝에 놓는다. 누군가가 자신의 몸에 손을 얹은 상태에서 수화를 하다 보면, 아무리 짧은 시간 동안 진행하더라도 팔과 손의 기력이 고갈될 수 있다. 손 외과 전문의와 공인 손 치료사는 이러한 문제를 해결하는 데 도움을 줄 수 있다. 그래서 귀먹은 사람들은 물론 의사소통을 위해 수화를 활용하는 이들에게 중요한 역할을 한다.

⌘

무수한 귀먹은 사람들은 미국식 수화를 사용하면서 행복하고 생산적인 삶을 누리고 있다. 동시에 소리가 들리는 세상은 물론 소리가 들리지 않는 세상에도 문제없이 적응하고 있다. 최근 다양한 영역에서 노력을 통해 뚜렷한 업적을 이룬 유명 미국인 명단을 보면, 청각장애인이 다수 포함되어 있어 무척 인상적이다. 연기에서 저술에 이르기까지, 교육에서 프로 스포츠에 이르기까지, 예술에서 언론매체에 이르기까지, 귀먹은 사람들은 뚜렷한 족적을 남기고 있다. 그리고 그 모든 업적은 그들의 손으로부터 시작됐다.

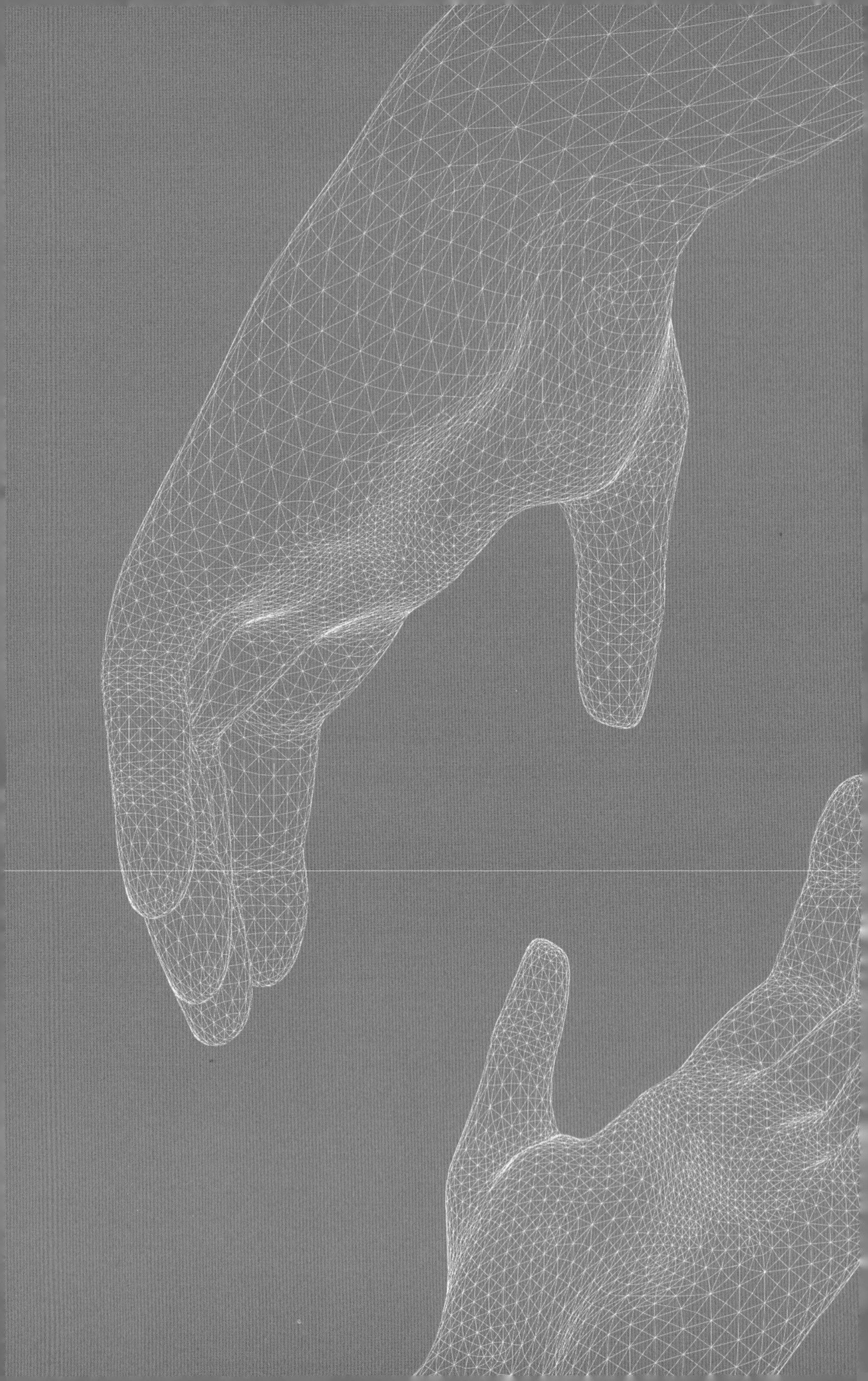

7장

# 가정과 일터에서 입는 손 부상

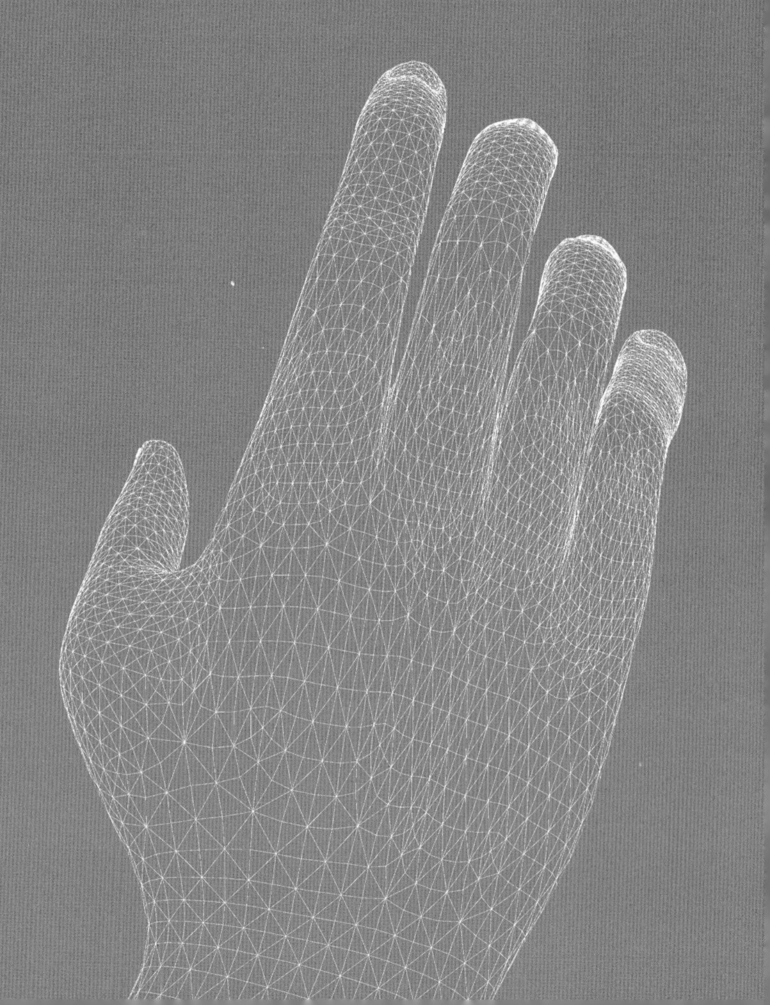

# 가정과 일터에서 입는 손 부상

의학박사 **키스 A. 세겔먼**

1833년 스코틀랜드의 해부학자 찰스 벨 경(Sir Charles Bell)은 『손: 손의 메커니즘 및 명시된 디자인이라는 필수적인 자질(The Hand: Its Mechanism and Vital Endowments as Evincing Design)』이라는 책을 출간했다. 인간의 손에 대한 그의 묘사는 의학과 관련된 글이라기보다는 마치 연애편지를 읽는 듯한 기분이 더 많이 든다. 벨 경은 손을 일컬어 다음 같이 썼다. "손은 아주 아름답게 형성됐으며 몹시 예민한 감수성을 지니고 있다. 이 감수성 덕분에 손은 아주 정확하게 움직이며, 인간이 의지를 통해 보여 주는 노력에 대해 일일이 즉각적으로 반응한다. 마치 손 자체가 의지의 발원지라도 되는 듯 말이다. 손은 강력하게, 아주 자유롭게, 아주 섬세하게 움직여서 본능의 자질을 자체적으로 지닌 것처럼 보인다. 손이 지닌 복잡성을 그저 도구에 불과하다고 여기지는 않는다. 또는 손은 인간의 마음에 종속되는 관계를 이룬다는 생각도 전혀 들지 않는다. 우리는 마치 무의식적으로 호흡하는 것처럼 손을 사용하기 때문이다." 분명 찰스 벨 경은 손이 지닌 놀라울 정도로 아름답고 정교한 특성에 마음을 빼앗겼다. 이는 어쩌면 당연해 보인다.

물론 독자 여러분은 벨 경이 보여 주었던 수준까지 손을 고찰한 적은 없겠지만, 당연히 손이 일상생활에서 발휘하는 무한한 방식이 삶에 얼마나 절대적으로 필요한지 헤아려 볼 수는 있다. 그래서 손에 부상을 입으면 엄청난 재앙에 직면할 수 있다. 만약 뼈가 부러지면 손은 몇 주 동안 완전히 쓸모가 없게 된다. 이밖에도 영구적인 변형에 대한 걱정이 도사리고 있다. 만약 신경이 부상당하면 감각 기능이 손상된다. 신경은 회복될까? 만약 피부가 베인다면 통증 및 감염의 가능성이 나타나며, 아마도 흉터가 영구적으로 남을 수도 있다. 만약 외상성 부상으로 혈액 순환이 바뀐다면, 특히 추운 날씨에 손이 정상적으로 기능할 수 있도록 혈류가 충분히 공급될 수 있을까?

당연히 우리 모두는 부상이라면 어떠한 종류라도 피하고 싶어하지만, 선량한 사람에게도 나쁜 일은 일어날 수 있다. 그러나 손에 심각한 부상을 입더라도 생산적인 삶을 누리는 것이 얼마든지 가능하다. 이 책에서 제시된 수많은 사례에서 알 수 있듯이, 손에 부상을 입은 사람들은 사회 각계각층에서 성공적인 직업 경력과 행복한 삶을 계속 유지하고 있다.

어린 시절에 당한 사고로 손가락 일부를 잃은 도널드 K. 데케 슬래튼(Donald K. Deke Slaton)은 공군 조종사가 됐으며, 훗날에는 우주 비행사가 되어 1970년대에 아폴로-소유즈 호 임무를 수행했다. 1988년부터 1999년까지 소비에트 연방 대통령을 역임한 보리스 옐친(Boris Yeltsin)은, 소년 시절 수류탄을 갖고 놀다가 손가락 두 개를 잃었다.

1903년부터 1916년까지 미국 메이저리그 야구선수로 활동한 모데카이 브라운(Mordecai Brown)의 경우, 그가 주로 사용하는 손에는 손가락이 단지 세 개 밖에 없었다. 더욱이 손가락 모양도 전부 흉했다. 상황이 이렇게 된 것은 어린 시절 탈곡기 사고로 손이 심하게 짓이겨졌기 때문이다. 설상가상으로 그는 트라우마를 극복하는 와중에 추락 사고를 당해 손 부상을 또 입었다. 이 사고의 여파로 손가락 두 개가 영구적으로 마비됐다. 하지만 브라운은 야구 경기를 배웠으며, 결국 커브 볼을 뛰어나게 구사하는 투수로 성공했다.

장고 라인하르트(Django Reinhart)는 손가락이 온전치 못한데도 불구하고 유명한 집시 기타 연주자가 되어 20세기 중반 전 세계적으로 수많은 추종자를 모았다. 그는 18세 때 화재로 왼손 손가락 두 개가 심한 화상을 입는 비운을 겪었다. 이 때문에 손가락은 부분적으로 마비됐지만, 그는 독학으로 새로운 방식의 기타 연주법을 개발했다. 건강한 손가락으로 멜로디를 연주하고 부상당한 손가락은 코드만 짚는 연주법이다.

지금까지 소개한 인물들을 통해, 이 책의 다른 장에서 부각시킨 이들과 더불어 외상성 손 부상을 계속 지니고 살아가는 사람들, 심지어 손가락을 잃거나 변형이 된 사람들이 자신의 문제를 극복할 수 있을 뿐만 아니라, 자신이 직접 선택한 분야에서 탁월한 능력을 발휘할 수 있다는 사실을 잘 보여 주고 있다.

## 손 부상

해마다 손에 부상을 입어 병원 응급실을 방문하는 비율은 전체 사례 중 거의 10%를 차지한다. 가장 빈번하게 입는 부상은 열상(찢김), 타박상, 골절, 감염이다.

사무직에 종사하든 생산직에 몸담든 상관없이, 일을 할 때는 대부분 반드시 손을 사용해야 한다. 미국 근로자의 상당수가 과거 시대와 비교해 육체노동에서 벗어나는 경향을 보이고는 있지만, 심지어 컴퓨터를 사용할 때도 손의 재주, 기동성, 감수성이 필요하다. 우리가 '그저 머리만 좋으면 된다'고 여기는 직업인 연구직, 교직, 문필업 등도 물론 당연히 손을 사용해야 한다. 지금까지 언급한 직업 중 어느 분야라도 손 부상은 일에 적지 않은 지장을 초래한다. 손 부상을 치료하지 않고 놔 두면 기능이 악화될 수 있으며, 만성 통증이 유발되고, 돈벌이가 되는 일을 못하게 될 수 있다.

손과 손목은 27개의 뼈와 여러 신경, 동맥, 정맥, 근육, 힘줄, 인대로 이루어져 있다(그림 1.1.). 손은 복잡한 해부학적 구조를 지니고 있기 때문에, 아무리 사소해 보이는 부상이라도 심각한 장애로 발전할 수 있는 가능성이 농후하다. 그렇기에 신속하고도 적절한 치료가 반드시 필요하다. 치료를 제때 빠르게 해야 장기적으로 장애를 유발할 수도 있을 상황을 막게 된다. 실제로 손에 어떠한 부상을 입더라도 응급처치를 통해 신속한 반응을 이끌어내야 한다. 또한 손에 중상을 입은 경우에는 가급적 빨리 손 전문의의 진단과 치료를 받을 필요가 있다.

## 손에 상처를 입었을 때 나타나는 증상 및 가정에서 치료하는 방법

손 부상의 증상은 부상 유형에 따라 다양하다. 즉 상처가 어떻게 발생했느냐에 따라 다양하다. 아울러 상처의 깊이, 심각한 정도, 위치도 중요한 척도가 된다. 가장 흔하게 발생하는 손 부상은 열상, 골절, 연조직 손상, 절단, 감염, 화상 등이다. 상당수 손 부상은 발생 초기에 가정에서 간단한 응급처치 기술로 치료할 수 있지만, 중상을 입은 경우는 즉시 손 외과 전문의의 진단과 치료를 받아야 한다. 특히 아래 사항에 해당될 경우, 빠른 조치가 필요하다.

- 출혈이 멈추지 않는 경우
- 손가락에 감각이 없는 경우
- 안정 조치를 취하거나 손을 들어 올리거나 얼음을 대어도, 통증이 진정되

지 않는 경우

- 손 모양이 명백히 변형됐거나 절단됐을 경우
- 압통, 국소적으로 온기가 있거나 빨간 반점이 나는 증상, 부기, 고름 배출(pus), 열 같은 감염 징후가 나타났을 경우
- 힘줄, 뼈, 관절, 동맥, 신경처럼 살 내부에 있던 구조가 노출될 경우
- 화상을 입어 피부에 지장을 초래하거나, 화상이 손가락, 손, 손목 주위를 둘러싼 부위까지 이른 경우

## 열상

열상(찢김)은 압통, 통증, 출혈, 무감각, 움직일 수 있는 범위의 감소, 경직, 쇠약, 창백(핼쑥하거나 핏기가 없는 모습) 등을 유발할 수 있다. 가정에서 열상을 치료하려면 아래와 같은 단계를 밟아 나간다.

- 출혈이 멈출 때까지 상처 부위를 꽉 누른다.
- 손을 심장 위 방향으로 들어 올린다.
- 상처 부위의 먼지나 조직 파편을 순한 비누와 물로 부드럽게 씻어낸다.
- 더 이상의 오염을 방지하기 위해 상처 부위를 덮는다(멸균거즈가 이상적이지만 깨끗한 붕대로도 충분하다).
- 못, 갈고리, 칼처럼 커다란 이물질이 박힌 경우 제거하지 않는다. 의사가 제거하도록 한다.
- 찢어진 부위의 길이가 0.5인치*가 넘는 경우, 봉합(바늘로 꿰맴)이 가장 좋은 치료법이다. 봉합은 의사가 해야 한다.

### 골절 및 탈구

골절(뼈가 부러짐)과 탈구는 압통, 변형, 부기, 변색, 움직일 수 있는 범위의 감소, 때로는 출혈을 유발한다. 골절이 의심될 때는 다음같이 조치한다.

- 활용할 수 있는 것이면 무엇이든 손을 고정시키거나 부목을 댄다. 심지어 나무 조각이나 판지라도 테이프를 붙여 고정시키면 도움이 된다.
- 뼈가 노출됐다면(개방 골절 또는 복합 골절), 상처 부위를 물로 씻은 뒤 깨끗한 붕대로 덮는다.
- 얼음이 통증을 줄이는 데 도움이 될 것이다.
- 손 외과 전문의와 연락하거나 가장 가까운 병원 응급실로 간다.

### 연조직 부상 및 절단

연조직이 상처를 입거나 절단됐을 경우는 상당히 심각한 상황이다. 일단 119에 전화를 거는 것부터 시작해라. 그런 다음 아래와 같은 조치를 취한다.

- 출혈이 멈출 때까지 상처 부위를 꽉 누른다.
- 손을 심장 위 방향으로 들어올린다.

---

* 1.27센티미터에 해당되는 길이

- 상처 부위의 먼지나 조직 파편을 순한 비누와 물로 부드럽게 씻어 낸다.
- 추가적 오염을 방지하기 위해 상처 부위를 덮는다. 멸균거즈가 이상적이지만 깨끗한 붕대로도 충분하다.
- 절단된 신체 부위를 회수해 축축한 상태를 유지한다. 그리고 신체 부위를 얼음 근처에 놓아 두어 차가운 상태를 유지한다. 이때 얼음 바로 위에 놓아서는 안 된다. 신체 부위가 얼음과 바로 닿으면 조직이 손상되기 때문이다.

### 감염

손이 감염됐을 때 의학 치료를 반드시 받아야 하는 경우는 과도한 압통이나 온기가 느껴질 때, 또는 두 증상이 동시에 일어날 때, 아울러 빨간 반점이 나는 증상, 부기, 열, 변형, 움직일 수 있는 범위의 감소가 발생할 때다. 이 같은 경우가 일어나면 다음과 같은 조치를 취해야 한다.

- 감염 부위를 청결하고 건조한 상태로 유지한다.
- 손을 심장 위쪽으로 들어올린다.
- 가급적 빨리 손 외과 전문의에게 간다.

### 화상

화상은 가볍거나 심각한 물집을 발생시킬 수 있으며 조직 상실, 빨간 반점, 변색, 압통, 또는 완전히 무감각한 상태로 이어질 수 있다. 화상을 입었을 때 따라야 할 단계를 소개한다.

- 열화상을 입었을 경우: 얼음이 아니라 물로 식힌다. 그런 다음 화상 부위를 덮는다. 피부 화상 부위에 절대로 버터나 윤활유를 바르면 안 된다.
- 화학화상을 입었을 경우: 많은 양의 물로 세척한다.
- 동상에 걸렸을 경우: 신속하게 온수를 담은 욕조에 상처 부위를 담가 온기를 전달한다.
- 어떠한 유형의 화상을 입든, 항상 손 외과 전문의를 가능한 빨리 찾아간다.

## 언제 의료 조치를 구해야 할까

물론 되도록 빨리 의학 치료 방법을 찾아나서야 하겠지만, 많은 경우 집(또는 직장)에서 손 부상을 입으면 즉시 그 자리에서 의료 조치를 취해야 한다.

### 열상 및 타박상

손목 주변이나 손목 바로 위에 열상(찢김)을 입지 않았다면, 대부분은 상처 부위를 꽉 누르고 손과 팔을 심장 위 방향으로 들어 올려 출혈을 조절할 수 있다. 열상 부위 길이가 0.5인치를 넘는다면 의사가 직접 봉합해야 한다. 열상을 입었을 때는 항상 어떤 경우라도 감염이 우려된다. 그렇기 때문에 상처 부위를 적절하게 세척하는 것이 중요하다. 칼로 베인 경우 같은 날카로운 도구에 의한 열상은, 상처 부위를 비누와 물로 부드럽게 씻는 것이 가장 좋은 항균법이다. 이 조치는 집에서도 할 수 있다. 베타딘처럼 요오드가 주성분인 액체가 일반 가정에서 쓰는 물과 비누보다 효과가 훨씬 뛰어나다고 확인된 적은 아직 없다. 또한 알코올이 주성분인 세제를 쓰면 오히려 심한 화상을 유발시킬 것이다. 물과 비누를 활용하지 못할 경우에는 과산화물이 훌륭한 대안이 되며 화상을 유발시키지도 않을 것이다. 상처에 이물질이 박힌 경우에는 감염 위험을 최소화시키기 위해 제거할 필요가 있다. 괴사한 피부도 제거되어야 한다. 응급실에 근무하는 당직 의사가 피부를 어느 정도까지 제거해야 할지 결정을 내리기란 쉽지 않다. 그렇기 때문에 손 외과 전문의가 부상을 진찰하고 판단 내리는 것이 가장 좋다. 팔을 창밖으로 내민 채 자동차를 타고 가다가 발생할 수 있는 찰과상처럼 상처를 입어 상실된 피부 범위가 아주 넓은 경우에는, 손 외과 전문의의 전문적인 진찰과 견해가 반드시 필요하다. 피부 이식을 하거나 피판*으로 상처 부위를 덮는 치료가 반드시 필요할 수도 있다. (피판 치료 절차에 대해 자세히 알고 싶다면 이 장 후반에 나오는 작업장에서 일어나는 절단 사고에 대한 부분을 보라.)

손 외과 전문의는 열상을 진찰하고 판단을 내리면서 신경, 혈관, 힘줄에도 지속적으로 상처를 입을 가능성이 있는지에 초점을 맞춘다. 물론 이렇게 생명 유지에 필수적인 구조에 생긴 부상을 치료하는 일은 가끔 지연되는 경우가 있을 수 있지만, 더 이상 복구가 불

---

* 피하조직 검진이나 상처 입은 부위를 보호하고 이식하기 위해, 피하구조에서 외과적으로 분리한 피부나 다른 조직의 층

가능한 것으로 판단된 뒤에도 치료할 수 있는 절호의 기회는 분명히 존재한다. 응급실 당직 의사는 자신의 전공 분야, 즉 응급의학에 대해서는 능력이 뛰어나겠지만, 손 수술이 필요한지 결정을 내리는 측면에 있어서는 전문적 견해를 지니고 있지 않을 것이 거의 분명하다. 그러므로 반드시 손 외과 전문의에게 손에 입은 부상에 대해 정확한 진찰및 판단을 해 줄 것을 요청해야 한다. (나의 경우, 응급실 당직 의사가 부정확한 정보로 조치를 내린 결과로 치료 시기가 지연된 부상을 치료한 적이 너무나 많다.) 여기서 치료가 지연되면 복구 시기를 놓치게 되는데, 이는 결국 재건이 유일한 선택 방법이 되는 것을 의미하는 경우가 종종 있다. 상황이 이렇게 되면 손이 완전하게 기능을 발휘하기란 요원해진다.

타박상은 피부 아래의 출혈 때문에 발생한다(의학용어로 타박상을 '혈종(血腫)'이라고 부른다). 많은 환자가 혈종의 외양에 심기가 불편해지기는 하지만, 사실 타박상은 생명에 위협이 되지는 않으며 혈종의 치료가 필요한 경우 또한 드물다. 혈종은 대부분 얼음을 대거나 손을 들어 올리는 방법으로, 또는 부목을 고정시키는 방법만으로 치료가 된다. 하지만 엑스레이를 통해서야 정확하게 진단이 가능한 뼈의 골절이 원인이 되어 타박상이 나타나는 경우도 있다.

손에 단순 열상을 입었을 경우 외과적 치료법은 아래와 같다.

- 상처 부위를 마취시킨다. 이때 대개는 국소 마취시킨다.
- 상처를 닦아내고 세척한다.
- 괴사된(죽은) 조직을 제거한다.

- 상처 부위를 복구하거나 봉합한다.
- 필요하다면, 치료한 손이 움직이지 않도록 부목을 고정시킨다.
- 필요에 따라 진통제를 처방한다.
- 필요하다면 파상풍 주사를 놓는다.

단순 열상을 입었을 때, 동물이나 인간이 물어서 상처 난 경우가 아니라면 반드시 항생제를 처방해야 하는 것은 아니다.

**물린 상처**

물린 상처는 대개 동물(일반적으로 개와 고양이다)이나 사람이 가한 것일 수 있다. 물려서 난 상처로 인해 발생하는 주요 합병증은 감염이다. 감염을 막는 데 도움이 되기 위해서는, 반드시 물린 상처 부위를 철저하게 닦아내고 '세척(물로 씻어냄)'해야 한다. 찔린 상처(고양이가 문 경우 등)와 조직이 으깨진 상처(인간과 개가 문 경우 등)는 특히 감염될 위험이 높다. 이때 상처를 봉합하면 감염 위험이 증가하므로, 물려서 난 상처는 거의 항상 봉합 조치를 하지 않은 채 치유되도록 조치할 필요가 있다. 물린 상처 대부분은 항생제 처방이 필요하며, 완치될 때까지 긴밀하면서도 지속적인 관리가 요망된다.

인간이 깨물어 상처가 나는 사례 중 가장 흔한 이유는 바로 싸움이다. 상대방의 치아를 향해 주먹을 날린 결과로 손에 자상을 입게 된다. 이런 종류의 '싸움하다 물린 상처'가 관절 부위(대개는 손가락 관절)에 났다면, 수술실에서만 적절한 조치가 가능한 관절 세척이 꼭 필요할 수도 있다. 동물이 물었을 때 골절(부러진 뼈)이 발생하는 경우는 드물다. 하지만 인간이 깨무는 경우, 관절 면에 상처가 유발되는 경우가 많다.

이런 유형의 부상은 사소해 보일지도 모르지만, 적절한 치료를 받지 않으면 심각한 변형이나 장애로 이어질 수 있으니 각별히 주의해야 한다. 안타깝게도, 사람에게 물리는 부상을 입은 환자 중 상당수는 조기에 치료를 받지 않는데 사실 회복 예후가 아주 좋을 경우에만 이렇게 해야 한다. 사람들은 대부분 감염이 확실하게 발생했을 때야 응급실에 가는 실수를 범한다.

**힘줄에 입는 부상**

손은 굽힘힘줄과 폄근힘줄이 복잡하게 배치되어 있다(그림 1.1.의 B). 손가락 대부분에는 굽힘힘줄이 두 개 있는데, 깊은 굽힘힘줄에 열상을 입으면 그 결과로 (주먹을 쥐기 위해) 손가락을 손바닥으로 이동하는 동작이 불가능해질 것이다. 많은 사람들은 열상을 입은 뒤 통증 때문에 손가락을 움직이는 행위를 꺼려하겠지만, 손가락을 움직이는 동작이 정말로 불가능하게 됐는지 여부는 손 외과 전문의의 진찰과 판단이 필요하다. 최적의 결과를 위해서는, 굽힘힘줄 부상은 상처를 입은 지 7~10일 이내에 수술을 통한 복구가 필요하다.

폄근힘줄에 열상을 입는 경우, 환자가 즉시 알아차리게 되어 있다. 이 경우 손가락을 전혀 펴지 못하기 때문이다. 손가락을 펴려고 시도할 때 쇠약 증상 및 통증이 나타난다면 손 외과 전문의의 진찰을 받아야 한다. 열상이 발생한 뒤에 증상이 지속된다면, "다 잘 될 겁니다."라는 응급실 당직 의사의 견해에 전적으로 따르라고 권하지는 못하겠다. 폄근힘줄에 열상을 입으면 수술을 통한 복구가 반드시 필요하다.

폄근힘줄에 상처를 입는 가장 흔한 유형은, 열상이 아니라 바로 망치 부상('망치손가락' 또는 '야구손가락')이다. 망치 부상이란 손가락 끝이 억지로 굽혀지게 되는 증상이다. 말단 폄근힘줄은 뼈 끝에 있는 부착물에서 벗어나게 되며, 이 때문에 손가락의 말단 부분을 쫙 펴는 것이 불가능하게 된다. 이 같은 유형의 부상을 입어도 수술이 필요한 경우는 별로 없지만, 치료 과정 중에 좌절감을 느끼기 쉽다. 망치손가락 변형을 치료하기 위해서는 8주 동안 손가락 끝에 부목을 대야 한다. 이때 부목은 치료가 완료될 때까지 24시간 내내, 절대 제거하지 않은 상태로 유지해야 한다. 이렇게 하면 증상은 호전되지만, 완전히 교정되지는 않는 경우도 종종 있다.

## 탈구 및 골절

'탈구'는 관절이 정상적인 위치에서 벗어날 때 발생하며, 그 결과 명백한 변형, 통증, 움직임의 감소 등이 나타난다. 탈구가 발생하면, 의사는 분명 골절이 아닌지, 즉 뼈가 부러지지는 않았는지를 확인하기 위해 다친 부위를 진찰할 것이다. 탈구는 관절 주위의 인대가 부상을 입은 결과로 발생한다(그림 1.1.의 A와 B). 인대는 안정성과 이동성을 제공하기 위해 뼈와 뼈를 서로 부착시키는 지지 구조로 되어 있다. 관절은 '정복술'이라는 과정을 통해 예전 위치로 돌아간다. 정복술은 상처 부위의 외부에서 치료하는 방법(비개방 정복술)이나 수술을 통한 방법(개방 정복술)으로 진행될 수 있다. 어떤 정복술을 진행하든, 부목이나 깁스로 상처 부위를 고정하는 치료 시기를 거친 뒤에도 후속 의료 조치가 필요하다. 기능을 보존하고 관절의 안정성을 회복하며 관절염을 방지하는 것이 치료 목표다.

개방 정복술을 실시할 때, 손가락을 마취시킨 뒤에 관절을 부드럽게 다뤄야 한다. 이렇게 하면 분명 관절은 상당히 쉽게 원래 위치로 돌아오게 될 것이다. 의사는 정복술을 시술한 뒤 관절이 안정되도록 확실한 조치를 취해야 하며, 관절이 제대로 정렬되었는지 확인하기 위해 엑스레이를 찍어보아야 한다. 일반적으로 정복술을 여러 번 시술하는 것은 별로 효과가 없다. 만약 의사의 손을 통해 관절을 줄일 수 없다면, 이는 폄근힘줄 같은 구조가 관절에 포착되었음을 의미한다. 이때 문제를 교정하기 위해서는 수술이 필요할 것이다.

상당히 희귀한 유형의 탈구가 일어나는 부위도 있는데, 여기에는 손목 및 가운뎃손가락 관절(근위지간 관절)이 포함된다. 이런 경우는 심지어 개방 정복술을 실시한 뒤에도 광범위한 인대 손상 때문에 불안정한 상태로 남는 탈구를 의미한다. 이 같은 부상을 입으면 관절의 안정성을 유지하기 위해 대개 복합 수술이 필요하다. 정복술 시술이 완료된 뒤에는 대개 부기를 감소시킬 수 있도록 며칠 동안 손가락에 부목을 댄다. 탈구가 발생했을 때, 대부분 경직 때문에 장기간 굉장히 큰 고생을 하는 경우가 많다. 그래서 반드시 수술이 끝난 직후부터 손가락을 움직이기 시작해야 한다. 때로는 안정성을 제공하려는 목적으로 몇 주 동안 두 개의 손가락을 테이프로 한데 묶기도 하는데, 이를 '버디 테이핑'이라고 한다(그림 3.3.). 드물게 일어나기는 하지만 관절이 다시 탈구되는 경우에는, 대개 수술을 받아야 한다.

상당수 사람들은 탈구가 된 뒤 해당 부위가 영구적으로 경직되는 경우가 빈번하게 발생한다. 이때 기능을 되찾기 위해서는 손 치료요법을 받는 것이 필요할 수도 있다. 관절의 부기는 대개 탈구가 된 뒤 3~6개월 동안 지속된다.

손 및 손목 골절(부러진 뼈)은 대개 통증, 변형, 부기, 움직임의 제약 등의 증상을 동반한다. 이런 증상이 나타나는 것이 놀랍지는 않다. 하지만 손 골절과 손목 골절은 동일한 증상이 아니며, 치료 방법은 여러 다양한 요인에 따라 결정될 것이다. 이 요인에는 골절 위치, '변위(뼈의 이동)'의 양, 관절 면이 골절과 관련 있는지 여부 진단, 열상(베임)이 골절과 관련되어 있는지 진단 등이 포함된다.

골절이 일어나도 변위는 되지 않은 경우, 대개는 부목이나 깁스(석고 붕대)로 보호하기만 하면 된다. 골절 부위에 부목을 대는 것(해당 부위의 절반만 깁스를 한다)이 가장 좋으며, 며칠이 지난 뒤 부위를 완전히 둘러싸는 깁스를 하도록 한다. 치료를 이 같은 순서로 해야 하는 이유는, 급성 부상을 당한 뒤 생기는 부기를 감안해 부목을 댈 때 공간을 미리 마련해야 하기 때문이다. 아울러 혈액 순환이 적절하게 이루어지지 못한다든지 신경이 손상되는 상황을 방지하기 위해서도 이 순서를 따라야 한다. 그렇기는 하지만, 부목을 댄다고 해서 합병증이 일어날 가능성이 완전히 없어지는 것은 아니다. 부목이나 깁스를 한 뒤에 무감각, 변색, 꽉 조이는 느낌 등을 겪는다면 가급적 빨리 의사에게 가 보아야 한다.

성인에게 변위된 골절이 일어난 경우, 비개방 정복술(골절 부위를 손으로 다루는 것)로는 좋은 효과를 보기 힘들기 때문에 수술을 통한 치료가 필요하다. 골절이 관절 면에도 일어난 경우에는 거의 항상 수술이 필요하다. 수술을 진행하는 동안, 다음의 두 가지 방법 중 하나의 방식으로 골절을 치료한다. 한 가지 방법은 의사가 손으로 처리하는 것이다. 외과 전문의는 피부를 밀어 골절된 부분을 제자리로 맞춘다. 그런 다음 절개하지 않은 상태에서 핀을 꽂는다. 나머지 방법은 개방 정복술을 시술하는 것이다. 이때 피부를 절개한 뒤, 골절된 부위를 제자리로 놓는다. 그런 다음 골절 부위를 안정시키기 위해 금속판과 나사를 부착한다.

아동의 경우 뼈는 계속 성장하는 상황이며, 특히 성장판에 골절이 발생하기 쉽다. '성장판'은 관절 부근에 위치해 있으며, 여기서 세로 방향(길이)으로 성장하게 된다. 성장판에 부상을 입는 경우 중 일부는 엑스레이로도 나타나지 않기 때문에 진단을 내리기가 어렵다. 성장판 부위에 변위된 골절이 발생하는 경우, 장차 있을 수도 있는 성장 장애를 방지하기 위해 반드시 수술을 통해 치료해야 한다. 성장 장애는 각(角)성장(손가락이 구부러진 상태로 성장하는 것)이나 발육 부진으로 나타날 수 있으며, 이 같은 증상은 뼈가 정상보다 짧아진 결과로 이어진다.

### 절단

손가락이나 엄지손가락의 상실(절단)은 손의 주요 기능을 잃어버리는 결과로 작용할 수 있다. 손가락을 재부착하는 수술(재접합술)은 까다로우며, 성공하더라도 손의 기능이 정상적으로 회복되는 결과로 이어지지는 않는다. 심지어 재접합술을 성공적으로 마친 뒤에도 환자는 일부 영구적인 무감각, 차가운 감각, 경직 증상을 계속 겪는다. 재접합술이 성공할 확률은 약 85%다.

외과 전문의가 재접합술을 시도하려는 의향을 좀 더 뚜렷하게 보이는 경우는 다음과 같다. 즉 아동의 손가락이 절단된 경우, 또는 엄지손가락이 상실된 경우, 혹은 손가락 몇 개가 절단된 경우, 아니면 손 전체가 절단된 경우다. 손톱 기저(손가락 끝)를 넘어서까지 절단된 손가락을 재부착하는 치료는 기술적으로 가능하지는 않다. 손가락 끝을 재접합 하는 수술은 효과 면에서 논란의 여지가 있다. 재접합술을 받는다고 해서, 수술 고유의 위험성을 환자에게 제대로 납득시킬 수 있을 만큼 손가락의 기능 회복이 항상 좋은 방향으로 이루어지지는 않기 때문이다. 재접합술을 통해 궁극적으로 손가락 기능이 얼마나 회복되느냐의 문제는, 대개는 절단이 어느 수준으로 발생했느냐에 달려 있다. 예를 들어 PIP관절(그림 1.1.의 A)과 DIP관절 사이, 즉 두 개의 중수지 관절 사이가 절단되어 재접합술을 시행하는 경우에는 대체로 결과가 좋다. 손가락과 손이 접하는 부분이 절단된 경우에는 재접합술을 시술해도 대개 손가락이 경직되는 결과가 나온다. 외과 전문의는 이 복잡하면서도 시간을 잡아먹는 수술을 실시하면 과연 얼마나 유용한 결과가 나올지에 대해 환자와 논의해야 한다. 엄지손가락의 경우 절단 수위에 관계없이 재접합술을 실시하면 대부분 좋은 결과가 나온다.

부상을 어떤 방식으로 당했는지의 문제는 재접합술이 성공적으로 이루어질지를 가늠하는 데 주요 요인으로 작용한다. 으깨지거나 찢어지는 부상이 발생했을 때 피부가 찢어진 곳, 이른바 '상처 지대'보다는 좀 더 광범위한 부위에서 생명 유지에 필수적인 조식(동맥, 정맥, 신경, 힘줄)이 손상되는 경우가 훨씬 많이 발생한다. 상처 지대가 커지면, 상처 난 구조를 이식을 통해 치료해야 한다. 하지만 수술이 성공할 가능성은 줄어든다. 또한 담배를 피우는 사람의 경우, 재접합술이 성공할 가능성은 훨씬 낮다. 흡연은 모세혈관의 성장을 위태롭게 하기 때문이다. 절단된 부위를 적절하게 조치했다면, 부상당한 뒤 24시간 안으로 재접합술을 시술하면 성공적인 결과를 얻을 수 있다. 그런데 절단된 부위를 적절하게 냉각시키지 않은 경우에는 부상이 일어난 뒤 6시간이 지나면 재접합술이 불가능하게 된다.

환자가 회복되어 일터로 복귀할 수 있을 때까지 걸리는 시간은, 재접합술만 받았느냐 또는 '절단 완수(completion of amputation)'도 받았느냐에 따라 차이가 엄청나게 난다. 절단 완수란 손상된 손가락을 수술을 통해 단축시키는 것을 의미한다. 재접합술을 시도할지 결정할 때 환자는 수술 성공 가능성, 상처의 특성, 의료진의 상황, 환자 직업상의 필요성을 기준으로 의사의 도움을 받아 수술 여부를 결정해야 한다.

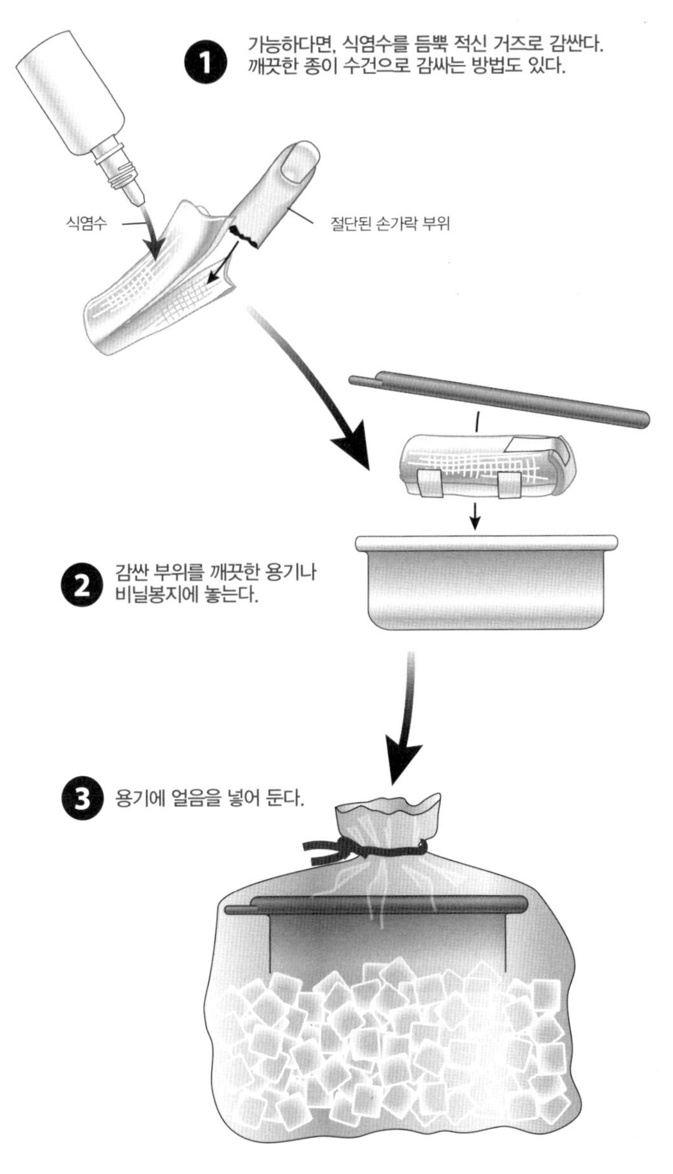

1
가능하다면, 식염수를 듬뿍 적신 거즈로 감싼다.
깨끗한 종이 수건으로 감싸는 방법도 있다.
식염수
절단된 손가락 부위
2
감싼 부위를 깨끗한 용기나
비닐봉지에 놓는다.
3
용기에 얼음을 넣어 둔다.


◎ 그림 7.1. 잘린 손가락 부위를 재접합술이 가능하도록 보존하는 방법

절단된 손이나 손가락을 회수할 수 있다면, 다음과 같은 방식으로 다루어야 한다. 식염수를 구할 수 있다면, 절단된 부위를 식염수에 듬뿍 적신 거즈에 놓는다. 식염수를 구할 수 없다면, 절단된 부위를 심지어 종이 수건이라도 좋으니 깨끗한 물건으로 감싸야 한다. 그런 다음 절단된 부위는 용기, 비닐봉지, 또는 깨끗한 플라스틱 음식 용기에 넣고 밀봉한다. 그런 다음 용기에 얼음을 놓아 두어야 한다(그림 7.1.). 이때 절단된 부위와 얼음이 직접적으로 닿아서는 안 된다. 부위가 동결되면 조직이 손상될 것이기 때문이다.

절단은 대부분 손톱바닥 말단에서 발생하며, 재접합술이 어려운 경우가 많다.* 손가락 바로 끝이 절단되고 뼈가 노출되지 않은 경우, 드레싱 교환**을 통해 치료할 수 있다. 절단으로 광범위한 피부 영역은 상실됐지만 뼈는 노출되지 않은 경우에는 피부 이식을 진행할 수도 있다. 뼈가 노출된 경우에 선택할 수 있는 치료법은 '절단 교정술(손가락을 단축시켜 상처를 봉합하는 것)', 국소 피부 전진술, '교차 손가락 이식술(부상당하지 않은 손가락의 피부를 순환하기 위해 인접한 손가락을 얽히게 하는 것)' 등이 포함된다. 손 외과 전문의는 부상의 본질 및 특성과 조직이 손실된 양을 바탕으로 최선의 치료법을 결정할 것이다.

---

* 하지만 최근 일본, 한국, 대만, 중국 등의 아시아권 국가들에서는 재접합술의 성공사례가 많이 나타나는 추세임.

** 상처 부위에 사용하고 있는 거즈 등의 붕대류를 새 것으로 교환하는 것

## 감염

독자 여러분은 손 외과 전문의가 가장 흔하게 치료하는 질환이 감염이라는 사실을 알면 깜짝 놀랄지도 모른다. 손가락 끝 및 손톱 감염은 종종 진료실이나 응급실에서 절개배농술(만약 필요하다면), 항생제 투여, 집중적이면서 세심한 후속 치료로 치료될 수 있다. 손이 감염된 경우 고려해야 할 주요 사항은 액체 집적 또는 '농양'이다. 만약 감염이 피부와 격리된 경우 즉 연조직염*이라고 불리는 상태라면 항생제, 부목, 긴밀한 후속 조치로 치료하면 된다. 농양의 경우는 배농**을 통해 치료해야 한다. 이 치료법은 때때로 '랜싱(lancing)'으로 알려져 있다. 농양이 크거나 신경, 동맥, 인대, 힘줄 등에 가까이 있다면 반드시 수술실에서 치료해야할 일일 수도 있다. 손 감염은 기능이 심각한 수준으로 상실되거나 심지어 심한 경우 절단하는 방향으로 급속하게 진행될 가능성이 있다. 그렇기 때문에 시기적절한 치료가 필수적이다.

## 신경 손상

신경 손상은 대체로 베이는 상처(열상)를 입은 뒤에 발생한다. 물론 으깸 손상으로 인해 손상되지 않은 신경 기능까지 상실되는 경우

---

* 피하 또는 근육이나 내장 주위의, 결합 조직이 거친 부위에 생기는 급성 고름염. 포도상 구균이나 연쇄상 구균에 의하여 일어남. 국소는 빨갛게 붓고 통증이 있음. ≒ 봉소염

** 곪은 곳을 째거나 따서 고름을 빼냄.

도 있다. 손톱판을 넘어 손가락 끝 쪽에 신경 열상이 발생한 경우는 대개 재건될 수 없다. 일반적으로 재건술은 수술실에서 고출력 현미경을 사용하며 진행된다. 안타깝게도 성인의 경우 재건술을 받아도 신경은 완전히, 또는 즉시 회복되지는 않는다. 신경은 매달 1인치의 비율로 회복된다. 건강한 사람의 경우, 잃었던 감각 중 80%가 회복될 것이다. 신경이 재건되지 못하면 그 결과로 신경종(신경 말단에 통증이 생기는 증상)이 발생할 것이다.

### 화상

손에 중증 화상을 입으면 손 외과 전문의나 화상 의과 전문의의 진찰과 판단이 필요할 수도 있으며, 치료를 위해 입원해야 할 수도 있을 것이다. 최상의 결과를 얻기 위해서는 피부 이식을 포함한 다양한 수술법이 필요할 수도 있다.

'1도 화상'을 입은 경우는 물집이 생기지 않으며 오직 피부 바깥층만 영향을 받는다. 이때는 차가운 물로 치료해야 한다. 어떠한 화상을 입어도, 손을 식히기 위해 알콜이나 얼음 등을 비비면 절대 안 된다. 항균 연고를 바르고 붕대를 감는 것으로 충분하다. 피부 변색 외에는, 장기간 지속되는 합병증이 일어나는 경우는 드물다.

'2도 화상'은 피부 바깥층에 상처를 입는 경우이며, 물집이 생기게 된다. 이 경우 응급실로 가야 한다. 최초 치료는 화상을 입은 부위를 식히는 것인데, 이를 위해 응급실에 도착하기 전에 손을 차가운 물에 담가야 한다. 절대로 화상 부위에 얼음을 직접 대면 안 된다. 그 다음 단계로 항균 연고를 바르고 붕대를 감는 조치를 실행한다. 흔히 쓰이는 항균 연고로는 실바딘(Silvadene)이라는 상품명으로 알려진 약제가 있다. 이 약의 주성분은 은(silver)이다. 환자는 치유 과정 동안 구축을 방지하기 위해 반드시 운동 범위를 유지해야 한다. 그렇지 않으면 주위 피부가 팽팽해지고 한데 모이기 시작한다. 그 결과 움직임이 제한될 수 있다. 상처는 자가 치유될 것이며, 물집은 대개 저절로 터질 때까지 무손상 상태를 유지한다.

'3도 화상'은 피부 표면 전체가 상처를 입은 경우이며, 화상 부위는 힘줄, 신경, 심지어 뼈가 포함될 수도 있다. 이때 피부는 감각이 없고 저리며, 물집이 발생할 수도 있다. 3도 화상은 반드시 수술을 받아야 치유될 수 있다. 3도 화상을 입었을 때 최초로 취할 조치는 다른 유형의 화상과 동일하다. 그러나 화상 부위를 잘라 낸 다음, 이 자리에 피부 이식 형태로 피부 대체물을 공급하는 치료 과정이 꼭 필요하다. 때로는 좀 더 복합적인 유형의 피부판이 필요한 경우도 있다.

**화학 화상 :** 화학 화상을 입었을 때 받을 치료는 어떤 화학 물질에 화상을 입었느냐에 달려있지만, 대개 화상 부위에 많은 양의 물을 대는 치료법이 추천된다. 하지만 독자 여러분이나 주변 사람이 화학 화상을 당했을 때는, 직접 치료하려 하지 말고 적절한 치료를 결정하기 위해 지역 화상 센터 혹은 전문병원으로 곧장 가야 한다. 첫 번째 치료 단계는 화학 물질 노출을 중단시켜 추가 손상을 피하는 것

이다. 이는 종종 오염된 장갑이나 다른 의류를 제거하고, 많은 양의 물을 대는 것을 의미한다. 추가 치료를 할지 여부는 화상의 깊이가 얼마나 되는지에 달려있다. 손에 화학 화상을 입은 경우, 반드시 손 외과 전문의나 화상 센터의 전문적인 치료를 받아야 한다.

**전기 화상 :** 전기로 인해 부상을 입으면 생명에 위협을 받을 수 있다. 심장과 신장 같은 조직의 손상이 발생하기 때문이다. 그래서 전기 화상은 절대 집에서 치료하면 안 된다. 환자는 심장성 부정맥이 없는지 모니터링을 꼭 받아야 하며, 신부전을 방지하기 위해 정맥 주사액을 다량으로 투여해야 한다. 예후는 전압에 얼마나 노출됐는지, 전류가 어느 경로로 흘러들어갔는지에 달려 있다. 전류가 신경 경로로 지나갔다면 영구적인 무감각 증상이 나타날 수 있다. 구획 증후군(compartment syndrome. 팔다리의 근 구역 내부에서 부기가 발생하는 증상)은 구축 및 근육이 죽는 증상, 동맥 혈전증(혈류를 막는 피떡), 심지어 절단이 필요한 상황으로 이어질 수 있다.

## 한랭 손상

차가운 날씨에 노출되면 대부분 일시적인 통증을 겪거나 작은 손상 또는 그리 오래가지 않는 부상을 입게 마련이다. 하지만 추운 날씨에 지속적으로 노출되면 조직 손실, 만성적으로 추위에 민감한 증상, 심지어 절단으로 이어질 수 있다. 손이 오랜 시간 차가운 환경에 노출됐다면, 신속하게 손을 따뜻한 물(섭씨 40~43도)에 담가 15~30분

동안 다시 따뜻하게 해야 한다. 아울러 무균 드레싱과 항생제 크림도 필요한데, 이때 반드시 손 외과 전문의나 외과, 혹은 성형외과 의사가 조치해야 한다.

### 혈관 손상

혈류는 손목에 있는 두 개의 동맥(요골 동맥과 척골 동맥)을 통해 손으로 진입한다. 이 두 동맥은 피를 손가락 끝으로 보내기 전에 서로 의사소통을 한다. 또한 각 손가락에도 서로 의사소통을 나누는 두 개의 동맥이 존재한다.

이 중 한 개의 동맥 내부가 손상을 입거나 피떡이 생기면 그런대로 견딜 수 있을 것이며, 복구나 재건이 항상 필요하지는 않다. 동맥에 입은 부상을 복구할 것이냐 재건할 것이냐를 결정하는 데는 부상당한 위치, 부상을 입었을 때부터 수술을 받기까지 걸린 시간, 다른 동맥으로부터 손이나 손가락의 부상당한 부위까지 흐르는 혈류 등에 달려 있다. 만약 동맥 재건술이 필요하다면, 대개 손 외과 전문의는 동맥에 생긴 틈을 메우기 위해 같은 팔이나 한쪽 다리에서 정맥을 취할 것이다. 순환이 적절하게 이루어지지 않아 나타나는 증상으로는, 손가락 끝의 궤양화, 통증, 무감각, 괴저 등이 포함될 수 있다.

피는 정맥을 통해 손에서 심장으로 돌아간다. 정맥은 피부 바로 밑에서 볼 수 있고, 채혈을 하거나 정맥주사 선을 찾을 때 활용된다. 정맥은 피부 얕은 곳에 있을 수도 있으며, 아니면 정맥은 손의 깊은 곳에 있어 보이지 않을 수도 있다. 많은 사람들은 정맥이 손상을 입을까 우려하지만, 열상의 경우에는 출혈 원인으로 작용할 때만 걱정하면 된다. 어떤 경우든 피부 얕은 곳에 있는 정맥이 열상을 입어도 방혈(피를 뽑는 것)할 필요가 없으며, 피부 얕은 곳에 있는 정맥을 수술을 통해 복구할 필요도 없다.

'동맥류'는 동맥이 확장(팽창)되는 증상을 의미하며 혈관의 부분적인 부상, 즉 '죽상경화증(동맥이 경화되는 증상)'이나 반복적인 압력 때문에 생길 수 있다. 가장 흔하게 발생하는 동맥류 부위는 척골 동맥이 있는 손바닥 쪽이다. 이를 '소지구 망치 증후군(hypothenar hammer syndrome)'이라고 한다. 동맥류는 통증과 덩어리를 유발시키며 손가락 괴저로 이어질 수 있다. 동맥류는 수술이 꼭 필요하며, 팔에서 정맥을 일부 떼어 재건술을 하거나 재건수술 없이 절제를 실시할 수 있다. 다른 동맥의 역류 상태 및 피떡이 생긴 혈관 부위의 상태가 어떠냐에 따라 재건술을 할지 여부를 결정한다.

## 일하다 입은 부상 및 치료법

지금까지 언급한 부상 유형 전부는 일터는 물론 가정에서도 발생할 수 있기는 하지만, 직장에서 좀 더 흔히 발생하는 또 다른 부상 유형은 두 개가 있다.

**반복성 스트레스**

반복적으로 이루어지는 활동이 과사용증후군이나 저항성 스트레스 장애의 원인으로 작용한다는 사실을 확실히 입증하는 의학 데이터는 아직까지 없다. 하지만 반복적으로 이루어지는 활동이 통증으로 이어질 수 있다는 점을 우리 모두 잘 알고 있다. 다양한 형태의 신경 압박 및 건염 대부분은, 폐경 후 여성 같은 특정 인구 층과 연관되어 있다.

손 외과 전문의가 하는 일은 수근관 증후군처럼 널리 알려진 통증과, 팔꿉굴증후군(척골 끝에 있는 신경이 압박을 받는 증상), 외측상과염(테니스 팔꿈증), 어깨 충돌 증후군(윤활낭염), 방아쇠 손가락(손가락 건초에서 염증이 발생하는 증상) 등의 증상을 구분하는 것이다.

'반복성 스트레스 장애' 환자는 외과 전문의를 찾아갈 필요가 없다. 스트레칭, 활동 방식의 변경, 약물 등으로 반복성 스트레스를 치료한다. 반복성 스트레스 장애를 앓는 사람 상당수는 관절에 문제가 있다고 호소할 만한 조건을 근본적으로 지니고 있는 경우가 많다.

## 절단 부상

손가락이나 손 내부의 다발성 구조와 관련된 부상은 '절단 부상'으로 분류된다. 거의 언제나, 부상 범위는 처음에 진찰했을 때보다 더 넓어지게 마련이다. 물론 각각의 상처 입은 구조에 의학 치료를 집중해야 하지만, 이러한 부상은 종종 피부가 상실되어 있는 경우가 많다.

이때 상처 부위를 치유하기 위해서는 단순히 드레싱을 바꾸는 것 이상의 치료가 필요하다. 다발성 계통이 부상을 입었을 때 예후는 상당히 악화된다. 이런 유형의 부상을 입었을 경우 손 외과 전문의의 치료가 절대적으로 필요하다. 이때 수술을 여러 차례 진행해야 할 경우가 종종 있으며, 완치되려면 몇 년이 걸릴 수 있다.

일반적으로 힘줄에는 얇은 막(힘줄옆조직)이 덮여 있다. 이 조직 때문에 힘줄과 피부 아래로 활주하는 것이 가능하다. 피부가 광범위하게 상실되어도 힘줄옆조직이 건재하다면, 상처를 덮기 위해 피부 이식술을 활용할 수 있다.

피부 이식을 고려하려면, 상처 부위의 넓이는 가로 0.5인치, 세로 0.5인치를 넘을 필요가 있다. 이보다 상처 부위 넓이가 작으면 자가 치유될 것이다. 피부 이식을 위해 부분층 피부 이식술 아니면 전층 피부 이식술을 실시한다.

'전층 피부 이식술'은 우선 피부 부위를 뗀다. 대개 손목이나 샅굴 부위* 피부를 뗀다. 그런 뒤, 떼어낸 부위를 닫고, 이식할 피부를 열린 상처에 배치하는 수술이다. 피부를 제공한 부위는 치유가

된 뒤에도 세로 방향의 흉터가 남는다. 전층 피부 이식술은 일반적으로 이식 부위 크기가 작은 경우에 활용된다. '부분층 피부 이식술'은 피부의 박층을 깎는다. 이때 대개 넓적다리 피부 박층을 깎으며, 해당 부위는 자가 치유될 수 있다. 이 이식술은 일반적으로 이식 부위 크기가 넓은 경우에 활용된다. 전층 피부 이식술과 부분층 피부 이식술은 각각 장단점이 있다. 전층 피부 이식술의 경우 대체로 이식된 피부가 훨씬 견고하지만, 성공률은 부분층 피부 이식술이 더 높다.

만약 힘줄 옆조직이 유실되고 뼈, 신경 혹은 동맥이 노출된 상태라면, 피판 수술이 필요한 경우가 종종 있다. '피판'은 조직 덩어리를(순환 구조를 부착한 채) 생착 유지에 필수적인 구조(힘줄, 신경, 동맥 또는 뼈)에 배치하는 수술이다. 일부 피판의 경우, 상처 부위 근처에 있는 국소 영역의 피부를 전진시키는 방법으로 진행한다.

'(원거리) 유경 피판'은 다른 신체 부위를 필요로 한다. 이때 멀리 있는 부위를 떼어다 손에 부착한 상태를 유지시킨다. '물갈퀴' 손가락(교차손가락피판)이 만들어진 경우, 또는 손이 사타구니에 부착된(서혜부피판) 경우가 여기에 해당된다. 손에 피판을 부착하면 부상 입은 부위는 혈액 순환이 가능해질 것이며, 동시에 피판은 제공 부위

---

* 서혜부(鼠蹊部). 배의 앞부분을 아홉 부위로 나눌 때 맨 아래쪽에 샅굴이 있는 부위. 대개 허리띠를 걸치는 곳에서 만져지는 뼈에서 가로선을 긋고 샅고랑(다리와 배 사이에 비스듬하게 있는 홈)의 중간을 지나는 수직선을 그었을 때 두 선과 샅고랑 사이 부분에 해당함.

에서 약 2~3주 후 떼어 부착해도 여전히 살아남을 것이다. 2~3주가 지나면 손이나 손가락은 박리가 가능하며, 이제 모양 유지에 필요한 구조물을 덮을 수 있다.

일부 피판은 몸에서 피부까지의 순환 패턴을 기준으로 들어 올린다. 이 경우의 가장 흔한 사례가 바로 '요측전완피판'이다. 손 외과 전문의는 처음에는 손까지 가는 혈액 순환을 손상시키지 않고도 요골 동맥을 희생시킬 수 있는지 판단할 것이다. 그런 다음 피부와 보다 깊은 곳에 있는 조직을 동맥 주변에서 들어 올릴 수 있으며, 이와 동시에 동맥은 팔의 더 올라간 부분에서 박리된다. 이제 피부는 동맥이 계속 부착되어 있는 상태에서 상처 부위로 혈액 순환을 유지하면서 배치될 수 있다.

피판의 마지막 유형으로는 '유리 피판'이 있다. 피부, 근육, 뼈는 멀리 떨어진 부위에서 들어 올리며, 이와 동시에 목표로 하는 동맥과 정맥에 부착된다. 이 조직은 결손된 부위로 옮겨질 것이며, 동맥과 정맥은 현존하는 동맥 및 정맥에 부착될 것이다. 이 같은 복구 작업은 반드시 미세수술 과정을 통해 진행된다. 만약 근육에 이식된다면 피부 이식으로 근육을 덮어씌우게 된다.

가정이나 일터에서 손에 부상을 당하면, 적절하고 신속하게 행동하는 것이 더할 나위 없이 중요하다. 우선 따를 수 있는 적절한 응급

처치를 받아야 한다. 그런 다음 당장 병원에 가서 치료를 받아야 한다. 만약 처음 도움을 구한 응급실이나 진료실에서 손 외과 전문의를 만날 수 없는 상황에 놓인다면, 다른 병원으로 보내 달라고 요청해라. 손은 제대로 치료해야 한다.

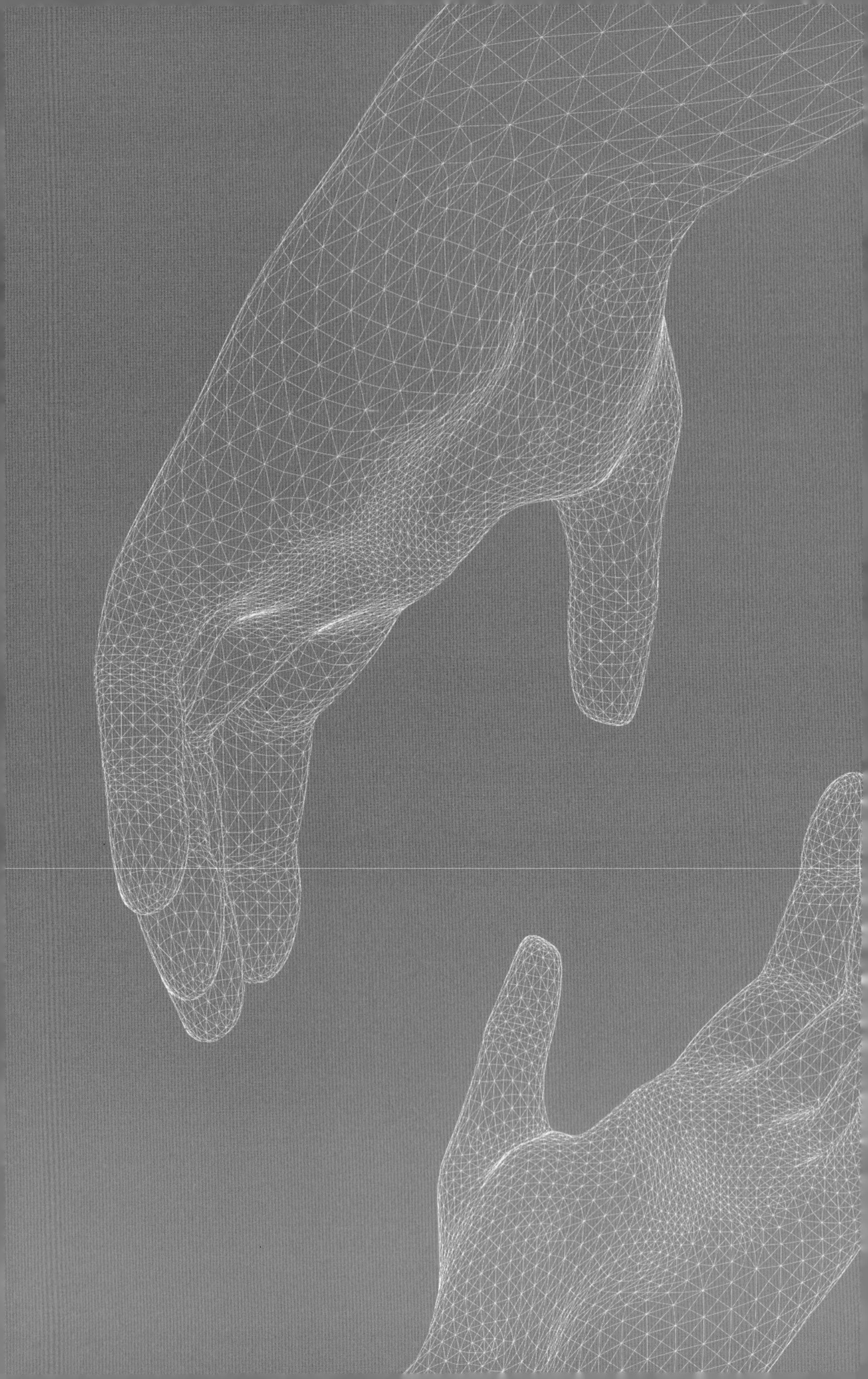

# 8장

# 당뇨병과 손

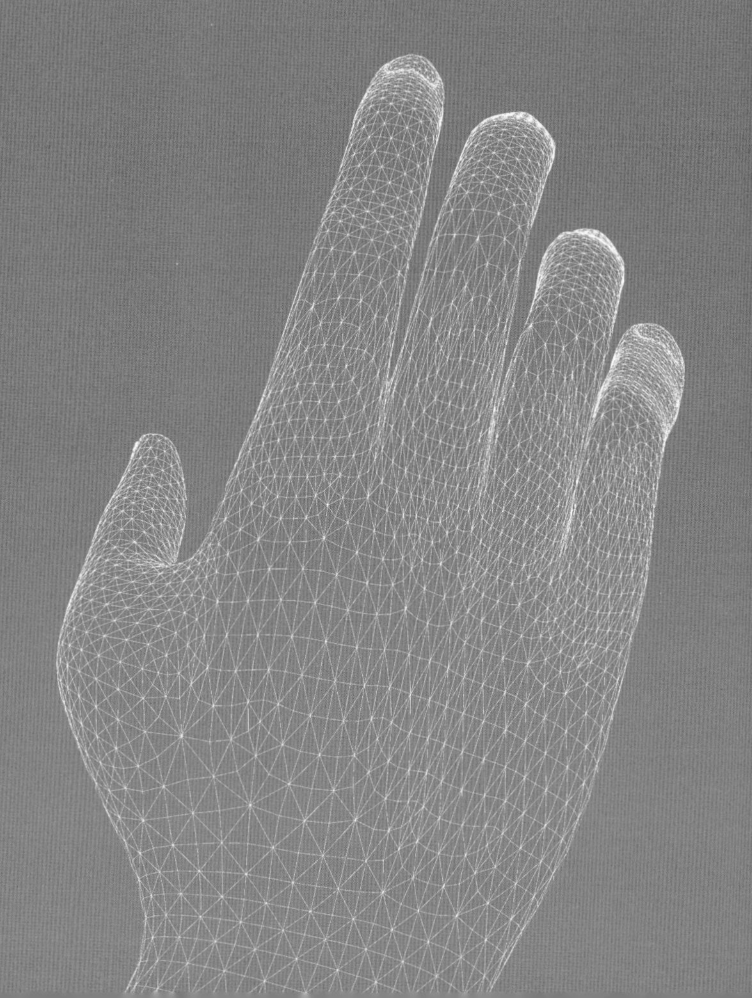

# 당뇨병과 손

의학박사 **케네스 R. 민스 주니어**

당뇨병은 미국에서 가장 널리 퍼져 있는 중증 질환 중 하나다. 실제로 거의 2천4백만 명에 달하는 미국인이 진성 당뇨병을 앓고 있다. 아마도 더욱 충격적일 수 있는 것은, 이 중에서 거의 6백만 명에 가까운 이들이 자신이 당뇨병을 앓고 있다는 사실을 모르고 있다는 점이다. 이러한 경우 '모르는 게 약'은 절대 아니다. 당뇨병을 치료하지 않고 놔두면 심각한 쇠약 증세로 이어진다. 또한 손을 포함한 몸 전체에 합병증이 발생하게 된다.

'당뇨병(diabetes)'이라는 용어는 라틴어와 그리스어에서 파생됐으며, '빠져나가다'라는 의미다. 당뇨병을 의미하는 또 다른 단어인 '진성(mellitus)'은 라틴어로 '꿀로 달게 하다'라는 뜻이다. 소변에 포함된 당 수치가 증가하면 이른바 '꿀같이 단 소변'이 되며, 조절이 불가능한 당뇨병의 원인으로 작용한다. 물론 당뇨병은 다른 유형도 있기는 하지만, 단연코 진성 당뇨병이 가장 흔하게 발병하는 형태로 꼽힌다. 이 장에서는 '당뇨병'이라는 용어가 쓰일 경우에는, 바로 진성 당뇨병을 의미한다.

당뇨병은 신체가 '인슐린'을 적절하게 이용하지 못하는 결과로 발생한다. 인슐린은 복부에 위치한 기관인 췌장에서 분비되는 호르몬이다. 인슐린은 식사하는 경우처럼 인간의 혈당이 증가할 때마다 췌장에서 분비된다. 인슐린을 통해 신체 세포는 당을 이용하거나 저장하는 법을 습득한다.

당뇨병에는 두 가지 유형이 있다. '제1형 당뇨병(인슐린의존당뇨병)'의 경우, 췌장은 인슐린을 충분히 만들지 못하게 된다. '제2형 당뇨병(인슐린저항당뇨병)'의 경우, 신체는 인슐린을 적절하게 사용하지 못하게 된다. 두 가지 유형 모두 최종 결과로 포도당 수치나 당 수치가 적절하게 조절되지 않으며, 상승된 당 수치는 인간의 혈액, 소변, 신체 조직으로 흘러들어 간다.

'제1형 당뇨병'은 유년기나 사춘기에 가장 빈번하게 진단받는다. 제1형 당뇨병은 인슐린이 충분히 만들어지지 못하기 때문에 혈당이 갑작스럽게 증가하기 시작되는 증상이 특징으로 종종 꼽힌다. 제1형 당뇨병에 걸렸을 경우, 인슐린을 만드는 췌장 내 세포는 활동을 멈추거나 단 시간 내에 거의 전부 파괴된다. 제1형 당뇨병에 걸리는 이유는 아직까지 알려지지 않았으며, 현재 집중적인 연구 주제가 되고 있다. 췌장이 인슐린을 더 이상 만들지 못하게 되면, 혈당 수치는 정상 상태보다 5배나 높게 올라간다. 이렇게 수치가 올라가면 배뇨 및 탈수가 증가하게 된다. 혈당 수치가 높아지면 신체 조직의 체액이 빠져나가기 때문이다. 결국 환자는 의식 상실(당뇨병 혼수)과 체액 및 전해질의 심각한 장애를 겪을 수 있다. 이 같은 심각한 상황이 전개된 뒤에야 병원에 가서 제1형 당뇨병 진단을 받는 경우가 종종 있다.

제2형 당뇨병은 보다 흔하게 나타나는 유형이며, 지난 15년 여 동안 주로 노년층에게서 발병하고 있다. 최근에는 유년기나 성인기에 비만인 경우 상당히 이른 나이에도 제2형 당뇨병 진단을 받는 사례가 많다. 특히 미국인이 전 연령대에서 제2형 당뇨병 진단을 받는 경우가 다른 국가보다 훨씬 빈번하다. 당뇨병이 걸릴 수 있는 위험 요인으로는 당뇨병이나 비만 등의 가족력, 주로 앉아서 지내는 생활 방식이 포함된다. 제2형 당뇨병은 일반적으로 제1형 당뇨병보다는 훨씬 느리게, 덜 돌발적으로 시작된다. 이러한 이유 때문에 사람들은 제2형 당뇨병을 앓아도 수 년 동안 전혀 모르다가 증상이 본격적으로 나타난 다음에야 병원 치료를 받는 경향이 있다. 그래서 정기적으로 당뇨병 검진을 받는 것이 중요하다. 검진은 혈액 검사로 시작된다. 당뇨병은 다루기가 만만치 않고 인생에 변화를 야기하는 질환이기는 하지만, 치료법은 엄청나게 향상되고 있다.

1921년 정형외과 전문의 프레더릭 밴팅(Frederick Banting) 박사와 당시 의대에 재학 중이던 조수 찰스 베스트(Charles Best)는, 캐나다 토론토에 위치한 J. J. R. 매클라우드(J. J. R. Macleod)의 실험실에서 개를 대상으로 췌장에서 인슐린을 분리하는 실험 작업을 시작했다. 1922년, 토론토 제너럴 호스피탈에서 제1형 당뇨병으로 죽어가던 14살짜리 소년이 젖소의 췌장에서 추출한 인슐린을 최초로 투여받았다. 이 환자는 심각한 알레르기 반응으로 고통받았기 때문에, 추가 인슐린 투여를 미룰 수밖에 없었다. 연구팀은 인슐린 추출물을 더 양호하게 정제하기 위해 부지런히 작업했으며, 두 번째 용량을 투여했다. 이번에 실시한 주입으로 환자의 소변에서 당이 사라졌으며, 소년은 뚜렷한 부작용 없이 회복했다. 수많은 사람들이 제1형 당뇨병 합병증으로 목숨을 잃던 시기에 이 같은 비범한 결과를 보고, 특히 당뇨병을 앓는 환자 모두는 진정 기적 같은 일로 여겼을 게 틀림없었다. 밴팅과 매클라우드는 1923년 노벨생리의학상을 공동수상했으며, 그들의 조수인 찰스 베스트와 버트램 콜립(Bertram Collip)에게도 공을 함께 돌리고 상금을 나누었다. 그들은 환자가 인슐린을 손쉽게-별도의 금액을 지불하지 않고 이용할 수 있도록 했으며, 상업적 목적으로 제품 생산량을 조절하려는 시도도 절대 하지 않았다. 오늘날 약리학 환경에서 당뇨병 환자의 수가 얼마나 되는지를 감안하면, 이는 수억 달러를 포기하는 것이나 마찬가지다. 그렇기 때문에 이들은 감히 상상조차 하기 힘든 시나리오를 실현한 것이다.

인슐린 분자 구조를 최초로 알아낸 인물은 프레더릭 생어(Frederik Sanger)다. 그는 이 같은 업적으로 1958년 노벨화학상을 수상했다. 인슐린은 단백질이 고유한 서열을 지니고 있다는 사실을 최초로 알아낸 사례다. 최초로 유전자 조작된 '인간' 인슐린은 1977년 진테크(Genetech) 사가 운영하는 실험실에서 '대장균(Escherichia coil)'이라는 세균을 활용해 합성됐다. 1982년, 생합성 인간 인슐린은 휴물린(Humulin)이라는 상표명으로 상업적 이용이 가능하게 됐다. 현재 생합성 인슐린은 재조합 DNA 기술을 활용한 유전공학 기술을 통해 제조되어 광범위하게 이용되고 있다.

당뇨병은 관리가 가능한 질병이다. 당뇨병을 앓더라도 당연히 훌륭한 질의 삶을 누릴 수 있다. 여러 유명 인사가 제2형 당뇨병을 앓았다. 빌리 진 킹(Billie Jean King), 재키 로빈슨(Jackie Robinson), 딕 클라크(Dick Clark), 자니 캐쉬(Johnny Cash), 엘비스 프레슬리(Elvis Prersley), 레리 킹(Larry King) 등을 예로 들 수 있다. 아카데미 여우주연상을 수상한 할리 베리(Halle Berry), 올림픽에서 10차례 메달을 수상한 수영 선수 개리 홀 주니어(Gary Hall Jr.), 조나스 브라더스(the Jonas Brothers)의 멤버로 유명한 음악가 닉 조나스(Nick Jonas) 등은 모두 십 대 또는 청소년 시절에 제1형 당뇨병이 발생했다. 할리 베리는 소아 당뇨병 협회(the Juvenile Diabetes Association)에서 열렬히 자원봉사 활동을 하고 있으며, 닉 조나스는 '아동을 위한 도전 재단(the Change for the Children Foundation)'을 설립해 당뇨병에 대한 관심을 불러일으키며 기금을 모으고 있다.

## 당뇨병과 손: 증상 및 치료

당뇨병은 사실상 손을 포함한 신체 모든 부분에 해로운 효과를 끼칠 수 있다. 실제로 손에 발현하는 증상 상당수는 당뇨병과 관련되어 있다. 더욱이 손에 나타나는 질환 중에는 당뇨병이 원인이 되거나, 당뇨병에 의해 악화되거나 또는 당뇨병 때문에 보다 빈번하게 발생하는 경우가 상당히 많다. 가장 잘 알려진 증상이 바로 수근관 증후군일 것이다. 물론 당뇨병을 앓지 않는 사람들에게 '수근관 증후군(손목을 통해 거쳐나가는 정중신경이 압박을 받는 증상)'이 진전되는 경우도 종종 있기는 하다. 그러나 당뇨병을 앓는 사람들에게 수근관 증후군이 발병하는 비율이 현저하게 높다. 수근관 증후군 및 이에 대한 치료법은 이 책 9장에서 상세히 다룬다.

### 협착윤활막염 또는 건초염: 방아쇠 손가락

'협착윤활막염' 또는 건초염(방아쇠 손가락)은 사람의 손가락이 움직이지 못하는 증상이다. 이때 대개 손가락은 구부러지거나 꺾인 모양을 취하게 되며 똑바로 펴기가 상당히 어렵다. 이 증상은 주먹을 쥔 뒤에 종종 나타나는데, 이때 주먹을 펴도 손가락 하나가 구부러진 상태를 유지한다. 환자는 손가락을 곧게 펴는 행위가 무척 힘겹거나, 또는 손가락을 펴기 위해 다른 손을 사용해야 한다.

이들은 보통 손가락을 곧게 펴는 행위를 할 때, 해당 손가락을 이완시키다가 갑자기 쫙 편다. 이는 주먹을 쥘 때, 해당 손가락이 움직이지 못하는 상태에 빠질 수 있음을 의미하기도 한다. 왜 이와 같은 작용이 일어나는 걸까? 손가락을 구부리는 힘줄이 '도르래'에서 꼼짝 못하게 되기 때문이다. 주먹을 꽉 쥐려면 도르래를 통해 힘줄을 움직여야 한다. 그런데 당뇨병을 앓는 경우, 힘줄과 도르래에 부기가 좀 더 잘 일어나는 경향이 있다. 낚싯줄 매듭이 낚싯대 고리에 걸린 광경을 상상해 보면 이해하기 훨씬 쉽다.

당뇨병 환자는 일반인보다 약 10배 이상 방아쇠 손가락을 겪는 경향이 있다. 또한 당뇨병 환자는 다발성 방아쇠 손가락을 훨씬 빈번하게 겪는다. 여기서 다발성 방아쇠 손가락이란 어느 때든 여러 손가락이 동시에 구부러져서 펴지 못하는 증상을 의미한다. 안타깝게도 당뇨병을 앓는 환자의 경우, 일반적인 비수술 요법으로 방아쇠 손가락 치료에 성공할 가능성은 낮은 편으로 보인다. 그리고 흔히 당뇨병 환자에 대한 수술 치료가 거의 모두 그렇듯이, 방아쇠 손가락 수술을 받을 때 합병증이 발생할 확률이 일반인에 비해 훨씬 높다.

그렇기는 하지만, 당뇨병 환자가 방아쇠 손가락을 치료하기 위해 선택할 수 있는 방법 중에는 비수술 치료는 물론 수술도 포함되어 있다. 비수술적 조치로는, 망치나 지팡이를 너무 꽉 쥐는 것처럼 힘주어 물건을 쥐는 행동을 피하는 것 같은 활동을 변화시키는 방식이 포함될 수 있다. 또한 손가락을 곧게 편 상태에서 부목을 대는 것도 도움이 될 수 있다. 이는 손가락이 굽어지거나 구부러진 상태에서 펴지 못하는 상황을 방지할 수 있다. 그렇지만 부목을 너무 오랜 기간 동안(약 4~6주 이상) 계속 사용한다면 손가락은 심하게 굳어질 수 있다. 부목을 대는 치료법으로 효과를 못 보거나 환자가 다른 선택법을 선호한다면, 다음으로 선택할 비수술 치료법은 대개 코르티코 스테로이드 주입이다. 스테로이드는 아주 강력한 항염증제로, 힘줄과 도르래의 부기를 가라앉혀 힘줄이 보다 자유롭게 활주할 수 있도록 한다. 하지만 안타깝게도 코르티코 스테로이드를 주입하는 방법은, 당뇨병 환자의 경우 방아쇠 손가락을 치료하는 데는 효과가 별로 없는 편이다. 당뇨병을 앓지 않는 환자가 스테로이드 주입을 통해 치료에 성공할 확률은 85%가 넘는 것으로 보고되지만, 반면 당뇨병 환자의 경우는 이 치료법을 받아도 성공률이 50% 이하밖에 되지 않는 것으로 알려져 있다.

방아쇠 손가락을 치료하는 수술법은 당뇨병을 앓는 환자나 그렇지 않은 일반인이나 모두 동일한 절차를 거친다. 수술을 통해 힘줄이 꼼짝 못하고 있는 도르래 부위를 절개한다. 이로 인해 힘줄은 이 부위를 보다 자유롭게 통과해 움직일 수 있다. 힘줄은 잘라내지 않는다. 만약 절개한다면 파열의 원인이 될 수 있기 때문이다. 힘줄은 손가락을 구부리는 작용을 하기 때문에, 손상을 입으면 손가락은 구부릴 수 없게 될 것이다.

수술법은 기본적으로 두 가지가 있다. 즉 개방 수술(여기에는 절개가 포함된다) 또는 피부 경유(피부 밑) 수술이다. '개방 수술'은 보다 흔하게 시행되는 방법이며, 손바닥을 살짝 (약 0.5인치 길이로) 절개하는 것으로 시작한다. 피부를 짼 다음 도르래를 찾아내 절개한다. '피부 경유 수술'은 바늘이나 얇고 작은 칼을 사용해 피부에 구멍을 내고 도르래를 '맹검' 방식으로 절개한다. 피부 경유 수술을 실시할 때 예상되는 장점으로는 피부를 절개할 필요가 없으며, 이 때문에 감염 위험을 줄이고 흉터를 최소화하며 회복 시간을 단축시킬 수 있다는 점을 꼽는다. 하지만 예상되는 단점은 바로 '맹검' 절차다. 즉 힘줄과 도르래는 눈으로 직접 보지 않는다. 힘줄을 지나는 동맥 및 신경도 보지 않기는 마찬가지다. 이 같은 특징 때문에 상당수 외과 전문의는 해당 부위를 직접 볼 수 없는 상태에서 수술을 진행하다가 조직 한두 군데에 상처를 입히지 않을까 두려워한다. 아울러 이 수술 기법으로는 도르래를 완전하게 절개하지 못할 수도 있다.

최근에는 최소침습 수술*을 선택할 수 있다. 최소침습 수술이란 광섬유 카메라를 활용해 수술 과정에서 해당 부위를 좀 더 잘 볼 수 있는 방법을 의미한다. 그렇지만 외과 전문의 상당수는 개방 수술을 선호한다. 피부 경유 수술을 할 때 최소침습 수술법을 도입하면, 우발적으로 손상을 입힐 위험 가능성이 무척 높아지기 때문이다.

---

* Minimal invasive surgery. 수술 시 절개를 최소화하여 수술 후 상처를 최소한으로 줄이는 수술법으로 내시경, 복강경을 이용한 최소 절개 수술, 로봇 수술을 통한 정밀 수술로 구현됨. 기존 수술법에 비해 출혈량과 통증이 현저히 적은 수술법으로 수술 후 회복 기간이 짧음.

### 뒤퓌트랑 구축

뒤퓌트랑 구축(10장에서 심도 있게 논의될 것이다)은 손가락이 구부러진 채 펴지지 않는 또 하나의 질병이다. 하지만 뒤퓌트랑 구축의 경우, 아무리 노력을 기울여도 손가락을 똑바로 잡아당기지 못한다. 대개 부드럽고 유연하던 손과 손가락 조직이 딱딱하고 구축되는 증상을 보이며, 두꺼운 흉터와 상당히 유사한 상태가 된다. 손과 손가락의 바닥 면에서 조직이 경화되고 구축되면, 손과 손가락은 구부러지거나 꺾이는 자세를 취하게 된다. 결국 손가락은 구부러진 자세에서 벗어나지 못하며, 잔을 쥐거나 손을 탁자 위에 똑바로 놓는 간단한 행동조차 불가능하게 된다. 뒤퓌트랑 구축은 겉모습과는 달리, 대개 고통은 없는 증상이다(그림 10.2.). 뒤퓌트랑 구축 발병률은 북유럽 계통 사람들이 세계에서 가장 높다.

국적이나 민족에 상관없이, 당뇨병을 앓는 환자가 뒤퓌트랑 구축에 걸릴 가능성은 보다 높아 보인다. 하지만 이때 나타나는 증상은 다른 일반 환자의 경우와는 약간 다르다. 예를 들면 당뇨병을 앓지 않는 사람들의 경우 뒤퓌트랑 구축은 넷째손가락과 새끼손가락에 나타난다. 반면 당뇨병 환자의 경우는 가운뎃손가락과 넷째손가락에 발생하는 경향이 좀 더 많다. 자세한 이유는 밝혀지지 않았지만, 당뇨병 환자의 경우 뒤퓌트랑 구축 증상이 비교적 덜 심한 경향이 있다.

뒤퓌트랑 구축을 치료하는 방법은 당뇨병을 앓든 그렇지 않든 동일하다. 구축으로 인해 통증이 수반되지 않거나 손 기능이 제한받지 않는다면, 의사는 치료의 첫 번째 단계로 관찰을 선택한다. 부목을 대면 최소한 구축이 진행되는 것을 막는 데 도움이 될 수도 있다. 그런데 뒤퓌트랑 구축이 손 기능을 제약한다면, 침습 수술로 치료하는 방법이 고려될 수 있다. 뒤퓌트랑 구축이 상당한 수준으로 진행되고 있는지 여부를 신속하게 밝혀내는 방법은, 환자가 손바닥을 아래로 향한 채 손을 탁자에 놓아두게 하면 된다. 이때 손을 탁자 위에 평평하게 놓지 못하면, 심화 치료를 실시해야 한다. 수술에는 손바닥이나 손가락, 또는 손바닥과 손가락 모두를 완전히 개방해 흉터조직을 제거하는 방법, 또는 피부 경유 수술법으로 접근하는 좀 더 제한된 방법이 포함될 수 있다. 보다 광범위한 수술을 실시할 것인지 아니면 제한적인 접근법을 선택할 것인지는, 담당 외과 전문의와의 논의를 바탕으로 결정한다.

효소를 주입해 뒤퓌트랑 구축을 앓는 조직을 용해시키는 방법이 연구되고 있다. 이 방법은 뒤퓌트랑 구축과 관련된 최신 치료법으로 상용화되고 있다. 치료 첫 날 이 효소를 뒤퓌트랑 구축을 앓는 조직에 주입한다. 다음 날이 되면 손가락이 무감각해지는데, 이때 가능한 한 똑바로 편다. 최근 진행된 여러 연구를 통해, 이 치료법은 대개 수술보다 훨씬 안전하고 회복시간도 빠른 것으로 밝혀졌다. 하지만 이 치료법은 수술을 받은 경우와 비교하면 병이 재발되는 시기가 평균적으로 훨씬 빠른 편이다.

환자 입장에서 최선의 방책은 뒤퓌트랑 구축을 치료하는 여러 다양한 방법에 대한 정보를 숙지하고, 담당 의료진과 장단점을 충분히 논의한 다음, 환자 자신에게 가장 적절한 방법을 선택하는 것이다.

### 건염/건병증: '테니스 팔꿉증' 및 기타 다른 연관 질환

당뇨병을 앓는 환자는 다른 사람에 비해 '건염'이 진전되는 경향이 훨씬 높다. 건염이란 힘줄에 염증이 발생하는 증상을 의미한다. 이 질환에 속하는 사례로 꼽을 수 있는 병이 바로 '드퀘르뱅 협착윤활막염'이다. 드퀘르뱅 협착윤활막염은 방아쇠 손가락과 개념이 유사하지만, 발병 위치는 다르다. 드퀘르뱅 협착윤활막염은 손목 엄지손가락 면에 발생하며, 이때 엄지손가락을 손바닥 쪽으로 당기면 통증을 느끼게 된다. 과거에는 이 병을 '초산한 여성의 손목(new mother's wrist)'이라고 불렀다. 주로 산모가 신생아를 반복적으로 들어 올리다가 걸리기 때문에 이런 명칭이 붙은 것으로 보인다. 하지만 드퀘르뱅 증후군은 누구나 걸릴 수 있다. 특히 아기를 들어 올리는 방식과 동일하게 무거운 물체를 자주 들었다 놓았다 하면 이 병에 걸릴 확률이 높아진다. 드퀘르뱅 협착윤활막염에 대한 전통적인 치료법은 방아쇠 손가락 치료 방법과 유사하다. 즉 부목, 항염증제, 약물 주입, 수술 등이다. 부목을 댈 경우에는 반드시 손목과 엄지손가락 및 그 주변이 포함되어야 한다. 부목은 엄지손가락을 완전히 대어야 하며, 엄지손가락 끝의 마지막 관절만 자유롭게 움직일 수 있도록 남겨 두어야 한다. 정규적인 손목 부목은 엄지손가락을 포함시키지 않는데, 이 때문에 종종 증상이 악화될 수 있다. 왜냐하면 이 경우 부목은 문제가 발생한 지점 바로 앞에서 끝나게 되어, 이로 인해 해당 부위에 압박이 더해지기 때문이다.

당뇨병 환자가 건염/건병증에 걸리는 다른 사례로는 '외측상과염(테니스 팔꿉증)'과 '내측상과염(골퍼 팔꿈치)'이 포함된다. 수술 치료로 병든 조직을 방출하거나 제거하는 방법도 있는데, 이 두 가지 질병에 대해 부득이하게 수술을 실시하는 경우는 아주 드물다.

### 수근관 증후군 이외의 신경 압박 증후군

당뇨병 환자는 신경에 생긴 문제가 발전될 가능성이 비교적 높은 편이다. 그렇기 때문에 이 장 초반부에서 논의했듯이, 당뇨병 환자 상당수가 수근관 증후군을 앓고 있다. 또한 팔과 손에 있는 다른 신경에도 문제가 발생할 수 있는데, 특히 당뇨병 환자에게 문제가 생기는 경우가 많다. 가장 흔하게 발생하는 신경 증후군은 바로 '팔꿉굴증후군'이다.

팔꿉굴증후군은 팔꿈치에 위치한, 흔히 '척골 끝 신경'이라 일컫는 척골 신경에서 발생하는 질병이다. 이 신경은 팔꿈치 안쪽 부분에 분포되어 있다. '척골 끝'을 치면 척골 신경에 타격을 가하게 되며, 이로 인해 넷째손가락과 새끼손가락이 저리거나 타는 듯한 느낌을 받게 된다. 팔꿉굴증후군이 발생하는 원인이 척골 신경을 쭉 펴게 되어 생기는 것인지, 아니면 척골 신경이 압박을 받아서 생기는 것인지, 또는 두 원인이 합쳐서 일어나는 것인지에 대해 논란이 있다. 팔꿈치를 구부리면 척골 신경이 받는 압박과 당김은 증가하게 된다. 이런 동작이 반복되면, 시간이 지나며 결국 척골 신경은 손상될 수 있다고 간주된다. 이밖에도 신경이 받는 압박이 증가하는 또 다른 이유가 있기도 하다. 예를 들면 직접적인 외상, 흉터형성, 또는 변형 등이다. 결국 넷째손가락과 새끼손가락에서 느끼는 저린 듯한 감각은 더욱 심해지고 지속적으로 진행된다. 심지어 이러한 감각은 제대로 치료받지 않으면 영구적으로 지속될 수도 있다. 또한 손으로 작업할 때 척골 신경은 근육을 최대한 이용하기 때문에, 신경이 계속 손상을 입으면 쥐거나 꼭 집을 때 손이 발휘하는 힘이 점점 더 악화될 수 있다.

팔꿈굴증후군을 치료하는 방법으로는 활동 방식을 변화시켜 신경과 팔꿈치를 구부릴 때 직접적인 외상을 피하거나, 부목을 대는 치료법이 포함된다. 일반적으로 스테로이드 주입은 팔꿈굴증후군 치료에 사용되지 않는다. 비수술적 치료법이 효과가 없거나 감각의 쇠퇴와 손 힘의 약화가 심각해진다면, 의사는 문제를 교정하기 위해 수술을 추천할 수도 있다. 이를 위해 다양한 수술법이 있는데, 모든 수술법은 팔꿈치의 척골 신경이 받는 압박을 효과적으로 경감시킨다.

### 감염

당뇨병 환자는 물론 그들을 돌보는 이들은 온갖 종류의 감염이 발생할 확률이 증가한다는 사실을 잘 알고 있다. 당뇨병 환자에게는 감염이 좀 더 흔하게 일어날 뿐만 아니라, 감염 상태가 심각하게 발전하면서 동시에 치료도 어려운 경향이 있다. 이런 점은 손 감염도 예외가 아니며, 그렇기 때문에 공격적인 치료가 필요하다. 그런데 안타깝게도 감염이 치유되지 않는다면 때로는 절단이 불가피할 때가 있다. 당뇨병 환자에게는 여러 유형의 손 감염이 일어나기 쉽다.

**생인손 :** 생인손은 손가락 속질에 발생하는 감염이다. 생인손은 손가락에 바늘(침)로 혈당 검사를 한 결과로 시작될 수 있다. 그렇기 때문에 손가락에 바늘(침)로 혈당 검사를 할 때, 손가락 끝을 알코올로 닦고 깨끗한 장비를 사용하는 것이 아주 중요하다. 생인손은 통증이 매우 심할 수 있으며, 일반적으로 빨갛게 부어오르고 만지면 상당한 압통을 느낀다. 감염된 부위는 거의 항상 수술을 통한 배농이 필요하며, 수술 후에는 상처를 잘 관리하고 항생제를 처방받아야 한다.

**손톱주위염 :** 손톱주위염은 손톱 주위 피부가 감염된 증상을 일컫는다. 일반적으로 손톱 주변 가장자리가 빨갛게 부어오르며 고름이 배출된다. 감염된 지 얼마 안 됐을 때 치료를 하게 된다면, 따뜻한 물에 담그는 요법과 항생제 투여가 효과 면에서 좋다. 만약 치료하지 않은 채 놔두거나 감염 사실을 늦게 안다면, 반드시(최소한) 손톱 일부를 제거하고 수술을 통해 배농을 해야 한다. 이때 손톱은 일부 혹은 완전히 제거되더라도, 손톱의 성장 세포가 심하게 손상되지 않았다면 다시 자라게 될 것이다.

**감염성 굽힘힘줄 윤활막염 :** 감염성 굽힘힘줄 윤활막염은 손가락을 구부리게 하는 힘줄이 감염된 증상이다. 이 힘줄은 좁고 빽빽한 굴을 통과해 지나가고 있다. 힘줄이 감염되면 비교적 밀폐된 공간에 갇히게 된다. 이 공간에 혈액 공급이 제한되면, 감염된 부위에 항생제를 투여해도 효과가 거의 없게 된다. 바늘로 손가락에 혈당 검사를 하는 경우, 혹은 다른 상처, 특히 동물이 문 것 같은 자창으로 인해 감염이 처음 발생하는 경우도 종종 있다. 이때는 손가락이 부어오르며 압통이 심하고, 구부러진 자세에서 제자리로 돌아오지 못하게 된다. 이때 손가락을 똑바로 펴려고 하면 극심한 통증을 느끼게 된다. 감염 부위를 치료하지 않고 계속 놔두면, 손가락의 영구적인 경직 및 조직 손상이 발생할 수 있다. 하지만 감염이 발생한 초기, 즉 일반적으로 24~48시간 안에 치료를 하고 감염 상태가 비교적 가벼우면, 부목, 들어 올림, 정맥 항생제, 병원에서의 정밀 관찰 등으로 효과를 거둘 것이다. 감염성 굽힘힘줄 윤활막염에 걸렸을 때 수술실에서 수술을 통해 감염 부위를 '깨끗이 치우는' 경우는 꽤 흔하다. 일단 감염된 균을 깨끗이 없앤 다음에는 감염으로 인해 경직되거나 부어오른 손가락을 잘 푸는 데 초점을 맞추게 된다. 이때 일반적으로 집중적이고 강렬한 손 치료 프로그램을 실시한다.

**진균 감염 :** 당뇨병 환자는 특히 진균 감염에 걸리기 쉽다. 이 감염이 손톱 또는 손톱 주변에 발생한 경우, 이를 일컬어 '손톱진균증'이라고 한다. 이 감염은 근절시키기가 어려울 수 있으며 손톱에

심각한 손상을 초래할 수 있다. 이 같은 손상은 초기에 효과적으로 치료하지 않으면 영구적으로 지속될 것이다. 치료 투약 기간은 몇 주, 심지어 몇 달이 필요할 수도 있다. 치료 기간이 얼마나 되느냐는 감염의 중증도에 따라 결정된다. 진단 시점에서 감염 정도가 그리 심각하지 않으면, 처음에는 국소 투약을 시도할 수 있다. 이보다 더 심각한 감염인 경우에는 경구 투약이 보다 효과적일 수 있지만, 그만큼 독성이 훨씬 강하다는 점을 유의해야 한다. 경구 투약을 활용할 때, 특히 치료 전에는 물론 치료 기간 중에도 간 기능을 체크할 필요가 있다. 수술을 통한 치료법은 대개 감염이 좀 더 진행되어 치료가 까다로운 상황이 될 때까지 보류한다. 감염을 유발한 균을 정확하게 찾아내기 위해, 치료할 때 손톱은 전부 또는 일부 제거한다. 이를 통해 의사는 감염을 깨끗이 치울 약을 처방하는 것이 가능하다.

### 혈관병: 동맥이 막히는 증상

당뇨병 환자는 심각한 혈관병을 앓을 위험이 상당히 높다. 당뇨병은 몸 전체에 있는 대동맥·소동맥의 손상을 유발시킨다. 심장과 마찬가지로, 손과 손가락 또한 이러한 손상 과정의 영향을 받는다. 혈관병을 앓는 환자는 일반적으로 손과 손가락으로 가는 혈류가 형편없기 때문에 통증을 느끼게 될 것이다. 이는 마치 손이 '심장마비'를 일으키는 것이나 똑같다. 이때 통증은 물론, 손가락이 차갑거나 저린 느낌이 들 수도 있다. 손상 과정이 계속되거나 악화되면, 손과 손가락에는 상처가 생길 수 있다. 이 상처는 혈류의 감소로 인해 치유되지 못하며 피부도 변색된다. 이 증상은 대개 손가락 끝에서 시작된다. 또한 손톱도 변색되거나 어두운 줄무늬가 생긴다. 증상의 중증도와 발생한 물리적 변화의 종류가 어떠냐에 따라, 비수술적 치료를 선택할지 여부를 결정한다. 포도당 수치를 조절하고 금연하며, 추운 환경을 피하면 항상 좋은 결과를 얻게 된다.

의사는 혈류를 증가시키고 응고를 방지하기 위해 경구 투약이나 손가락 주변에 주사를 놓는 처방을 할 수도 있다. 통증이 심하거나 악성 궤양이 일어나거나, 조직 괴사가 임박한 경우에는 수술을 통한 개입을 고려해야 한다. 병의 경과 상황, 환자의 전반적인 건강 상태, 손 동맥 상태에 따라 어떤 유형의 치료 절차를 밟을지 선택하게 된다.

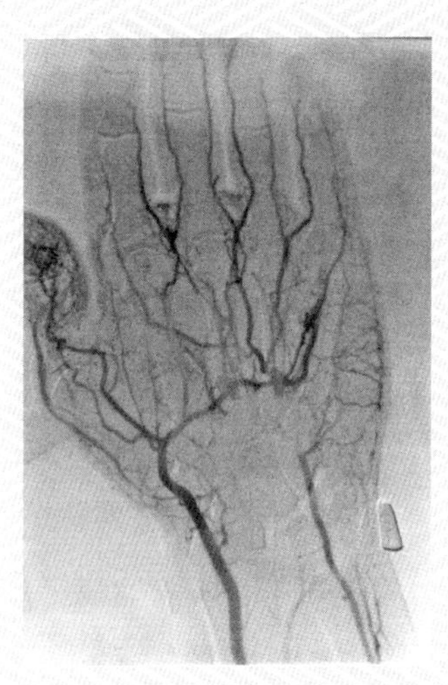

◎ 그림 8.1. 척골 동맥이 막혀 있는 상태를 보여주는 혈관조영상

종종 이 단계에서는 '동맥조영술'이 실행된다. 동맥조영술은 바늘을 넓적다리 동맥에 넣어 심장으로 향하도록 하는 심장도관술과 유사한 절차다. 조영제를 투여하고 엑스레이를 찍으면, 조영제는 동맥을 통해 팔, 손, 손가락으로 침투한다. 이를 통해 동맥 및 혈관 상태를 보여

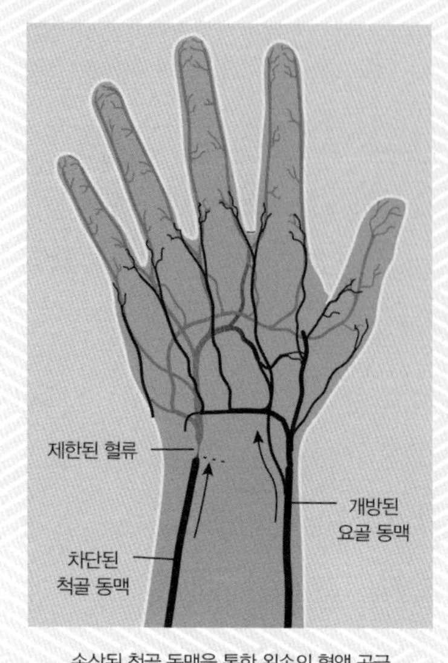


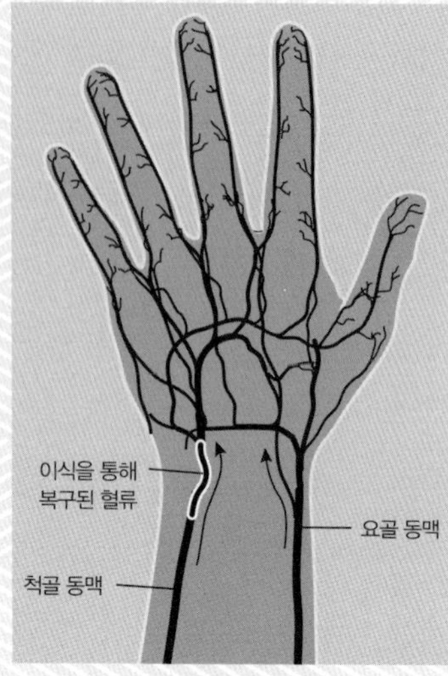


◎ 그림 8.2. 수술을 통해 혈류를 복구하기 전과 후의 왼손 혈액 공급을 묘사한 그림

주는 일종의 '지도'를 만들 수 있게 된다(그림 8.1.과 8.2.). 동맥조영술 지도를 보고 수술을 할지 결정하는 경우가 자주 있다.

### 경직된 손

당뇨병 환자의 손은 경직된 상태로 발전하는 경향이 있다. 이 증상을 종종 '제한된 관절 가동성 증후군(limited joint mobility syndrome)' 또는 '로젠블룸 증후군(Rosenbloom syndrome)'이라는 용어로 부른다. 오직 당뇨병 환자만 이 증상이 진전되는 것으로 간주되고 있다. 이 증후군을 앓는 환자가 기도하는 자세로 두 손을 마주해 붙이면, 두 손 사이의 공간이 보일 수 있다. 이런 상황이 나타나는 이유는, 두 손이 완벽하게 서로 납작하게 밀착되지 않기 때문이다. 이 같은 제약은 뒤퓌트랑 구축을 앓는 경우에도 나타난다. 하지만 여기에는 차이점이 있는데, 뒤퓌트랑 구축에서는 손가락이 전부 구축을 앓는 것은 아니며, 또한 손바닥에 굵은 줄이 나타난다는 것을 거론할 수 있다. 이런 증상은 제한된 관절 가동성 증후군에서는 볼 수 없다.

로젠블룸 증후군은 방아쇠 손가락과 뒤퓌트랑 구축처럼 당뇨병으로 인해 손이 움직이는 범위가 줄어드는 다른 원인 증상과는 뚜렷하게 구분된다. 로젠블룸 증후군이 진전되고 있는 환자는 어깨가 경직될 수도 있다. 이 질환을 '동결견(frozen shoulder)' 또는 좀 더 기술적인 용어로 '유착관절낭염'이라고 부른다. 경직된 손 증후군은 특히 노년층, 남성, 당뇨병을 오래 앓은 환자, 포도당 조절 수준이 형편없이 낮은 사람에게 발병될 확률이 높으며, 그만큼 중증도도 높다. 이 병을 치료하는 방법은 대부분 비수술적 요법이다. 여기에는 부기를 가라앉히는 조치, 필요할 경우에는 부목을 대는 방법 등이 포함된다. 그리고 이때 투약 방식을 일부 변경하기 위해 내분비 전문의나 일차의료 전문의와의 논의가 필요할 수도 있다. 수술 조치는 환자의 일상 활동에 상당한 제약이 따를 때만 고려해야 한다. 이 경우에는, 힘줄이나 관절을 방출하는 수술이 도움이 될 것이다.

**피부 변화**

당뇨병 환자는 손의 피부가 변화할 수 있다. 이 같은 변화는 대부분 양성이며 통증이 전혀 없는 증상이기는 하지만, 미용 면에서 곤란을 겪을 수도 있다. 이 질환 가운데 가장 흔한 것으로는 '백반증(피부의 색소침착이 상실되거나 부족한 증상)', '흑색가시세포증(피부의 과다색소침착)', '당뇨병 수포증(피부에 수포가 생기는 증상)', '당뇨병성 유지방 괴사 생성(가려움이나 상처 및 통증을 유발할 수 있는 발진으로, 통증을 유발하는 궤양이 형성되고 감염이 진전되면 가장 심각한 질환으로 발전될 가능성이 있다)' 등이다. 내분비 전문의나 일차의료 전문의는 좀 더 공통된 증상은 없는지 면밀하게 살필 수 있어야 하며, 보다 까다롭거나 비정상적인 상황이 발생할 때만 환자를 피부과 전문의에게 보낼 필요가 있다.

가능하다면, 당뇨병 환자는 내분비 전문의가 진료해야 한다. 내분비 전문의는 당뇨병 치료에 대해 특별한 전문적 지식과 기술을 지니고 있기 때문이다. 내분비 전문의는 필요하다고 판단될 경우, 당뇨병 환자를 손 외과 전문의에게 보낼 것이다. 의료 전문가의 진단 및 치료와 더불어, 환자 자신의 당뇨병 관리도 건강을 지키는 데에 핵심적 요소다. 독자 여러분은 조금만 주의를 기울이면 거의 모든 병원에서 다양한 형태의 당뇨병 교육, 관리, 지원 프로그램을 실시하고 있다는 사실을 알게 될 것이다. 또한 이 같은 프로그램 내용

은 대부분 건강보험에 적용된다. 독자 여러분은 이 장에서 습득한 내용을 반드시 기억해 두고 여기서 소개된 프로그램을 적극 활용해야 한다. 독자 여러분이 얼마나 노력하느냐에 따라 인생의 질이 결정적으로 판가름 난다. 아울러 이를 통해 삶의 필수적인 도구인 손을 보호할 수 있다.

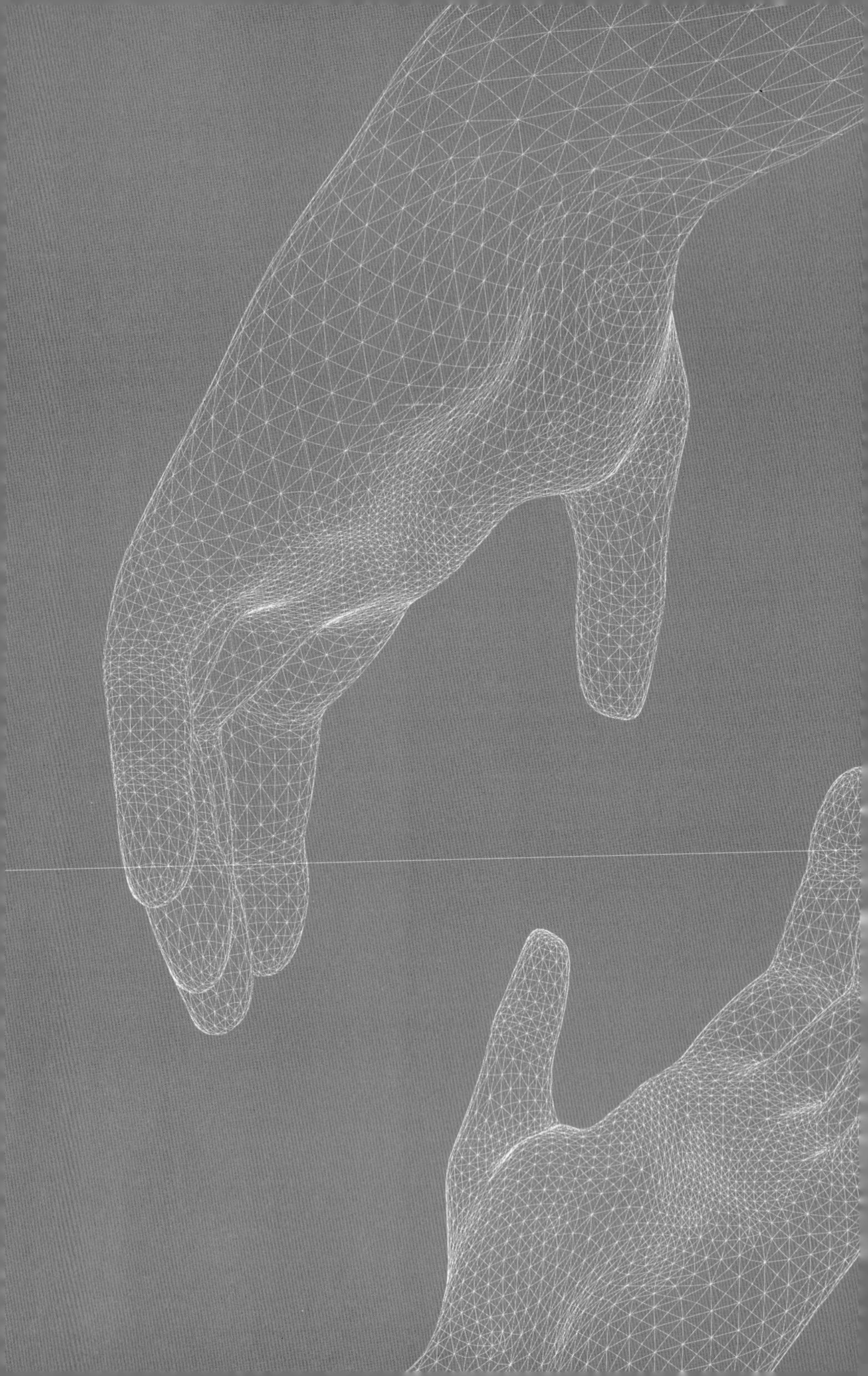

# 9장

# 브라유 점자와 신경 장애 증후군 : 이성과 감성

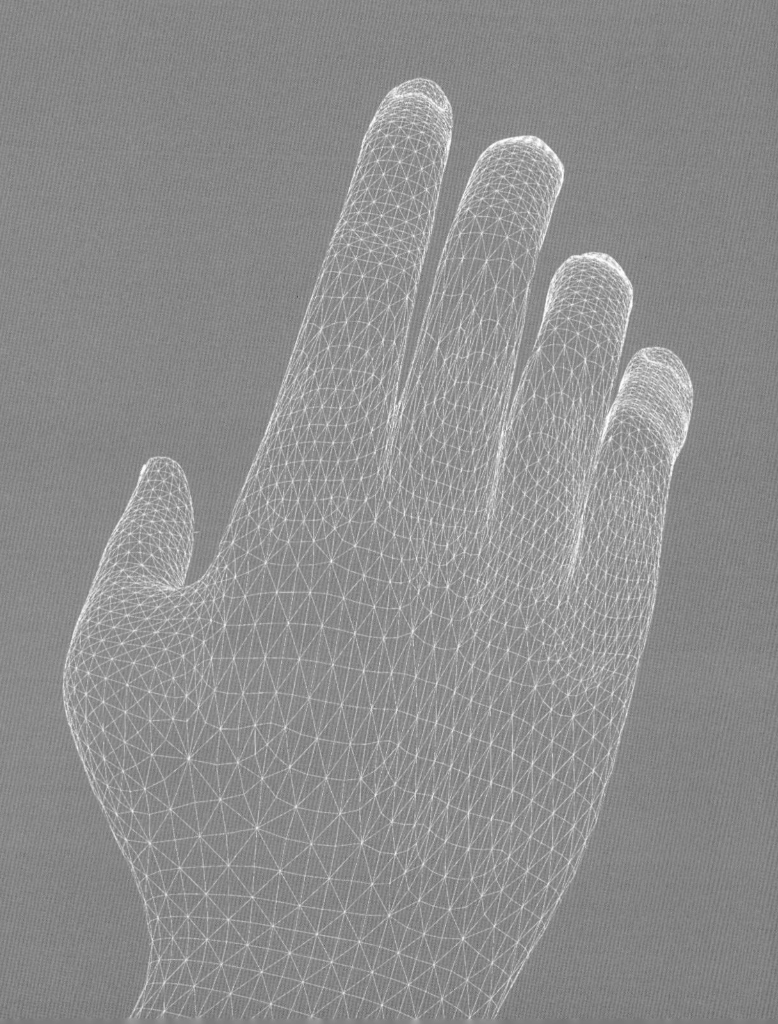

# 브라유 점자와 신경 장애 증후군 : 이성과 감성

의학박사 라이언 M. 짐머먼

의학박사 닐 B. 짐머먼

존슨(Johnson) 부인(가명)은 여러모로 보아 우리가 운영하는 손 치료 클리닉을 방문하는 전형적인 환자였다. 그녀는 40대 중반이며, 캐주얼하게 스웨터와 진을 입고 있었다. 존슨 부인은 지원군을 데리고 왔는데, 바로 언니와 딸이었다. 그들은 진찰실 구석에 얌전히 앉아 있었다. 하지만 전형적인 상황은 여기까지였다.

"의사 선생님, 저를 좀 도와주세요." 존슨 부인은 두 손을 움켜쥐고 애원했다. "눈이 멀어가고 있어요."

독자 여러분은 '왜'라는 의문이 들지도 모른다. '어째서 자신의 처지를 손 외과 전문의에게 호소하는가?'

존슨 부인은 수십 년 전 양쪽 눈의 시력을 전부 잃었다. 그녀는 눈과 관련된 문제 때문에 손 치료 클리닉에 온 것이 아니다. 바로 손가락 끝이 무감각하고 저렸기 때문이다. 그녀의 떨리는 목소리에서 분명히 알 수 있듯, 손은 심각한 시각장애를 지닌 사람에게 독보적으로 중요하다고 해도 결코 지나친 말이 아니다.

인간의 시각이 불안정해지면, 예전 같으면 눈이 담당했을 수많은 역할을 손이 수행하게 된다. 또한 여러 이유로 시각장애인의 손이 발휘하던 능력, 즉 외부 세계로 이동하거나 감지하는 능력이 불안정해지면, 시각장애인의 난관은 두 배로 늘어난다. 지각·판단과 의사소통을 수행하는 가장 중요한 대안 수단인 손이 기능을 상실했기 때문이다.

우리는 얼마나 많은 미국인이 시력 상실 및 팔과 손의 감각 문제로 고통 받고 있는지에 대해서 정확히는 모르고 있다. 다만 2006년 미국 전국 건강 면접 조사(the National Health Interview Survey, NHIS)에 따르면, 2천1백20만 명의 미국인이 심각한 수준의 시력 상실로 고통받고 있는 것으로 집계됐다. 즉 이들은 교정용 안경이나 콘택트렌즈를 착용하더라도 날마다의 일상 업무를 수행할 수 있는 시력을 확보하지 못하고 있다. 이 집단 가운데 620만 명이 고령자다. 이것만 해도 만만치 않은 수치이지만, 문제는 가까운 미래에 숫자가 더욱 늘어날 것으로 보인다는 데 있다. 최근 시각 장애를 앓게 된 6백만 명의 노년층의 바로 뒤를 이어, 일정 수준 시력을 상실한 9백만 명의 '베이비붐 세대'가 있다. 이 같은 상황은 시력이 나쁜 노년층 미국인의 수가 향후 몇 십 년 내로 상당히 증가할 것이라는 점을 의미한다. 그리고 실명은 모든 세대에 걸쳐 나타나는 문제다. 즉 오늘날 미국의 아동 중 5만8천 명이 법적으로 실명 상태에 있다.

시각이 상실되는 이유는 많다. 나이와 관련된 변화(황반변성), 안구 내부 압력(녹내장), 외상, 선천성 질환, 유전병, 감염, 뇌졸중 등이다. 그리고 이에 못지않게 손의 감각에 지장을 초래하는 질환도 많이 있다. 이 같은 질환은, 우리가 직접 마주치거나 손을 더듬어 알게 되는 물체에 대한 정보를 손바닥과 손가락을 통해 뇌로 전달하는 신경에 영향을 끼친다. 이 같은 문제 중 일부는 이 장에서 자세히 다룰 것이다. 그런데 여기서 먼저 특별히 언급할 질환이 하나 있다. 바로 당뇨병이다. 당뇨병은 기원의 뿌리 면에서 이 장에서 언급하는 여러 질환과는 다르지만, 그럼에도 의학계가 직면하고 있는 가장 중요한 도전 과제 중 하나인 질병이다. 아울러 당뇨병은 시각 및 감각 신경이 동시에 기능장애를 일으키는 주요 원인으로 작용한다.

미국 당뇨병 협회(the American Diabetes Association)는 당뇨병을 '신체가 인슐린을 만들지 못하거나 적절하게 사용하지 못하는 질병'이라고 간단히 정의한다. 8장에서 자세히 설명한 내용처럼, '인슐린'은 췌장에서 만들어내는 호르몬으로, 신체 세포가 혈액에서 당 분자(포도당)를 취해 활용하는 작용을 한다. 신체가 인슐린을 너무 적게 만들거나 적재적소에 반응하지 않으면, 포도당 수치는 점차 상승한다. 그리고 혈당 수치가 너무 높은 상태로 장기간 지속되면, 몸 전체 조직은 다양하고 복합적인 메커니즘을 거쳐 손상된다. 여기에는 산소 운반 기능 손상과 염증이 포함된다.

당뇨병은 손에서 나오는 감각을 척수로 전달하는 말초신경에 빈번히 영향을 끼친다. 말초신경에 도달한 감각은, 이후 이 같은 자극을 뇌의 여러 특정 영역으로 전송한다. 미국에서는 2천3백6십만 명이 당뇨병으로 고통받고 있으며 5천7백만 명이 이른바 '당뇨병전기' 상태에 있다. 당뇨병전기란 진단 기준에 전부 들어맞지는 않지만 당뇨병의 징후를 보이는 상태를 의미한다. 안타깝게도 당뇨병 환자 중 거의 4분의 1가량이 자신이 병을 앓고 있다는 사실을 모른다. 그래서 그들은 자신의 신체가 지속적으로 손상되고 있어도 이런 상황이 언제부터 진행되고 있는지 전혀 모른다.

당뇨병 합병증에는 심장병, 뇌졸중, 신장병이 포함된다. 또한 당뇨병은 20~74세 성인이 실명하는 주된 원인 노릇을 한다. 예를 들어 '당뇨망막병증'은 당뇨병성 안과 질환 중 한 형태인데, 미국 질병통제센터에 따르면 해마다 1만2천~2만4천 명의 미국인이 새로 실명하는 원인으로 작용하고 있다. 더욱이 당뇨병 환자 중 60~70%는 여러 형태의 신경 장애를 앓고 있다. 여기에는 손의 감각 장애, 수근관 증후군이 포함된다. 이 같은 수치는 최소 1천4백2십만 명의 미국인이 신경계 기능 장애를 앓고 있으며, 해마다 최소 1만2천 명이 당뇨병 때문에 새롭게 실명한다는 것을 의미한다. 시각장애인의 손이 담당하는 독특한 역할을 이해하는 행위는, 단순히 지적 활동 차원에만 머무르지 않는다. 시각 장애가 있을 때 손이 무슨 활동을 하는지 살펴봄으로써, 우리는 손이 시각장애인에게 어떻게 '눈 노릇'을 하는지 이해하는 데 도움을 얻게 된다. 손의 어떤 감각 기능을 복구해야 시각장애인이 자신의 손을 활용해 '볼 수 있는지' 안다면,

의사는 시각장애인을 진찰·치료하는 데 상당한 도움이 될 수 있다.

사람이 시각 기능을 잃었을 때 손이 맡는 새로운 임무에 대해 생각할 때, 우리 대부분은 첫 번째로 읽기 능력을 떠올리게 된다. 브라유 점자를 읽고 쓰는 법을 배우는 것은 손이 발휘하는 믿기 힘들 정도로 대단한 능력이며, 아울러 시각장애인이 엄청난 수준의 자립 능력을 확보하고 살 수 있는 기회를 제공하기도 한다. 브라유 점자 알파벳의 원리와 활용법을 파악하면 손이 작용하는 방식을 제대로 이해할 수 있다. 브라유 점자와 관련된 이야기는 인간의 경이로운 창의성과 투지·결단력을 생생하게 보여 주고 있다. 이 이야기의 주인공은 다름 아닌 '우리의 손가락 끝에 장착된 고도의 민감성'이다.

## 점자의 탄생

흔히 브라유 점자는 시각장애인이 글을 읽기 위한 방법을 개발하기 위해 최초로 시도한 것으로 여기는 이가 많은데, 이는 오해다. 브라유 점자가 등장하기 이전에 수많은 접근법이 시도되었던 것이 사실이다. 시력이 약간 남아있는 경우에는 글자를 각각 확대하는 방법(일반적인 책을 읽을 때 돋보기를 사용하거나, 글자로 특대 크기로 인쇄한 책을 읽는 방법 등)에서, 일반적인 책과 다를 바 없는 크기의 알파벳 문자를 양각으로 인쇄하는 방법에 이르기까지 다양했다. 그러나 이러한 접근법은 모두, 초기 단계부터 공통적으로 똑같은 근본적 결함을 공유하고 있었다.

즉 이런 방법은 시각을 기반으로 하는 시스템에 적응하는 방법으로, 손이 지닌 독특한 특성을 바탕으로 구축하는 방법과는 거리가 멀었다. 실명된 상태에서 손이 하는 역할은 눈이 기존에 했던 역할에 최대한 가까이 다가갈 것이라고 추정할 수는 있다. 하지만 이런 추측은 엄밀히 말하면 정확하지 않다. 손은 단순히 눈의 역할을 대신하는 데 머무르지 않고, 본래 지닌 미묘한 차이를 느끼는 감각과 특별한 능력을 발휘해, 상당히 다른 방법으로 임무를 성취해 낸다. 이러한 관계를 제대로 인식하고, 인간의 손을 통해 실명이 된 세계를 얼마나 우아하고 아름답게 선택하고 창조하는지 알게 되면 깊은 인상을 느끼지 않을 수 없다.

다른 사물의 역사와 거의 마찬가지로, 브라유 점자의 역사에는 피상적인 사실 수준을 뛰어넘는 사연이 담겨있다. 브라유 점자 알파벳을 둘러싼 진짜 이야기의 주인공은 바로 점자를 발명한 인물인 루이 브라유(Louis Braille)다. 나이 어린 소년이었던 그가 지닌 지적 능력, 창의성, 배우고자 하는 욕망 덕분에, 전 세계 수백만 명의 시각장애인의 삶이 향상됐다.

루이 브라유는 1810년 태어났다. 예리한 정신의 소유자인 루이는 이때만 해도 시력이 정상적이었다. 그의 아버지는 프랑스 파리에서 동쪽으로 30여 마일 떨어진 곳에 위치한 마을 쿠브레에서 말 안장을 만드는 일에 종사하고 있었다. 루이는 3살이 되던 해 아버지의 작업장에서 놀다가 뜻하지 않은 사고를 당했다. 그의 눈이 연장과 부딪쳤다. 부상을 당한 한쪽 눈이 실명됐으며, 설상가상으로 나

중에 다른 쪽 눈도 '교감눈염증'으로 추정되는 질환을 앓아 결국 시력을 잃게 됐다. 교감눈염증은 한쪽 눈이 상처를 입은 뒤 신체가 정상적이고 건강한 나머지 눈을 공격하는 증상으로, 현재까지도 이 병의 진행 과정을 완벽하게 밝히지 못하고 있다.

두 눈의 시력을 잃었음에도, 루이는 지식에 대한 갈망을 계속 이어나갔다. 그는 10살 때 파리 국립 맹인학교(the Parisian National Institute for the Blind)에서 장학생으로 입학했다. 그곳에서 시각장애 아동들은 직업 기술은 물론 글을 읽는 법을 교육받았다. 그런데 당시만 해도 시각장애인이 글을 읽으려면 양각으로 인쇄된 기존의 알파벳 문자를 손으로 더듬는 방법을 활용해야 했다. 이 방법으로 시각장애인은 기술적으로 글을 읽을 수는 있지만, 손가락 끝으로 각 글자 모양을 따라가야 하는 번거로운 과정이 요구됐다. 각 글자의 크기와 책의 무게(때로는 100파운드가 넘는 경우도 있었다) 때문에 대단히 느리게 글을 읽을 수밖에 없었다. 이러한 상황으로 인해 루이는 좌절감에 빠졌다. 그러던 중 1821년 프랑스군 대위 샤를 바르비에르(Charles Barbier)가 맹인학교 학생들을 초청했는데, 여기서 루이는 자신을 필요로 하던 영감을 얻었다.

이때 바르비에르 대위는 아이들에게 나이트 라이팅(Night Writing)이라는 군사 암호를 가르쳐 주었다. 나이트 라이팅은 처음에는 시력이 정상인 병사들이 전쟁터에서 비밀리에 정보를 공유할 수 있도록 돕기 위해 고안됐다. 나이트 라이팅의 체계는 아주 독특했다. 무엇보다 3차원 양각으로 복제된 글자나 숫자에 의존하지 않는 것이 큰 특징이었다. 격자 시스템을 활용해 글자와 숫자를 암호화시켰다. 나이트 라이팅 격자는 6×2 크기의 도트 매트릭스이며, 특정 글자나 숫자에 해당되는 양각화된 점이 나열되어 있다. 나이트 라이팅은 상당히 개선된 방법이기는 하지만, 여전히 충분하지 못했다. 당시 11살이었던 루이 브라유는 나이트 라이팅 암호를 수정했다. 그는 손이 실제로 어떻게 글자를 읽는 지 제대로 이해하고 있었기에 암호 수정이 가능했다. 이 조정 작업은 미묘하지만 중대한 결과로 이어졌다. 이를 통해 브라유 점자 알파벳이 탄생했기 때문이다.

당시 시각장애인은 나이트 라이팅에 활용된 점을 양각화된 글자보다 훨씬 쉽게 파악할 수 있기는 했지만, 이 두 방식은 공통적으로 근본적인 결함이 있었다. 나이트 라이팅이나 양각화 된 글자 모두 시각장애인에게 정보를 완벽하게 전달하지 못했다. 즉 손가락 끝이 닿자마자 한 번에 무슨 뜻인지 파악하는 것이 불가능했다. 양각으로 새긴 글자의 의미를 파악하려면 손가락 끝으로 글자의 곡선과 각도를 두루 더듬어야 한다. 이와 마찬가지로 나이트 라이팅 암호 역시 뜻을 파악하기 위해서는, 6열에 이르는 부호를 손가락 끝으로 더듬으며 다각도로 느낌을 조합해야 한다. 루이 브라유는 이 같은 제약사항을 이해한 뒤, 나이트 라이팅 암호를 3열×2행 크기의 점이 들어가는 격자로 바꿨다. 이것이 바로 현재 우리가 알고 있는 브라유 점자 알파벳이다. 일견 사소한 변경처럼 보이지만, 브라유가 제시한 간소화된 점자 알파벳은 머지않아 탁월하다는 사실이 입증됐다. 브라유 점자 알파벳을 통해, 사람들은 글자를 손으로 읽어야 할 경우 어떤 원리로 작용하는지 완전히 새롭게 이해했다.

브라유 점자 알파벳이 등장하기 전까지는 손가락이 눈과 똑같이 정확하게 글자를 읽을 수 있도록 훈련하는 데 주력했다. 이는 자연스럽고 당연한 접근방식이기는 하지만 결함이 있었다. 손가락 끝은 눈과는 달리 고도로 정밀한 도구로, 정지 상태에서 최고의 효율을 발휘할 수 있다. 손을 이리저리 움직이며 점자의 여러 열을 더듬거나 양각화 된 글자의 솟아있는 부분을 따라 가며 느낌을 받기 위해서는, 반드시 뇌가 감각 정보의 다양한 조각을 한데 모아 총체적으로 자각된 대상으로 재구성해야 한다- 이는 고도로 복잡한 작업으로, 시간은 물론 귀중한 정신 에너지의 소모가 필요하다. 그래서 쓰인 글자의 의미 자체에 집중하기가 힘들게 된다. 그렇지만 손가락 끝은 서로 밀착되어 있는 두 개의 점이 나타내는 뜻을 파악하는 데 대단히 능숙하다(그림 9.1.). 이렇게 인간의 손이 지닌 독보적인 특성을 활용하고 손의 한계를 존중함으로써, 루이 브라유는 응집되어 있어 재빠르게 읽을 수 있는 알파벳을 만들어내는 데 성공했으며, 이 브라유 점자 알파벳은 오늘날에도 계속 사용되고 있다(그림 9.2.).

브라유 점자 알파벳은 매트릭스 안에 최대 6개의 점이 들어갈 수 있으며, 총 63개의 조합을 이룰 수 있다. 브라유 점자 알파벳으로 만들어내는 순열·조합은 유럽 알파벳 글자보다 훨씬 많다. 루이는 어떤 패턴이 글자와 일치하는지 결정하기 위해, 쉽게 습득할 수 있는 체계를 활용했다. 알파벳 첫 글자 10개(A~J)를 표시하려면, 전부 매트릭스 상단 2열에만 점을 위치하도록 했다. K부터 하단 열에 점을

EF SHAW
WILGIS, M.D.
Research Director

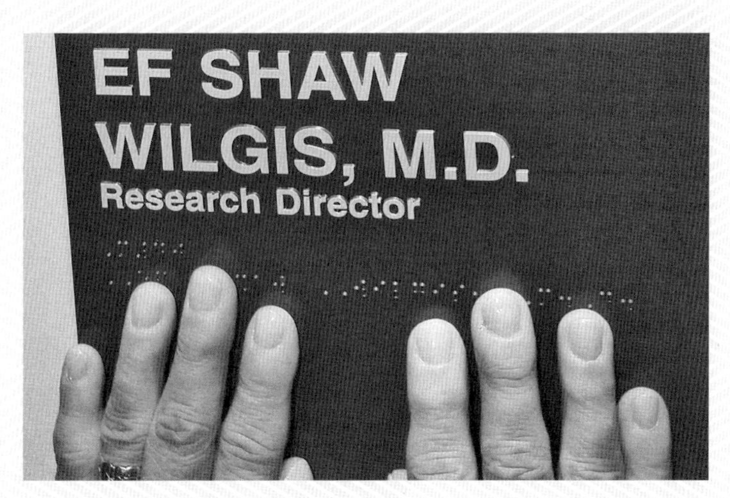

◎ 그림 9.1. 두 손으로 브라유 점자를 읽는 장면

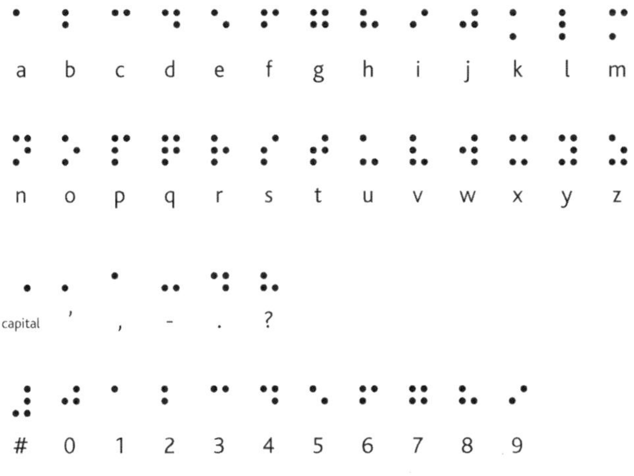

a b c d e f g h i j k l m
n o p q r s t u v w x y z
capital ' , - . ?
# 0 1 2 3 4 5 6 7 8 9

◎ 그림 9.2. 브라유 점자에서 사용하는 알파벳과 숫자
미국 맹인 재단(American Foundation for the Blind)에 게재된 내용을 인용(http://braillebug.afb.org). 여기서는 케이딩 브라유(Kaeding Braille) 서체를 사용했다.

위치시킬 수 있다. K 다음에 나오는 글자 10개의 경우 똑같은 순환 구조로 상단 2열에서 반복되는데, A~J와는 달리 하단 열에 점이 첨가된다. 그런 다음 다시 한 번 동일한 순환 구조가 상단 열에서 반복되며, 하단 열 오른쪽에 점이 첨가된다. 여기서 'w'는 예외인데, 루이가 점자 알파벳을 발명할 당시 프랑스어 알파벳에는 w가 포함되지 않았기 때문이다.

루이 브라유는 물론 그가 등장하기 이전에 활동했던 사람들 모두가 알파벳을 읽는 도구로 손을 선택한 이유는 무엇일까? 이 같은 의문에 대한 확실한 해답은 우리가 손에 크게 의존하며 동시에 손을 사용하는 것을 당연하게 여기는 경향이 있다는 데에 있다. 즉 손으로 건드려 촉감을 느끼는 행위는 신속하고 얼마든지 재현이 가능하며, 상당히 받아들일 만하다. 이는 다른 감각 양상은 절대 따라잡지 못할 특성이다. 인간의 손이 너무나 많은, 동시에 너무나 다양한 임무 수행을 떠맡는 이유를 탐구하면, 인간의 손에 대해 엄청나게 많은 사실을 알 수 있다. 아울러 손이 지닌 취약성은 물론 시각장애인의 삶에서 손이 맡은 독특한 역할에 대해서도 명확하게 알게 된다.

## 놀라운 '2밀리미터-2점 식별'

우리가 손에 의존하는 이유는 몇 가지 중요한 생리적 요인 때문이다. 즉 손은 기동성이 뛰어나고 솜씨가 좋으며, 고도로 발달된 감각 능력을 지니고 있다. 인간이 걷는 동안, 손과 팔은 (상당수 다른 동물과는 달리) 몸의 무게를 지탱하지 않는다. 그래서 손과 팔은 자유롭게 다른 책무를 상정할 수 있으며 기동성 외에도 다른 기술을 활용하는 게 가능하다. 하지만 손이 지닌 가장 흥미로운 특징 중 하나는, 브라유 점자를 읽을 때 절대적으로 필요한 것 하나를 가지고 있다는 사실이다. 아울러 이것은 신경에 손상을 입은 사람들에게는 없는 경우가 종종 있다. 이것은 다름 아닌 '2밀리미터-2점 식별'이다. 2밀리미터-2점 식별이란 손, 특히 손가락 끝이 간격이 겨우 2밀리미터 밖에 떨어져 있지 않은 두 개의 자극 지점을 각각 구별할 수 있다는 의미다! 2밀리미터라는 길이가 얼마나 미세한지를 이해한다면, 이번에는 자를 가지고 브라유 점자의 점 간격을 한번 측정해 보라. 점과 점 사이의 간격이 얼마나 작은지 깨닫고 깜짝 놀랄 것이다.

2점 식별을 보고 처음에는 감수성을 측정하기에는 다소 어색한 방법이라는 생각이 들 수도 있지만, 실제로는 상당히 직관적인 방법이다. 어떤 부위의 감각 신경이든 멀쩡한지 망가졌는지 파악하려면 2점 식별이 꼭 필요하다. 이 같은 파악은 우선 다음 같은 기본적인 질문으로 시작한다. '손가락이 뜨거운 난로에 닿는 듯한 느낌이 드나요, 그렇지 않나요?' 이 질문에 대해 일단 대답을 하면, 그 다음으로 2점 식별을 통해 자극 지점이 존재하는지 그렇지 않은지 정확하게 알 수 있다. 이는 누군가에게 집 주소를 알려 주는 것이, 거리 명만 알려주는 것보다 훨씬 정확한 것에 비유할 수 있다. 즉 2점 식별을 통해 손가락 끝의 감각 인지 측정을 객관적으로 할 수 있다. 감각

인지가 저하된 것으로 측정되면, 이는 감각 기관이 손상됐음을 알려주는 지표가 될 수 있다.

과연 손가락 끝의 촉각이 신체의 다른 어느 곳보다도 훨씬 정밀하다는 말인가 의심이 든다면, 다음 같은 방법을 한번 시도해 보라. 예를 들어 가늘고 촘촘한 빗처럼 올과 올의 두 지점 사이 거리가 얼마 되지 않는 가정용품을 가지고 와라. 그런 다음 눈을 감고, 가정용품을 손가락 끝으로 '살짝' 눌러라. 브라유 점자를 새로 읽기 시작한 경우 흔히 저지르는 실수가, 다름 아닌 점자를 너무 세게 누르는 것이다. 독자 여러분이 느끼는 점의 개수가 각각 얼마나 되는지 세어 보아라. 이때 다른 사람이 곁에서 얼마나 많이 접촉하는지 지켜보도록 한다. 그런 다음 가정용품을 또 하나의 아주 민감한 지점인 입술에 갖다 댄다. 그리고 아까 하던 행위를 반복한다. 이제, 동일한 테스트를 하배부와 넓적다리 뒷부분에도 반복해 본다. 얼마나 정확하게 감각을 느낄 수 있는가? 부위에 따라 차이는 있었나? 사람들은 대부분 손가락 끝과 입술에 물건을 대었을 때 감각을 대단히 정확하게 느낄 수 있다고 감지한다. 반면 요추골이나 넓적다리 뒤편 부위에서는 감각을 덜 정확하게 느낀다. 이는 2점 식별이 부위에 따라 차이가 나기 때문이다. 인간의 신체 각 부위에 작용하는 생리적 요소가 어느 신체 영역에 있느냐에 따라, 감각 신경 섬유의 밀도는 각각 다르다. 아울러 감각 인지에 전념하는 뇌 조직의 총량도 신체 부위마다 각각 다르다.

뇌는 손과 얼굴을 실제 크기에 비해 불균형적으로 파악한다. 이는 앞에서 언급한 테스트 결과에서 확실하게 알 수 있는 것처럼 손과 얼굴이 지닌 독특한 감각 능력 때문이다. 다양한 실험을 통해, 뇌 뒤편에 위치한 시각피질(대개 시각 기능을 전담한다)같은 뇌 조직은 시각장애인의 촉감과 신호화된 언어와 관련된 기능을 다시 프로그래밍할 수 있는 능력이 있는 것으로 밝혀졌다. 이 같은 매혹적인 사실은 시력이 정상적인 사람과 시각장애인이 모두 똑같이 손에 의존하는 이유와 방법을 설명하는 데 도움이 된다. 아울러 손 감각의 신경 문제가 지닌 대단히 파괴적인 특성을 이해하기 위한 장을 마련한다.

## 꽉 죄는 신경

신경 기능 장애가 일어나는 가장 흔한 원인은, 당뇨병 신경병증 때문이라기보다는 말초신경이 외부로부터 압박을 받기 때문이다. 말초신경은 텔레비전이나 인터넷 케이블과 매우 유사하다. 즉 한쪽 끝에서 신호가 만들어져 선의 길이만큼 흘러가다가 수신기에 도달하면, 신호는 의미 있는 내용물로 바뀐다. 텔레비전과 인터넷 케이블과 마찬가지로, 말초신경은 물리적 손상(비유하면 인부가 공사를 하다가 케이블 선을 자르는 것)이나 화학적 손상(비유하면 구리선이 부식되는 것)에 민감하다. '정중신경'(기본적으로 주로 엄지손가락, 집게손가락, 가운뎃손가락과 연결되어 있다) 같은 전형적인 말초신경은 수 만개의 미세한 섬유로 구성되어 있다. 감각 신경의 대사를 담당하는 부분인 '세포체'는 척수에 위치해 있으며, 이는 감지 역할을 하는 부위와는 상당히 멀리 떨어져 있다.

목에서 손가락 끝까지 이르는 단일 신경의 길이는 몇 피트나 될 수 있다. 이렇게 신경에서 길게 늘어난 부분을 '축삭'이라고 한다. 축삭은 내부에 절연 처리가 된 전기 시스템을 구축한다(오늘날 전선에서 사용되는 시스템과 유사하다). 이 시스템은 미세한 전기 자극을 척수로, 그리고 척수에서 뇌로 운반하도록 고안되었다. 정상적으로 관절을 움직이거나 몸의 자세를 취하면, 어느 정도는 가볍게라도 신경을 늘어나게 하거나 꽉 죄게 된다. 척골신경이 팔꿈치 내부에 있는 큰 뼈의 뒤를 지나는 지점을 한번 생각해 보라. 팔이 움직이면 신경을 꽉 죄고 늘어나게 한다. 이런 일이 팔꿈치 전체에서 일어난다.

이 같은 물리적 영향은 대부분 부지불식간에 일어난다. 하지만 어떤 상황에서는 신경이 물리적 압박이나 긴장을 받는 경우를 꽤 분명하게 느낀다. 한 가지 예를 들면 손이 '잠들어버리거나*', '척골 끝을 칠' 경우가 여기에 해당된다. 전자의 경우는 정중신경이 압박을 받는 상황이며, 후자의 경우는 척골신경이 물리적으로 부딪치는 상황이다.

당뇨병 신경병증과 압박성 신경병증('신경병증'은 신경 이상을 광범위하게 지칭하는 용어다) 둘 다 저리고 무감각해지는 원인이 될 수 있지만, 두 증상이 일어나는 근본적 원인은 상당히 다르다. '당뇨병 신경병증'

---

* '무감각해지거나'의 의미로 이해하면 됨.

의 경우, 신경은 주변 구조가 양호하며 다른 신경과 아무런 어려움 없이 상호작용 한다. 다만 신경 대사 내부에 문제가 있다. '압박성 신경병증'의 경우 신경 자체는 본질적으로 잘 작동하지만, 신경이 병적으로 꽉 죄거나 늘어나기 때문에 결국 기능이 저하되기 시작한다. 신경이 꽉 죄거나 늘어나게 되면, 정확한 속도와 힘으로 전기자극을 뇌와 척수에 전달하는 능력이 서서히 점진적으로 저하된다.

수근관 증후군은 단연코 손과 팔에 가장 흔하게 발생하는 압박성 신경병증 질환이다. 아주 흔하게 발생하는 질환이기 때문에, 때로는 신경학적 테스트를 거치지 않고도 환자의 병력이나 신체검사만으로 진단을 내리게 된다. '수근관 증후군'이라는 용어는, 손목 기저에 위치한 뼈와 인대들에 의해 형성된 작은 통로가 좁아져 여기를 통과하는 정중신경(엄지손가락, 집게손가락, 가운뎃손가락에 감각을 제공하는 신경)이 압박을 받는 경우를 일컫는다(그림 9.3.). 이 통로를 '수근관'이라고 한다. 수근관 경계의 대부분을 형성하는 뼈를 총칭해 수근골이라고 부르기 때문에 이런 명칭으로 부른다. 수근관 증후군은 엄지손가락, 집게손가락, 가운뎃손가락이 무감각하고 저린 것이 특징이다. 이런 불편한 증상 때문에 환자는 종종 잠에서 깨어나는 경우도 있다. 이 문제는 여성에게 아주 흔하게 발생하며, 거의 폐경기에 나타난다.

의사는 (전문 지식이 없는 상당수 대중과 마찬가지로) 수근관 증후군 같은 압박성 신경병증이 일어나는 가장 흔한 이유가, 타이핑 같은 반복적인 활동 때문이라고 생각한다. 그렇지만 연구자들은 이러한 이론을 뒷받침할 증거를 별로 못 찾아내고 있다. 손 외과 전문의 대다수는 압박성 신경병증이 발생하는 주된 이유가 해부학적 변화, 노화, 폐경기로 인한 체액의 이동 때문이라고 거의 틀림없이 믿고 있다. 반복적인 활동이라든지 자판(키보드)을 사용하는 바람에 수근관 증후군이 발생하는 사례 비율은 얼마 되지 않는다.

수근관 증후군은 손의 감각을 상실하는 가장 흔한 원인으로 작용한다. 정중신경은 엄지손가락, 집게손가락, 가운뎃손가락에 감각을 제공하는 기능 외에도 엄지손가락 기저 주변에 있는 작은 근육을 조절하는 역할도 한다. 그러므로 수근관 증후군이 심각하게 진전된 경우, 환자는 엄지손가락 위치를 제대로 잡는 동작, 그리고 손가락을 정확하게 꽉 쥐는 동작을 할 때마다 어려움을 겪는다. 손의 감각이 줄어들면, 바늘구멍에 실을 넣는다든지 옷의 단추를 잠그는 것 같은 섬세한 작업은 날이 갈수록 힘들게 된다. 이런 증상이 너무 오랫동안 지속된다면, 환자는 총체적인 운동 기능(잔을 쥐는 행동, 목욕, 요리)도 예전에 비해 둔하게 수행하게 되며, 이런 상태는 서서히 악화되어 간다.

수근관 증후군을 진단하기 위해서는 대개 임상 검사와 전기 진단 테스트를 복합적으로 실시한다. 여기서 전기 진단 테스트란 신경을 흐르는 전기 자극의 전달 과정을 그래프로 나타내는 방법이다. 수근관 증후군을 치료하기 위한 첫 번째 방법은 대개 밤중에 부목을 대는 것이다. 이와 더불어 경구 투약 및 주사 투여도 문제가 되는 부위를 정상으로 돌아오도록 복구하는 데 도움이 된다. 수근관 증후군이 심각해지거나 비수술적 치료법으로 해결하는 데 실패한다면, 수술

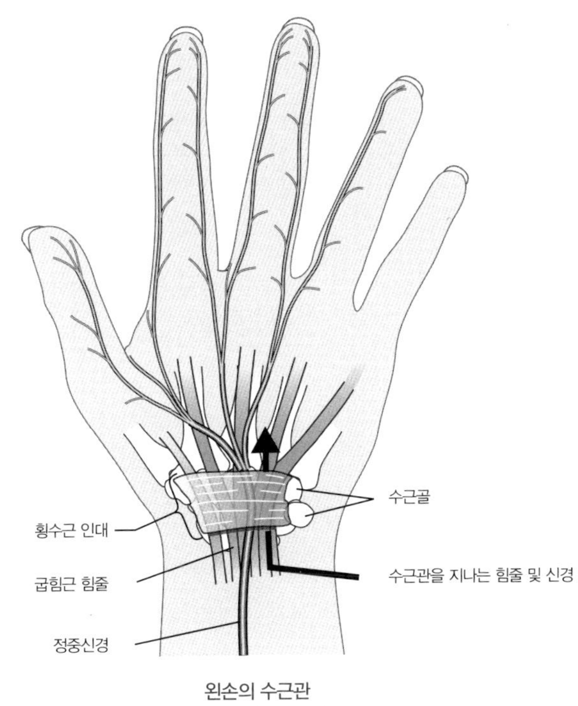


왼손의 수근관
(손바닥 면에서 본 그림)

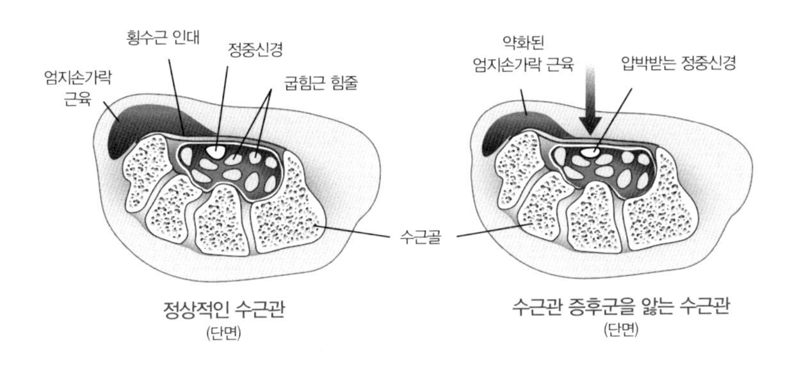


정상적인 수근관
(단면)

수근관 증후군을 앓는 수근관
(단면)

◎ 그림 9.3. 손의 수근관

을 추천하는 경우가 자주 있다.

수근관 수술을 실시하는 목적은 수근관의 크기를 늘려 정중신경에 가해지는 압박을 완화시키고 치유할 수 있는 기회를 제공하는 데 있다. 수술을 마친 뒤, 환자는 종종 손의 감각이 신속하게 돌아오는 것을 느낀다. 수근관 증후군이 심각하거나 오랫동안 지속되는 경우, 수근관을 조절하는 신경 및 근육이 영구적으로 손상될 수도 있다. 감각이 돌아오고 근육이 재건되더라도 이는 부분적일 수 있으며, 따라서 회복은 상당히 오래 걸릴 수 있다.

지난 10년 동안 수술을 통한 수근관 증후군 치료법은 인상적으로 발전해 왔다. 예전에는 수근관 수술을 하려면 손바닥 한가운데를 크게 절개해야 했다. 이 수술법은 정중신경이 받는 압력을 완화시키는 데는 효과적이지만, 절개 부위가 크기 때문에 회복 시간이 상당히 오래 걸린다. 현재 실시되고 있는 보다 발전된 형태의 수근관 수술은 절개 부위의 길이가 1인치도 되지 않는다. 이런 수술법으로도 정중신경이 받는 압력은 적절하게 줄어들며, 수술 뒤 손의 압통은 최소화된다.

여기서 몇 번이고 제기되어 온 의문이 하나 있다. 바로 수근관 증후군을 해결하기 위해서는 수술 뒤에도 특정 활동을 멈춰야만 하는지의 문제다. 특정 활동을 멈춰야만 문제가 해결된다는 것이 사실임을 뒷받침하는 증거는 사실상 거의 없다. 수근관 증후군이 재발하거나 지속되는 가장 흔한 이유는 바로 초기 진단을 부정확하게 하기 때문이다. 이 같은 혼동이 종종 발생하는 이유는 손에 나타나는 증상이 겹치기 때문이다. 이는 몇몇 다른 신경이 손목에서 팔꿈치, 척추에 이르는 다양한 위치에서 압박을 받기 때문이다. 더욱이 수근관 증후군 수술이 얻은 인기와 성공으로 인해, 일부 환자는 자신이 진단받은 증상이 수근관 증후군과는 전혀 상관이 없는데도 불구하고 완치되기 위해 수술을 꼭 받도록 해달라고 고집을 부리는 경우도 있다.

수근관 증후군은 상지에서 가장 흔하게 발생하는 압박성 신경병증 질환이다. 그 다음으로 흔한 것으로는, 팔꿈치에 있는 척골신경이 압박을 받는 증상이다. '척골 신경'은 팔꿈치 내부에 있는 뼈 뒤쪽(내측 위팔 위관절융기)에 분포되어 있으며, 새끼손가락과 넷째손가락으로 이어진다. 척골 신경은 새끼손가락과 넷째손가락에 감각을 전달하는 것은 물론, 손의 자잘한 근육 대다수를 조절한다. 팔꿈치에 척골 신경병증이 발생했을 때 나타나는 증상은 수근관에 일어나는 증상과는 뚜렷하게 구분된다. 팔꿈치 척골 신경에 압박을 느끼는 환자는, 새끼손가락과 넷째손가락에서 무감각과 저림 증상을 호소하는 경우가 빈번하다. 또한 손가락을 각각 펴거나 손가락을 한데 모을 때 어려움을 겪는다. 아울러 엄지손가락을 힘껏 쥐는 행위도 힘겹다.

팔꿈치에 척골 신경병증이 발생하면, 대개 팔꿈치를 탁자나 자동차 팔걸이에 놓을 때 새끼손가락과 넷째손가락이 무감각해진다. 이러한 무감각 증상은 팔꿈치 내부에서 새끼손가락과 넷째손가락으로 퍼진다.

일반적으로 척골 신경은 팔꿈치 내부에 있는, 뼈로 가득찬 고랑에 느슨하게 묶여있다. 팔꿈치를 구부리면 신경은 전진하면서 늘어나는 동시에 '내측상과' 뒤편의 압력을 받는다. 내측상과는 팔꿈치에 있는 뼈 구조로, 신경은 내측상과 뒤편으로 지나간다. 이렇게 신경이 늘어나고 압력을 받는 상황은 시간이 지남에 따라 신경이 변화하는 원인이 되어 결국 기능까지 변할 수 있다. 하지만 어떤 사람들의 경우 신경이 좀 더 기동성이 있는 바람에, 실제로 팔꿈치를 구부리는 동안 신경이 내측상과를 미끄러져 내려와 잘못된 쪽으로 향하며, 이로 인해 외상이 추가적으로 발생할 수 있다.

팔꿈치에 발생한 척골 신경병증을 비수술 방법으로 치료하려면, 먼저 부목을 대는 것으로 시작한다. 이렇게 하면 팔꿈치는 절반 정도 펼친 상태를 유지하게 되어, 신경이 늘어나고 내측상과의 압력을 받는 상태로부터 회복될 수 있다. 비수술 치료법이 실패한다고 해도, 다양한 수술법이 있어 문제를 치유할 수 있다. 수술법으로는 추가 손상을 방지하기 위해 척골 신경을 팔꿈치 앞쪽으로 옮기는 방법이 있다.

## 연관통증

손에 영향을 끼치는 말초신경 질환이 손목이나 팔꿈치에서 비롯될 수 있지만, 상지를 조절하는 신경은 뇌와 목척수에서 유래한다는 사실을 아는 것이 중요하다. 이렇게 다소 멀리 떨어진 부위에 발생하는 질환은, 손에 나타나는 증상의 원인으로 작용할 수 있다. 특히 손 수술 같은 분야와 관련 있는 의학적 개념이 바로 '연관통증'이다. 연관통증이란 어떤 문제가 특정 부위, 예를 들면 경추(목뼈)에서 발생했을 때, 일견 이 부위와 직접적인 관련이 없어 보이는 다른 부위(예를 들면 손)에서 통증이 나타나는 증상을 의미한다.

최종적으로 손에 이르는 신경뿌리의 경우, 이 신경뿌리가 척주(脊柱)를 형성하는 척추 뼈 사이에 있는 작은 구멍을 통해 척수를 빠져나갈 때 압박을 받을 수 있다. 이 척추 뼈 사이에 있는 작은 구멍을 '신경공'이라고 일컫는다. 신경공은 여러 메커니즘을 통해 팽팽해질 수 있는데, 이 과정을 '협착'이라고 한다. 거의 모든 척수 부위에는 여섯 개의 작은 관절이 있으며, 이 관절은 다른 신체 관절과 마찬가지로 관절염에 걸릴 수 있다. 가장 흔하게 발생하는 관절염 유형인 골관절염은 연골이 닳을 때 진행된다. 연골은 완충 작용은 물론, 관절이 표면을 활강할 때 마찰이 적게 일어나는 역할을 한다. 활강 표면을 늘리고 연골 완충 작용의 상실에서 오는 스트레스를 분산시키려는 의도로, 뼈 물질은 관절 가장자리, 바로 신경공이 위치한 곳에 추가된다. 이 추가된 뼈는 종종 '뼈돌기', 또는 '뼈곁돌기'라고 부른다. 신경공의 크기는 이 뼈곁돌기가 대개 신경공을 위해 마련된 공간에 침투할 때 절충될 수 있다. 그러므로 신경뿌리가 척수를 빠져나가면 압박을 받게 된다.

하지만 신경이 뇌에서 손가락 끝으로 여행을 하는 도중 손상을 입기 쉬운 지점은 예상보다 훨씬 많다. 신경뿌리는 손을 향해 가는 중간에 분지가 형성되고 혼합되는 과정을 거친다. 즉 손목이나 팔꿈치를 통과하는 신경을 구성하는 섬유는, 척추에서 여러 상이한 수준으로 나온 신경 섬유로 이루어져 있다. 그래서 수근관 증후군이나 척골 신경병증에 걸린 신경은, 경추를 성공적으로 빠져나갈 수 있지만 동시에 압박을 받을 수도 있다. 왜냐하면 어깨나 가슴에 발생한 질병(예를 들면 스키를 타다 사고를 당해 입은 외상이라든지, 폐의 최상단 부위에 종양이 생긴다든지)은, 신경 섬유가 '팔신경얼기'라고 불리는 해부학적 구조에다 함께 모여 최종적으로 섬유를 형성할 때 훼방을 놓기 때문이다.

결국 어느 한 부위에 발생한 질병이 다른 부위로 문제가 진전되는 것을 막지 못한다. 경추신경 뿌리가 압박을 받는 상황이 일어나거나, 정중신경이나 척골신경도 함께 압박을 받는 경우가 발생할 수 있다. 흔히 신경 충돌 증후군(신경 포착 증후군)이 발생한 위치를 찾으려면 전기 진단 연구, MRI(자기 공명 영상) 스캔, 면밀한 진찰 등이 필요한 경우가 종종 있다.

경추 질환을 치료하기 위해서는 비수술적 요법이 종종 시행되는데, 물리치료와 약물 투여를 복합적으로 실시한다. 경추 질환 증상은 수근관 증후군이나 척골 신경병증의 증상과는 다르다. 목에 발생하는 통증은 흔히 손의 무감각 증상과 관련되어 있다. 그래서 면밀하게 진찰을 해 보면, 때로는 정중신경 부분만 관련이 있다는 사실을 찾아낼 수 있다. 다발성 신경은 정중신경을 형성하기 위해 척추에서 빠져나오기 때문에, 이 다발성 신경 가운데 일부만 척추 질환에 걸릴 수도 있다. 때로는 신경 뿌리를 누르고 있는 뼈 돌기를 제거하기 위해 수술 치료가 필요하다. 수술 치료법에는 신경뿌리가 척추를 빠져나갈 때 더 많은 공간을 제공하도록 여러 개의 척수분절을 한데 융합하는 방법이 포함될 수 있다.

## 뇌에서 일어나는 질환

척추는 손에서 상당히 멀리 떨어져 있기 때문에, 국소 증상이 일어나는 원인으로 작용하지 않을 수도 있다. 반면 손에 문제가 생겼을 때, 원인 노릇을 할 가능성이 훨씬 높은 부위가 몇 군데 있다. '다발경화증'은 지금까지 논의된 다른 신경병증과는 차이가 있는 질환이다. 이렇게 차이가 있는 이유는 두 가지다. 첫 번째로, 다발경화증은 중추에서 처음 발생한다. 즉 뇌에서 직접적으로 발병하는 것이다. 두 번째로, 지금까지 논의한 다른 모든 질환이 일어나는 과정에는 (손목, 팔꿈치, 척추에) 물리적 압박을 받는다는 공통 요소가 있다. 하지만 다발경화증에는 물리적 압박이라는 요소가 전혀 없다. 다발경화증은 여러 뇌 영역에 산란성 손상을 일으키는데, 아마도 신체 면역 체계가 자신의 뇌 조직을 공격하는 자가 면역 과정을 통해 손상을 입히는 것으로 보인다. 이러한 병변은 손에서 전달되는 신경 자극을 인지하는 데 방해가 되며(무감각 증상으로 이어진다), 아울러 뇌 말단에서 전달되는 자극도 교란시킨다(몸이 쇠약하거나 둔해지는 증상을 유발시킨다). 종종 다발경화증은 처음에는 손의 감각이 감소되거나 눈의 기능에 이상이 생기는 증상으로 발현된다. 손에 감각이 없어지면 문제가 발생한 위치가 어디인지 확인하기 위해 신경학적 검사를 전면적으로 받을 필요가 있다.

## 외상

인간 신체 내부에서 신경이 손상을 입을 수 있는 방법이 무수히 많기는 하지만, 신체 외부에서 손상을 입는 방법은 이보다 훨씬 많다. 그 가능성 중에는 칼, 총알, 깨진 유리, 동물이 문 경우, 화상, 자동차 등이 포함된다. 이밖에도 말그대로 수천 가지의 외상이 존재한다.

신경 외상은 비유하자면 수만 개의 섬유가 내재되어 있는 대규모 광섬유 케이블이 분열된 상황과 유사하다. 신경이 열상을 당했을 때 신체가 최초로 보이는 반응은, 청소세포(scavenger cell)를 동원해 죽거나 손상된 신경 부분을 제거하고, 발판 역할을 하는 신경 세포 구성 조직(말이집)을 온전한 상태로 두는 것이다. 외상을 입은 신경 부분을 청소하고 쳐내는 것을 '왈러변성'이라고 한다. 신경이 열상을 입은 뒤에는, 신경의 '근위'(인근)단이 마치 나무뿌리처럼 앞쪽으로 발아하기 시작하며, 신경을 예전에 머물렀던 관의 다른 쪽과 다시 연결할 수 있도록 시도한다. 화학물질의 복잡한 상호 작용이 신경의 정반대 쪽으로부터 분비된다. 이는 자라나는 신경 섬유를 멀리 떨어져 있는 목표 지점으로 끌어들이기 위해 분비되는 것이다. 아울러 화학 물질의 복잡한 상호 작용은, 성장을 자극하기 위해 중절된 신경의 근단쪽에서도 분비된다. 이렇게 신경이 자라는 과정은 서서히 이루어진다. 진행 속도가 마치 거북이걸음처럼 느리기 때문에, 신경에 손상을 입으면 회복 시간을 길게 잡아야 한다. 일단 신경 섬유가 의도한 목표 지점과 연결되면, 곁가지의 상당수를 잘라 내거나 쳐내게 되며, 성공적으로 복원되면 연결은 다시 강화된다.

수술을 통해 팔 신경을 복구하는 작업은, 신경 종말을 한데 꿰매는 것 같은 기계적 절차라기 보다는, 신경 종말을 재편성해 싹을 틔우는 축삭이 자신이 목표로 하는 곳으로 원활하게 향할 수 있도록 인도하기 위해 실시하는 측면이 더 많다. 그렇지만 외과 전문의는 '섬유소 접착제'라는 새로운 유형의 생물학적 접착제를 활용해 직접적으로 신경을 복구하면 성공을 거둘 수 있다는 사실을 깨닫고 있다. 최근 실시한 연구를 통해 신경 재생은 신경 종말의 끝 사이의 틈을 아주 조금만 남겨 두면 보다 효과적으로 신경 종말이 싹을 틔우고, 다시 연결되며, 자연스러운 과정을 통해 연결을 쳐낼 수 있다는 사실이 밝혀졌다. 만약 신경 종말 끝이 서로 너무 바짝 모여 있는 바람에 자신이 가야할 길을 자연스럽게 발견하지 못한다면, 신경 섬유는 아무리 노력을 기울여 가지를 뻗어도 목표를 발견할 기회를 놓치고 만다. 확실히 아무리 향상된 기술을 도입하더라도, 이게 반드시 자연스러운 과정을 능가한다는 법은 없는 것 같다. 이에 대해 정확하게 들어맞는 사례가 있다. 즉 신경 손상을 입은 뒤 기능을 회복하는 데 있어 가장 중요한 요인은 바로 환자의 나이다. 아무리 기술이 뛰어난 외과 전문의라도, 나이든 신경을 젊은 신경만큼 힘차게 목표를 찾아 나서도록 만들어 줄 능력은 없다.

이렇게 자연이 치료방법을 가장 잘 알 수도 있지만, 그럼에도 현대 의학은 자연을 따라잡으려는 시도를 감탄스러울 정도로 해내고 있다. 용해되는 합성 튜브를 활용해 재생된 신경의 끝을 다른 신경 끝으로 향하도록 인도하는 연구가 굉장히 많이 이루어지고 있다. 또한 새로운 연구 단계로 진입한 분야로는, 원래 신경이 제 기능을 할 수 없을 때, 신체 어느 한 부분의 기능 신경을 떼어 목표물에 다시 연결하도록 이식하는 기술이다. 예를 들어 외과 전문의들은 마비된 팔이 움직일 수 있도록 갈비뼈 아래에 있던 신경을 다른 새로운 길로 변경시키는 데 성공했다.

인간의 손을 진정으로 이해하려면, 손이 지닌 진가를 있는 그대로 볼 수 있는 법을 배워야 한다. 즉 손으로 하는 인간의 활동이란 뇌에서 손가락 끝으로 확장되는, 고도로 정밀하고 통합된 기계의 움직임과 유사하다는 점을 파악해야 한다. 우리는 마치 숨 쉬는 능력이 당연하듯 손도 당연하게 여기기 쉽다. 하지만 세상 체험을 통해 인간의 손이 지닌 중요성을 잠깐이라도 생각해본다면, 손이 얼마나 놀라운 존재인지 깨닫고 깜짝 놀라게 될 것이다.

시각장애인은 인간의 손이 거의 항상 무슨 일이든 거뜬히 해낼 수 있다는 사실을 생생하게 보여 주고 있다. 어린 소년이었던 루이 브라유는 비극적인 사고를 겪고 시각장애인이 된 뒤, 손가락 끝으로 읽는 언어를 발전시켰다. 이는 손은 제한 없이 무엇이든 할 수 있다는 사실을 눈부시게 증명한 일대 쾌거다. 우리가 확실하게 알아야 할 단 하나의 사실은, 바로 인간의 손은 언제나 우리를 앞으로 나가게 할 새로운 길을 찾아낸다는 점이다. 인간 개인은 물론, 사회 전체가 향하는 길을 말이다.

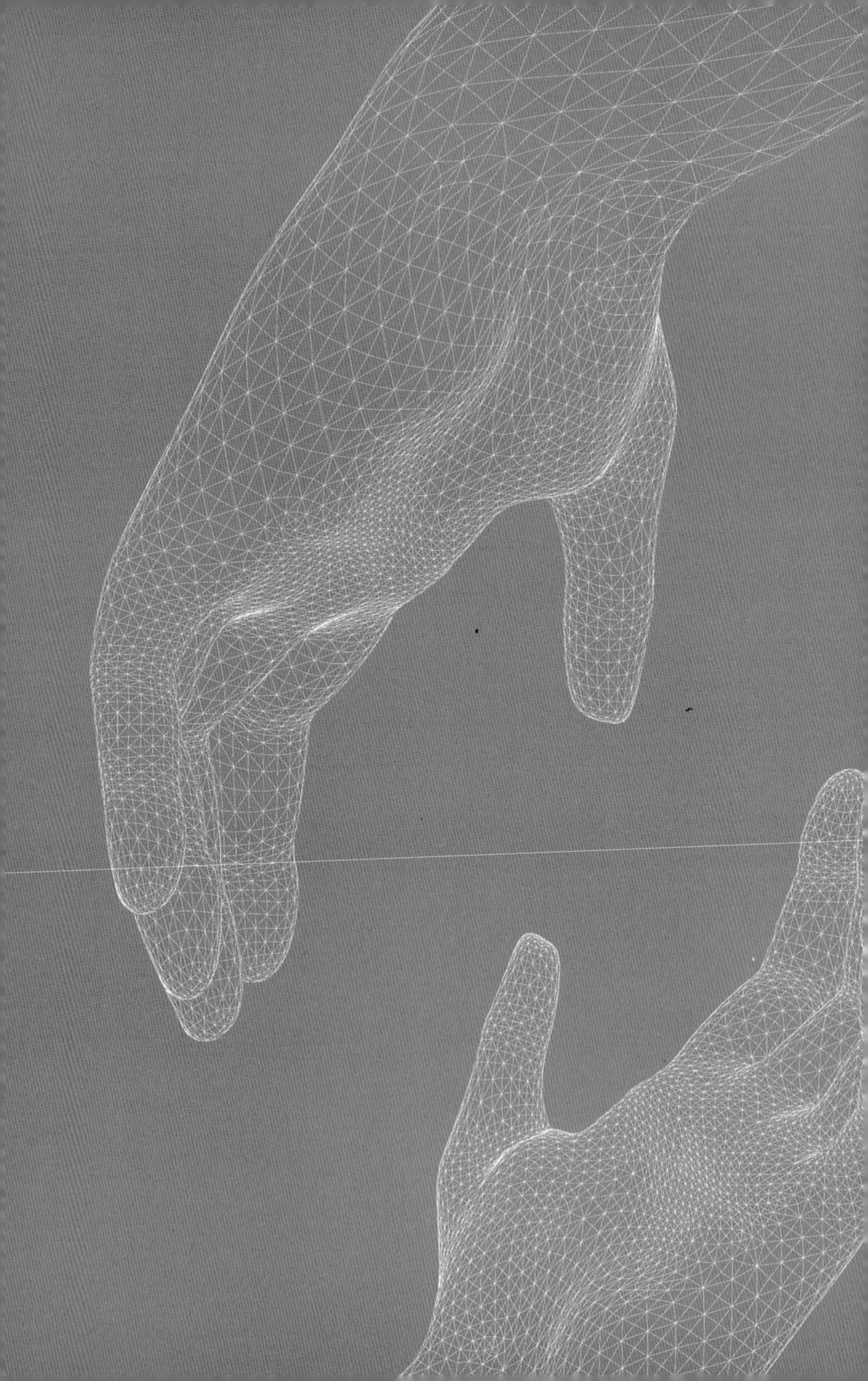

# 10장

# 손의 구축과 경직
# : 르누아르 효과

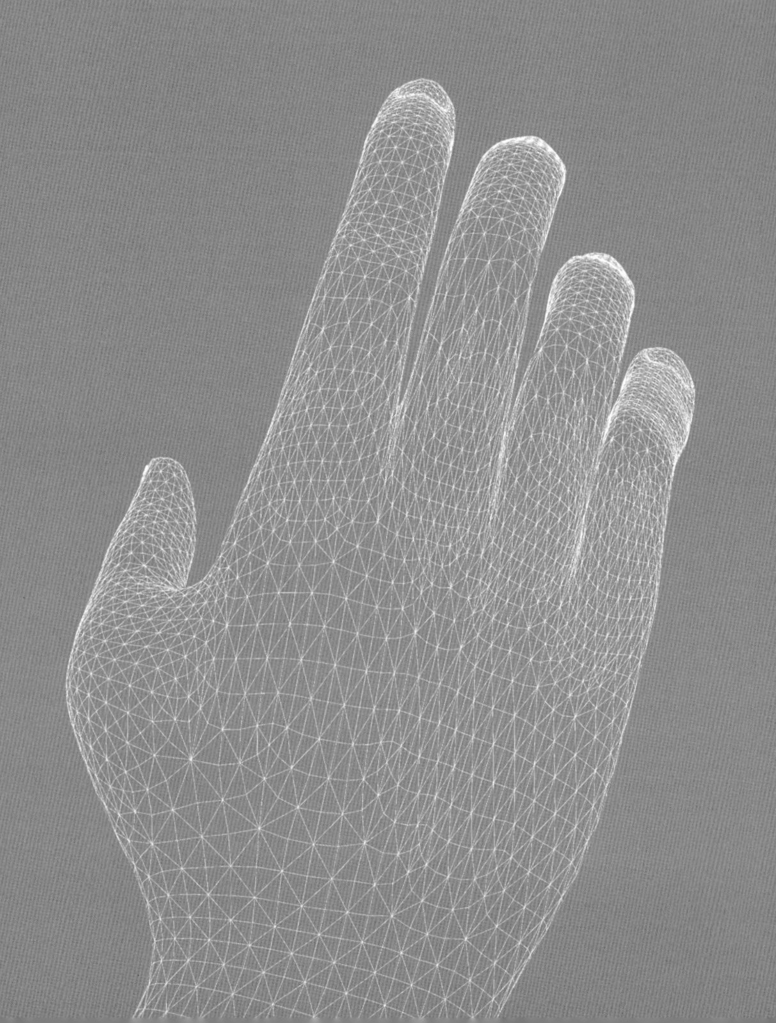

# 손의 구축과 경직
# : 르누아르 효과

의학박사 **크리스토퍼 L. 포스먼**

손이 건강하고 기능을 완전하게 발휘하는 경우에 손은 사람의 직업, 정신 능력, 감정을 반영할 수 있다. 어떤 사람을 보고 그가 농부인지, 헤어 디자이너인지, 교수인지, 식당 주방장인지, 요가 강사인지 한눈에 알아차릴 수 있다. 바로 그 사람의 손만 보면 구별해 낼 수 있다. 물론 대개 그렇다는 말이다.

만약 인생 말년에 접어든 인상파 화가 오귀스트 르누아르(Auguste Renoir)를 처음으로 만난다면, 그분이 미술가라는 사실을 절대 믿지 못할 것이다. 르누아르의 손은 류마티스 관절염 때문에 심한 기형은 물론 심각한 수준으로 구축이 된 상태라, 일견 쓸모없어 보일 것이다. 하지만 꽉 다물어지고 울퉁불퉁 비틀린 그의 손에 그의 조수가 늘 화필을 쥐어 주었다. 이러한 도움으로, 르누아르는 자신의 인

◎ 그림 10.1. 오귀스트 르누아르

생 마지막 25년 동안 가장 유명한 작품 몇 점을 만들어 냈다. 르누아르는 손에 류마티스 관절염이 발병했던 최악의 시기에도 거듭 발전해 나갔다(그림 10.1.).

손이 구축이나 경직으로 고통받는 경우, 어느 누구라도 손의 외양과 기능은 불완전한 상태에 놓이게 된다. 그리고 손의 구축이나 경직 증상이 중증 단계에 이르면, 환자는 더 이상 일을 못 하게 되거나 심지어 스스로를 못 보살피는 상황에 놓일 수 있다. 구축이나 경직으로 발생한 문제로 인해, 손은 형태는 물론 기능 면에서도 변화가 초래된다. 다행히도 오늘날에는 예전보다는 훨씬 나은 치료법이 나와 있어, 이 같은 장애를 다룰 수 있다. 이 장에서 다룰 질환 가운데 일부는 이 책 앞부분에서 언급한 적이 있다. 하지만 여기서는 보다 상세하게 탐구해 나갈 예정이다.

## 뒤퓌트랑 질환

뒤퓌트랑 구축은 손바닥 조직의 구축이 서서히 진전되는 증상으로, 그 결과 손가락, 특히 넷째손가락과 새끼손가락이 구부러진 채 위치가 고정된다(그림 10.2.). 이 증상은 프랑스 외과 전문의 바롱 기욤 뒤퓌트랑(Baron Guillaume Dupuytren)의 이름을 따서 '뒤퓌트랑 질환'이라고 부른다. 뒤퓌트랑은 1832년 이 질환을 교정할 수 있는 수술 치료법을 개발했다. 이른바 '교황이 축복을 내릴 때 손으로 하는 표시

(넷째손가락과 다섯째손가락이 구축된 지점이다)'는 아마도 아주 옛날에 살았던 어느 교황이 손 기형을 앓았다는 증거가 될 수 있을 것이다.

뒤퓌트랑 질환은 여성보다는 남성에게 발병하는 경우가 훨씬 많으며 대개 중년이 되어서야 진전되기 시작한다. 그런데 이 질환이 유난히 심각한 형태를 띨 경우에는 보다 이른 연령에 시작될 수 있으며, 발은 물론 음경의 구축으로 이어질 수 있다.

뒤퓌트랑 질환이 발병하는 정확한 원인은 아직 밝혀지지 않았다. 외상, 간질, 간 질환, 흡연, 음주 등으로 인해 뒤퓌트랑 질환에 걸리기 쉽다고 추측하지만, 결정적인 관계가 있다고 확실하게 증명된 적은 없다. 그렇지만 생물학적으로는 어떤 과정을 거쳐 뒤퓌트랑 질환이 발병하는지에 대해서는 연구가 잘 되어 있다. 즉 세포가 급격히 과도하게 증식해, 손바닥과 손가락 피부 아래 있는 조직을 비대하게 만들고 구축시키는 섬유성 조직을 생산하는 것이다. 결절과 오목이 나타날 수도 있으며, 아울러 끈이 손바닥을 벗어나 손가락 쪽으로 향할 수도 있다. 구축이 진전되면서 환자는 손을 완전하게 펼칠 수 있는 능력을 잃는다.

뒤퓌트랑 질환이 유전적 소인 때문에 발생하는지 여부에 대해서는 전혀 밝혀지지 않았지만, 때로는 가족력으로 발병하는 경우가 있기는 하다. 또한 일반적으로 스칸디나비아계나 북유럽계 사람들이 잘 걸리는 경향이 있기도 하다. 실제로 뒤퓌트랑 질환은 '바이킹(Viking)' 또는 '켈틱(Celtic)'이라는 별명으로 불리는데, 이는 아주 오래 전에 뒤퓌트랑 질환이 노르인* 사이에 널리 퍼진 적이 있다는 사실을 반영하고 있다. 하지만 역사 서술이나 예술 작품을 보면, 뒤퓌트랑 질환은 바이킹 시대 이전에도 목격됐다는 점을 알 수 있다.

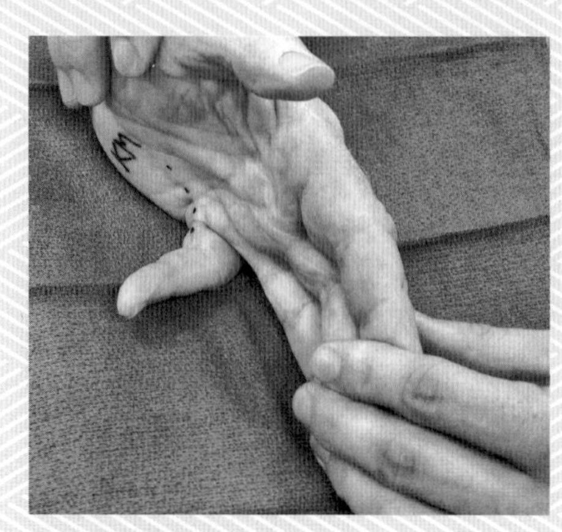
© 그림 10.2. 뒤퓌트랑 구축

오늘날 뒤퓌트랑 질환은 드물게 발병하며, 전체 인구의 약 5%에 밖에 나타나지 않는다. 그러나 이 질병은 많은 이에게 익숙한데, 로널드 레이건(Ronald Reagan), 마가렛 대처(Margaret Thatcher), 기타 다른 잘 알려진 유명 인사들이 뒤퓌트랑 질환을 앓았기 때문이다. 또한 우리는 뒤퓌트랑 구축을 대형 스크린을 통해서도 보았다. 영화 「러브 액추얼리(Love Actually)」에서 왕년의 팝스타 빌 맥(Bill Mack)을 연기한 영국 배우 빌 나이(Bill Nighy)는 물론, 데이비드 맥컬럼(David McCallum, 미국 드라마 「NCIS」에서 '더키' 말라드 박사 역으로 유명한 배우)도 뒤퓌트랑 질환을 앓고 있는 할리우드 스타다.

다행히도 뒤퓌트랑 구축은 대개 통증을 수반하지는 않는다. 대부

---

* Norsemen. 고대의 노르웨이인으로 고대와 중세 바이킹 시대에 스칸디나비아를 중심으로 활약했던 북 게르만 인에 속함. 8세기~11세기에 활동함.

분은 구축을 아주 미미하게 앓으며 치료 없이도 별 문제 없이 살아갈 수 있다. 하지만 구축이 상당히 진전된 경우, 환자는 종종 손을 꽉 쥐려고 또는 호주머니나 장갑에 넣기 위해 손을 펼 때 어려움을 겪는다. 아울러 악기를 연주하거나 운동에 참여할 때도 곤란을 겪는다. 오늘날에는 뒤퓌트랑 질환으로 인해 손 기능에 제약이 생기면, 수술 치료를 통해 구축된 조직을 풀어 주거나 제거할 수 있다.

### 뒤퓌트랑 구축 치료

뒤퓌트랑 구축을 치료하기 위한 수술은 1832년 바롱 기욤 뒤퓌트랑이 최초로 진행했다. 이때는 팽팽해진 끈을 간단하게 분할(이완)하는 수술을 실시했다. 그때 이후, 외과 전문의는 발병 조직을 부분적으로 또는 완전히 제거하는 데 초점을 맞추고 있다. 보다 최근에는 피부를 경유하는 기계적 또는 화학적 방법을 사용해 구축된 띠를 풀어주는 치료법이 개발되고 있다. 최근 의학계 내부에서는 뒤퓌트랑 질환을 치료하는 최선의 방법이 무엇인지를 놓고 논쟁이 벌어지고 있다. 일반적으로 비수술 치료법이나 최소침습 치료*를 받아야 회복이 좀 더 빠르다. 반면 수술을 통해 구축된 조직을 절제하는 방법은, 병이 재발할 위험을 좀 더 성공적으로 줄일 수도 있다.

'바늘 건막절개술(NA)', 또는 '근막절개술'은 최소침습 기술로, 구

* 232쪽 각주 내용 참고

부러진 손가락을 직접적으로 똑바로 펴게 만들어 기능을 다시 회복시키는 방법이다. 이 치료는 국소 마취를 한 다음에 진행하며, 작은 바늘을 사용해 피부 밑에 있는 구축된 조직을 연속적으로 잘라 낸다. 바늘 건막절대술을 실시하면 손가락을 즉시 움직일 수 있는데, 이는 대개 치료 과정에서 개방창이 발생하지 않기 때문이다. 치료 이후 손가락을 똑바로 펴는 데 도움이 되도록 부목을 3개월 동안 (주로 밤에) 고정시킨다. 바늘 건막절개술로 치료하면 다른 침습 기술보다 재발 위험성이 훨씬 높기는 하지만, 바늘 건막절개술을 옹호하는 사람들은 이 치료법은 통증이 별로 없으며 회복도 빠르고 만약 필요하다면 다시 시술할 수도 있다는 점을 강조한다. 바늘 건막절개술은 '눈으로 볼 수 없는(맹검)' 상태에서 진행하기 때문에, 일부 외과 전문의는 이 치료법을 기피하기도 한다. 신경, 혈관, 힘줄 같은 손의 다른 구조에 우발적으로 상처를 입힐 위험이 있기 때문이다.

조직의 띠가 병에 걸렸을 경우, '클로스트리듐 콜라겐 분해 효소'라고 불리는 효소로 끈 부위를 녹이는 방법으로 풀어낸다. 이 치료법은 제약을 받고 있는 띠를 와해시킨다는 점에서 바늘 건막절개술과 유사하다. 하지만 바늘 건막절개술과는 다르게, 효소를 주입하여 띠를 서서히 용해시킨다. 병든 조직을 보다 빠르게 분리시키기 위해 부목을 사용한다. 최근 미국에서는 클로스트리듐 콜라겐 분해 효소에 대한 3상 임상시험(phase III clinical trial)이 완료됐으며, 그 결과가 『뉴잉글랜드 저널 오브 메디슨(New England Journal of Medicine)』지에 게재됐다. 참으로 고무적인 상황이 아닐 수 없다. 하지만 다른 모든 치료법과 마찬가지로, 이 방법도 힘줄 같은 중요한 구조를 우발적으로 용해시킬 수 있는 가능성이 문제로 제기되고 있다.

병든 조직을 '절제(수술을 통해 제거)'하는 방법은 '근막절제술'이라는 명칭으로 알려져 있다. 부분적인(분절) 절제술과 완전한(근치) 근막절제술 모두 지지를 받고 있다. 때로는 결절과 끈을 덮고 있는 유착된 피부도 함께 제거한다. 이러한 접근법 중 어느 것을 활용하더라도, 기본 목표는 질환을 제거하고 재발률을 줄이는 데 있다. 상처 부위는 수술 뒤 서서히 치유되며, 환자 대부분은 회복기 동안 손이 다시 움직일 수 있도록 손 치료사의 도움이 필요하다. 또한 최소침습 기술 같은 절개술은 손의 다른 구조에 부상을 입힐 수도 있다. 특히 중증 구축을 앓는 끈 내부를 감싸고 있는 신경이 상처를 입기 쉽다. 뒤퓌트랑 구축이 특히 심각한 경우에는 피부 이식이 필요할 수도 있다.

## 외상 후 질환

### 허혈구축

손과 팔에 외상을 입으면, 그 결과 다양한 수준으로 고정되는 구축 증상이 일어날 수 있다. 1881년 리하르트 폰 폴크만(Richard von Volkmann) 박사는 특히 심각한 외상후 구축 증상에 대해 자세히 설명했는데, 아래팔 굴근이 죽어 혈액 공급이 상실되는 과정을 묘사했다. 결국 '폴크만 허혈구축'이라는 용어는 골절, 붕대를 지나치게 팽팽하게 묶은 경우, 또는 동맥 손상으로 손목과 손가락의 자세가 구부러진 채 고정되는 증상을 일컫게 됐다. 초기 문헌에 언급되는 사례 대부분은 팔꿈치와 아래팔의 뼈가 부러진 아동에게 나타나는 구축을 집중적으로 부각시키고 있다.

허혈구축이 발생하는 근본적인 원인은 근육 구획에 받는 압력이 증가하기 때문이다. 이 현상은 '구획 증후군'으로 알려져 있다. 오늘날 손과 아래팔에 발생하는 구획 증후군은, 대개 으깸 손상이나 심각한 뼈 골절과 연관되어 있다. 자동차 사고에서 겪을 수 있는 것처럼, 상당한 힘에 의해 높은 수준의 외상이 일어난다. 2010년 아이티에서 발생한 지진 같은 대재앙은 대단히 파괴적으로 으깸 손상을 일으키는 원인이 되어 연조직과 뼈 모두에 손상을 입히는 것으로 악명 높다. 어떤 이유든 간에, 근육 압력이 증가하고 혈류가 감소하는 결과가 발생한다. 근육 조직은 죽고 구축이 되며, 깊은 흉터를 형성한다. 또한 손과 손목이 움직이지 못하게 된다. 아울러 신경은 기능을 멈추고 감각 상실 및 추가적인 근육 기능 이상으로 이어질 수도 있다. 최악의 경우, 손과 손목이 구부러지고 집게발 같은 자세를 취하게 된다.

**허혈구축 치료법 :** 폴크만 허혈구축이나 구획 증후군과 관련된 구축 증상을 치료하기 위한 최선의 방법은, 초기부터 문제를 제대로 인식하는 것으로 시작한다. 신속하게 진단하고 치료하면, 영구적인

구축으로 발전되는 사례를 대부분 막게 될 것이다. 환자는 종종 심각한 통증을 호소하는데, 이때 통증 수준이 부상 정도를 훨씬 뛰어넘는다고 불평한다. 손가락을 움직이려고 시도할 때마다 통증은 악화된다. 이와 더불어 손과 팔의 외양은 부풀어 오르며, 팽팽한 느낌을 받는다. 의사는 아래팔과 손이 받는 압력을 측정해 진단을 확정 지을 수 있다.

즉각적인 치료 방법으로는 팽팽하게 조이는 붕대와 깁스를 제거하는 것이 포함될 수 있다. 근육 구획이 부어오르면 압력을 풀기 위해 응급 수술이 필요할 때가 가끔 있다. 만약 근육이 죽는 일이 발생하면, 구축을 최소화하기 위해 치료요법과 부목을 고정하는 조치를 시작할 것이다. 구축 상태가 심각하게 진전될 경우, 종종 흉터 조직을 방출하는 수술, 다른 팔 부위의 건강한 힘줄을 공수하는 수술, 심지어 다른 신체 부위의 근육을 아래팔과 손에 이식하는 수술 등을 통해 기능을 개선시킬 수 있다.

구획 증후군 외에도 구축의 원인이 될 수 있는 다른 외상은 많이 있다. 실제로 외상을 입은 뒤 손 기능이 상실되는 경우의 대부분은 부상이 지속된다면 '정상적'이거나 '예상된' 결과다. 예를 들어 칼로 인한 부상은 종종 신경 및 힘줄 열상의 원인이 된다. 이렇게 구조가 찢어지면 수술로 복구할 수 있지만, 기능을 완전하게 회복하는 경우는 드물다. 힘줄은 매끄럽게 활주하지 못하고 흉터 조직이 쳐 놓은 덫에 옴짝달싹 못하게 되며, 동시에 신경은 '합선'되어 전기 신호를 적절하게 전송하는 데 실패한다. 이와 유사하게, 관절이 직접적으로 손상을 입으면, 부상 때문이든 질병 때문이든 움직임이 상실되는 결과로 이어질 수 있다. 물리치료사와 작업치료사는 부상당한 환자가 회복되도록 도와 최적의 치료를 시행할 수는 있지만, 외상 후 일정 수준의 경직이 최종 결과에도 남는 경우가 종종 있다. 폴크만 구축의 경우처럼, 손상된 구조의 움직임을 증강시키는 수술이나 정상적인 구조를 부상 입은 부위에 이식하는 수술 치료법을 통해 기능을 향상시킬 수 있다.

### 복합부위 통증증후군

외상 후 구축이 발생하는 이유 중 하나에 속하지만, 아직까지 제대로 파악하지 못하는 병이 바로 '복합부위 통증증후군(CRPS)'이 진행되는 과정이다. 복합부위 통증증후군을 앓는 환자는 과민 감각 또는 타는 듯한 감각, 피부 변색, 모발 성장 변화, 정상적으로 땀을 흘리는 패턴의 변화 등을 호소한다. 일반적으로 이 질환은 한쪽 팔에만 국한되어 일어나며, 대개 외상이나 수술 뒤에 발생한다. 하지만 정확한 원인은 아직 밝혀지지 않고 있다.

의사들은 복합부위 통증증후군이 신경계 손상이나 조절 곤란과 관련 있다고 추측한다. 복합부위 통증증후군의 사례 대부분은 제1형(반사교감신경 이상증)으로 일컫는데, 이는 국소 신경 손상력이 없는 경우다. 제2형 복합부위 통증증후군(작열통)은 신경 손상력을 확실하게 지닌 환자를 일컫는다. 제1형, 제2형 복합부위 통증증후군 모두에서 팔로 통하는 신경은 혈류, 감각, 체온을 적절하게 조절할 수 있는 능력을 상실한다. 그 결과 팔은 부어오르고 통증을 느끼거나, 온기나 냉기를 과도하게 느끼거나, 경직 증상을 겪게 된다. 힘줄과 인대가 흉터를 입게 되면 그 결과로 영구 구축이 따른다.

'증후군'은 어떠한 공식적인 진단 연구와는 대조를 이루는 인식 가능한 '증상(환자가 체험하는 것)'과 '징후(의료 전문가가 발견하는 것)'로 규정된다. 그럼에도 불구하고, 체열촬영술(피부 온도 검사)과 비정상적인 뼈 대사를 점검하기 위한 뼈 스캔을 통해 조기에 이상 상태를 밝혀낼 수 있다. 수근관 증후군의 사례처럼, 신경 전도 연구를 통해 신경이 얼마나 압박을 받는지 밝혀낼 수 있다. 아울러 엑스레이로 병이 걸린 팔에 골다공증이 있는지 알아낼 수 있다.

**복합부위 통증증후군 치료 :** 복합부위 통증증후군 치료는 통증을 개선하고 기능을 유지하는 데 직접적인 목표를 둔다. 발병 초기에 치료를 개입하는 것이 가장 좋다. 어떤 단계에서 치료를 시작하든, 치료가 지연되다 보면 그만큼 통증이 만성화되어 치료에 애를 먹는 경우가 증가한다. '아메리칸 아이돌(the American Idol)' 심사위원이자 가수인 폴라 압둘(Paula Abdul)은 최근에 자신이 몇 년 동안 복합부위 통증증후군을 치료하려고 고투를 벌였다는 사실을 밝혔다. 그녀가 앓은 복합부위통증증후군은 십 대 시절 입은 부상과 관련이 있었다. 보다 이른 시기에 진단과 치료가 진행됐다면, 그녀가 겪어야 했던 통증은 훨씬 빠르게 해결됐을 것이다.

복합부위 통증증후군을 치료하기 위한 방법은 대부분 비수술 요법이다. 환자는 부어오른 부위를 가라앉히고 힘줄과 관절의 움직임을 증가시킬 수 있도록, 정기적으로 예정된 치료 요법을 받는다. 환자가 과민 및 체온 변화에 대한 조절 능력을 얻도록 돕기 위해 바이오 피드백(biofeedback) 치료법이 종종 활용된다. 목 신경에 기능 장애가 생겼을 경우, '신경절 차단'으로 알려진 주사를 연속적으로 투여하면 일시적으로 장애를 벗어날 수 있다. 마약성 약물 역시 통증을 제한하겠으나, 단기간만 신중하게 사용되어야 한다. 무엇보다 장기간 사용으로 의존성이 생기는 상황을 피해야 한다. 스테로이드는 초기에 부기 증상을 감소시키는 데 유용하다. 장기적으로는 증상을 관리하기 위해 '신경 활성 약물(발작 및 우울증에 복용하는 약)'을 선택하게 된다. 수술이 필요한 경우는 드물며, 수근관 증후군이나 절단된 신경 끝에 통증이 일어나는 증상(신경종) 같은 말초신경 기능 장애가 계속 진행되는 경우에만 수술을 실시한다.

## 선천적 문제들

### 뇌성마비

뇌성마비(cerebral palsy, CP)는 다수의 정적(靜的) 뇌 장애를 아우르는 용어로, 움직임의 문제는 물론 인지, 의사소통, 기타 다른 신경학적 기능 장애의 원인이 된다. 뇌성마비 사례의 대부분은 태아가 발달하는 동안 뇌에서 일어나는 장애 때문이지만, 뇌성마비 장애의 정확한 본질은 아직 제대로 파악하지 못하고 있다. 태어날 때 또는 생후 첫 몇 년 동안 뇌에 손상을 입은 결과로 뇌성마비가 일어나는 사례는 적은 편이다.

전 세계적으로 보면 뇌성마비 발생률은 생아 출생 1천 건 당 약 2건이다. 이 수치는 장소, 인종, 사회 경제적 지위와는 전혀 상관없다. 미숙아가 뇌성마비를 앓는 경향이 더 많다. 의학이 발전해도 뇌성마비 유병율이 눈에 띄게 바뀌지도 않으며, 뇌성마비의 원인이 되는 자궁 내 기능장애라는 미스터리를 풀지도 못하고 있다. 비록 이 뇌 질환은 진행성은 아니지만 그렇다고 치료가 가능하지도 않다.

뇌성마비 환자 대부분에 강직 증상이 진전된다. 대개 생후 6~9개월 사이에 문제가 명백하게 나타나는데, 뇌성마비를 앓는 아동은 일반적으로 앉고 서는 데 어려움을 겪는다. 상지에 뇌성마비 증상이 나타나는 경우는 비교적 흔하지 않은 편이다. 그런데 상지에 뇌성마비 증상이 나타나면 개인위생이나 식사, 다른 일상 활동 면에서 수많은 도전에 직면하는 상황을 겪게 된다. 손에 최초로 경직의 징조가 나타나면, 생후 1년이 될 때까지 엄지손가락 끝과 집게손가락 끝을 활용해 물건을 힘주어 집는 행동을 못하게 될 수 있다. 이밖에도 뇌성마비 아동의 팔은 팔꿈치가 구부러지고 손이 아래로 처지며, 손목이 구부러지고, 엄지손가락이 손바닥 안쪽으로 구부러지는 특유의 자세를 유지한다. 아동의 손가락은 구부러져 있던지, 아니면 반대로 쫙 편 상태를 지속할 수도 있다.

**뇌성마비 환자의 손을 치료하기 위한 비수술적 요법 :** 뇌성마비를 앓는 손을 치료하기 위한 작업 요법은 이른 나이에 시작한다. 이를 통해 경직된 근육을 펴고, 대항 작용이 약화된 근육을 강화시키며, 구축을 최소화 시키는 노력을 기울인다. 아동이 부모와 치료사의 감독 아래 규칙적으로 운동을 할 때, 운동을 돕는 보조물로 부목과 기타 다른 보조기구가 활용된다. 이 보조기구는 낮 시간 활동에 방해가 되지 않도록 밤에 착용하는 경우가 아주 번번하다. 근육 기능 장애의 범위는 자발적인 조절이 안 되는 증상부터 손을 자발적으로 사용하는 것이 전면적으로 불가능한 증상까지 다양하다. 이런 이유 때문에 치료 및 궁극적으로는 수술을 실시하는 목적은 보다 향상된 개인 위생 유지 능력을 꾀하는 것은 물론 손이나 손목의 특정 기능을 복구하는 것에 이르기까지 다양하게 걸쳐있다.

뇌성마비 환자 상당수의 지능은 정상적이지만, 말하고 쓰는 데 어려움을 겪기 때문에 이런 사실은 간과되기 쉽다. 1965년 아일랜드에서 태어난 저명한 시인 겸 작가인 크리스토퍼 놀란(Christopher Nolan)은 출생 도중 산소 부족으로 고통받았으며, 이로 인해 뇌성마비에 걸렸다. 놀란은 머리와 두 눈만 겨우 움직일 수 있었다. 하지만 그는 대학에 진학했으며 결국 이마에 부착한 포인터를 활용해 국제적인 찬사를 얻고 상도 수상한 자서전 『시계가 지켜보는 가운데(Under the Eye of the Clock)』를 집필했다. 스탠드업 코미디언 조쉬 블루(Josh Blue)는 뇌성마비 환자들의 투쟁을 실감나게 묘사해 관객으로부터 엄청난 감탄을 자아냈다. 그가 하는 농담은 뇌성마비 환자들과 함께 살았던 자신의 경험에서 비롯된 것이다. 2006년 그는 자신이 출연하는 NBC 방송국의 리얼리티 쇼로 라스트 코믹 스탠딩(the Last Comic Standing) 상을 수상했다. 그는 똑똑하게 싸울 수 있는 방법으로 '마비 펀치(palsy punch)'라는 신조어를 만들어 냈는데, 그는 이런 방식으로 설명했다. "첫 번째로, 그들은 펀치가 어디서 날아왔는지 모른다. 두 번째로, 나도 역시 모른다."

**뇌성마비 환자의 손을 치료하기 위한 수술적 요법 :** 뇌성마비를 앓는 환자의 상지를 수술하려면 세심한 주의를 기울여야 한다. 환자가 이미 구축 상태에 상당히 잘 적응하고 익숙해져 있다면, 수술을 통한 개입은 자칫 팔을 약하고 쓸모없게 만들 수도 있다는 점을 유념하는 것이 중요하다. 이와 유사하게 아무리 좋은 의도로 진행한 손목 시술이라도, 환자 상지의 통합적 기능이라는 '큰 그림'을 고려하지 않는다면, 손가락 기능은 악화될 수도 있다. 환자에 대한 주의 깊은 관찰, 환자의 장애에 대한 철저한 이해, 경직된 손을 치료해 본 탄탄한 경험을 바탕으로 해야만 최상의 수술 계획을 세울 수 있다. 수술이 좋은 방안임이 결정되면, 아동이 취학 연령에 이르기 전에 수술을 시행한다.

대개는 예전에 자발적으로 손을 사용할 수 있었던 환자만이, 수술 뒤 기능상으로 이득을 보게 된다. 대개 장애 정도가 심한 환자는 개선된 위생과 외양을 얻을 것이며, 이 두 가지 면으로도 삶의 질은 크게 향상된다. 아동의 손에 발생한 구축을 교정하는 수술은 일반적으로 연조직을 조정해 팽팽해진 근육 힘줄 단위를 풀어 준다. 예를 들어 손목 굽힘힘줄을 손의 최상단으로 이동시켜 손목을 제대로 펼 수 있게 하거나, 또는 손가락으로 이동시켜 손가락을 제대로 펼 수 있게 한다. 굉장히 팽팽한 굽힘힘줄의 힘은 손이 완전히 펼쳐지도록 하기도 한다. 하지만 일부 구축의 경우는, 끝내 호전되지 못하고 계속 고정된 상태로 남는다. 청소년이나 성인 환자의 경우 손을 보다 기능적인 위치에 놓도록 하는 손목 유합술은 물론, 손가락 기능을 개선시키기 위한 연조직 수술을 동시에 실시해 이득을 얻는다.

### 선천 다발 관절굽음증

구축이 고정되는 증상은 '선천 다발 관절굽음증'으로 알려진 선천성 질환의 일부다. 관절굽음증은 비진행성 질환으로, 신생아 3천 명 당 한 명꼴로 나타난다. 관절굽음증은 태동(胎動)의 감소가 원인이 되어 발생하는 것으로 여겨지고 있다. 태아의 근육, 신경, 또는 결합조직에서 이상이 일어나 움직임이 제약을 받을 수도 있다. 그렇지 않다면, 자궁 환경, 감염, 약물 복용, 또는 기타 다른 이유와 관련되기 때문에 움직임이 제약을 받을 수도 있다. 선천 다발 관절굽음증 사례 가운데 유전적 원인 때문인 경우가 30%나 이르는 것으로 간주되고 있다. 관절 구축은 연관된 근육이 쇠약해져 섬유화로 발전된다.

일반적으로 모든 사람이 팔에 질병을 앓는다. 중증 관절굽음증을 앓는 사람들은 중추신경계, 식사, 호흡에 어려움을 겪는다. 또한 대개는 상지 부위의 기본적인 동작, 즉 어깨를 안쪽으로 회전하고, 팔꿈치를 쭉 펴며 손바닥을 아래로 향하고, 손목과 손가락을 구부리는 행위에 심각한 지장이 생긴다. 즉 기능 장애 수준이 상당히 높은 상태에 놓이는 것이다. 비록 활발한 치료법 및 부목을 고정하는 방법을 통해 구축을 똑바로 펴는 데 도움을 얻을 수는 있지만, 기능을 향상시키기 위해 수술로 풀어주는 치료법이 불가피할 때가 종종 있다. 뇌성마비 환자의 경우와 마찬가지로, 관절굽음증 환자도 어느 부위를 수술하더라도 수술 전에 팔과 손의 전체적인 기능을 고려할 필요가 있다. 관절굽음증을 앓는 아동은 대부분 지능 및 언어 발달이 정상적으로 이루어지며, 성인이 되어서도 성공적인 삶을 이어 나간다. 관절굽음증과 사지마비를 앓는 와중에도 1996년에 책 『조금은 기어갈 수 있지만 절대 걷지는 못하는(Some Crawl and Never Walk)』을 출간한 셀레스틴 해링턴(Celestine Harrington)이 대표적인 사례다.

**관절굽음증 치료 :** 일반적으로 팔 수술의 경우는 아동이 학교에 입학할 무렵, 즉 대개 5~6세까지 미룬다. 가장 기본적 수준에서 보면, 한쪽 팔은 식사할 때 사용될 수 있어야 하며(팔꿈치를 구부리는 행위), 다른 쪽 팔은 용변을 볼 때 사용할 수 있어야 한다(팔꿈치를 쭉 펴는 동작). 이러한 행동 모두, 내부 회전을 할 수 있는 어깨에 전적으로 의존한다. 관절굽음증을 앓는 아동은 구축 상태에 적응하기 때문에, 외과 전문의는 기능적으로 이로운 변형이 될 부위를 제거하지 않도록 주의를 기울여야 한다. 예를 들면 상완골(위팔뼈)을 바깥쪽으로 회전하는

동작은 좀 더 정상적으로 이루어지는 것처럼 보일 수 있지만, 아동이 스스로 식사하기는 어려워 질 수 있다. 이와 유사하게, 팔꿈치를 쭉 펼 수 있게 된 아동은 음식을 먹을 때 극도로 구부러진 손목 구축에 의존하게 될 수도 있으므로, 무조건 변형을 제거해서는 안 된다.

수술 절차에는 관절을 풀어 주는 수술(피막절개술), 힘을 향상시키기 위해 근육을 풀어 주거나 이식하는 수술이 포함된다. 수술로 팔꿈치가 쭉 펼쳐진 채 구축된 상태를 풀어 줄 수 있다. 아울러 구부러진 팔꿈치는 아래팔 근육을 팔꿈치 위로 활주하게 하든지, 아니면 세갈래근이나 흉근이 팔꿈치를 가로지르도록 이식하는 수술을 통해 힘을 얻을 수 있다. 만약 팔꿈치가 성공적으로 움직일 수 있게 되면, 그 다음으로 구부러진 손목 변형을 치료할 수도 있다. 손목의 구축 상태가 가벼운 경우에는, 손목뼈의 한 열을 제거해 똑바로 펼 수 있다. 또한 중증 구축을 앓는 경우에는 손목뼈 유합술이 필요하다. 이때 손가락과 엄지손가락은 해당 뼈에 부착된 힘줄을 풀어 주거나 늘이는 방법으로, 아울러 때로는 중수지 관절을 유합하는 방법으로 개방된다.

## 뇌졸중과 외상성 뇌손상

우리가 손과 팔을 조절하는 행위는 뇌에서 보내는 전기 신호의 결과로 이루어진다. 뇌가 손상되면 운동신경이 교란되며, 수의(의도적인)

운동이 손실되는 상황이 일어난다. '뇌 공격(brain attack)'이라고도 불리는 뇌졸중은 뇌로 가는 혈액 공급이 중단되어 발생한다. 반면 외상은 뇌에 기계적으로 직접 영향을 끼친다. 뇌 손상의 기원이 어디든 상관없이, 영향을 받은 팔은 대개 경직되고 구축된다. 그렇지만 뇌졸중과 외상성 뇌손상이 급성으로 일어날 때 이어지는 문제는 각각 다르다. 뇌졸중은 주로 노년층에게서 뇌혈관이 혈전 때문에 막히거나 터질 때 일어나는 경향이 있다. 증상은 갑자기 진전되며, 손상된 뇌 부위를 진찰한 뒤 뇌졸중 진단을 내린다. 뇌졸중은 대부분 몸 한쪽 편의 팔, 언어, 얼굴 움직임을 조절하는 뇌의 운동 중추에 영향을 끼친다. 기타 다른 증상으로는 정신 상태의 급격한 변화, 의사소통의 어려움, 두통, 조정력 상실이 포함된다. 뇌졸중은 의학적으로 응급 상황이며, 영구적인 신경학적 손상 및 사망의 원인으로 작용할 수 있다. 그래서 즉각적 치료가 요구된다. 의료 조치를 받으려면, 가급적 증상이 시작된 지 3시간 이내에 지정된 일차 뇌졸중 센터로 가야한다. 이렇게 신속한 조치를 취하면 대개 뇌졸중을 멈출 수 있으며 긍정적인 효과를 기대할 수 있다.

뇌졸중이 일어나고 처음 24~48시간 동안 제때 치료받지 못한다면, 이완마비가 공통적으로 발생한다. 이후 며칠 또는 몇 주 동안, 근육 긴장이 점차 뚜렷해진다. 어깨에 일어난 경직은 위팔과 손으로, 결국 팔 전체로 뚜렷이 이동한다. 이때 어깨는 안쪽으로 회전하는 특유의 증상을 보이며, 이와 더불어 팔꿈치, 손목, 손가락이 구부러진다. 자발적 운동 조절 기능이 개선되면 경직은 진정될 것이다. 신경의 자발적 회복은 대개 뇌졸중이 일어난 뒤 약 6개월 쯤 됐을 때 최고조를 이룬다. 경직 상태가 심한 환자는 신경 회복의 가능성이 보이는 이 기간 동안 집중 치료 및 부목 고정 조치를 받아야 한다.

'외상성 뇌 손상'은 일반적으로 젊은 사람들에게 일어난다. 즉 자동차 충돌 사고, 높은 곳에서 떨어지는 사고, 스포츠 활동을 하다가 입은 부상, 또는 기타 다른 둔기 외상을 머리에 당한 결과로 발생한다. 아울러 외상을 입은 환자는 연관된 정형외과적 손상·기관 손상을 입는다. 대개 환자를 돌보는 응급실 의사는 이러한 사안을 최우선적으로 고려한다. 사고를 당한 지 며칠 내로 경직과 경축이 뚜렷해지는데 이때 부목 고정 및 다양한 운동 치료를 실시한다. 또한 외상성 손상은 '이소골화(異所骨化)'로 알려진 증상, 즉 뼈가 관절 주변에 추가적으로 생겨 움직임이 더욱 제약되는 증상의 원인이 될 수 있다.

외상성 뇌 손상을 입은 뒤 장기적인 예후는 대부분 환자의 나이에 달려있다. 아동과 젊은이가 신경이 회복될 가능성이 가장 높다. 뇌졸중 환자의 경우와 마찬가지로, 운동 조절은 약 6개월쯤 됐을 때 안정 상태에 이른다. 하지만 일부 사례에서는 신경 기능이 개선되는 데는 18개월까지 걸리는 경우도 있다. 이 기간 중에는 근육 경직을 조절하기 위한 임시방편으로 주사 및 경구 투약을 빈번하게 사용한다. 예를 들면 강한 근육을 지닌 젊은 환자는 보톡스(보툴리눔 독소) 주사를 맞는(일시적으로 근육을 마비시킨다) 것과 함께 근육을 쭉 펴기 위한 부목이나 깁스를 사용하면 좋은 효과를 얻을 수 있다. 심각한 경직을 앓는 뇌졸중 환자에게도 이 치료법은 활용될 수 있다.

### 뇌졸중과 외상성 뇌손상 치료

뇌졸중이나 외상성 손상 환자의 상지 수술은 신경 기능이 안정 상태에 이르렀을 때만 고려된다. 수술을 받은 환자는 현실적인 목표에 이르기 위해, 확실히 인지한 상태에서 수술 후 처치 및 치료에 참여할 수 있어야 한다. 팔꿈치를 움직일 수 있도록 이소골을 제거하는 간단한 수술을 받아, 정상적인 팔로 돌아오도록 한다. 또는 손과 손목의 힘줄을 잘라 팔이 똑바르게 펼 수 있도록 해, 자발적인 근육 조절을 못하던 팔이 보다 나은 위생을 유지할 수 있도록 한다. 비록 근육은 불균형 하지만 기본 지시를 따를 능력이 있는 환자의 경우, 힘줄을 늘리거나 이식하고 변형을 교정하기 위해 실시하는, 보다 복잡한 수술을 실시할 수 있다.

## 화상구축

불길에 접촉하거나 과도한 열, 냉기, 전기, 또는 화학 약품에 노출되면 손과 상지에 화상을 입을 수 있다. 원인이 무엇이든, 부상을 입으면 구축이라는 공통분모를 가지게 될 수 있다. 모든 유형의 화상을 진단·평가하고 치료하는 동안에는 손을 최우선 순위로 고려해야 한다. 실제로 화상구축을 치료하는 최선의 방법은 화상 부위를 초기에 공격적으로 다룸으로써 구축을 막거나 최소화하는 것이다.

### 열화상

열화상은 상처 깊이를 기준으로 분류한다. '얕은 층 또는 일부 층의 화상'을 입으면 붉은 반점과 수포가 생긴다. 반면 '전층 화상'을 입으면 가죽과 같은 하얀 피부가 남는다. 일부 층에 입은 화상의 경우는, 대부분 항생제 크림 같은 보존 치료 및 운동성을 유지하는 데 초점을 맞춘 운동을 통해 자연스럽게 치유된다.

전층 화상을 입은 부위의 경우에는 피부가 재생되지 않을 것이므로, 죽은 조직을 제거하는 수술과 피부 이식으로 치료해야 한다. 특히 둘레에 깊은 화상을 입었을 경우에는, 이 장 초반에서 설명한 구획 증후군과 유사한 과도한 압력을 유발할 수 있다. '괴사딱지절개술'이란 압력을 풀기 위해 가죽 같은 팽팽한 조직을 잘라 내는 수술 과정이다. 부목 고정은 늘 매우 중요한 역할을 하며, 손이 아직 부어올라 움직일 때 통증을 느끼는 기간 동안 기능을 제대로 발휘할 위치에 있도록 유지시켜 준다. 부목은 중증 외상을 겪은 뒤 손에서 흔히 나타나는 갈퀴 모양 자세가 취해지지 않도록 고정시켜 준다.

**열화상 구축 치료 :** 아무리 화상을 최상으로 치료하고 관리하더라도, 구축은 여전히 발생할 수 있다. 엄지손가락은 손바닥 쪽으로 구부러지기 쉬운 경향이 있으며, 반면 나머지 손가락은 구축하는(중수지관절까지 늘어나고 이보다 작은 관절에서 구부러지는) 경향이 있다. 흉터는 수술로 잘라낼 수 있고, 병을 앓는 관절과 힘줄은 움직이게 할 수 있으며, 상처가 난 부위에 피부 이식을 할 수 있다. 엄지손가락이 손바닥 안쪽

으로 잡아당겨진 상황처럼 흉터 조직이 단단한 띠를 이룬 경우에는 'Z성형술' 같은 성형외과 수술 기법을 통해 길게 늘일 수 있다. 치료가 어려운 경우, 다른 신체 부위에서 생존 가능한 조직을 떼어다가 손의 표면을 '재포장'하는 치료가 필요할 수도 있다. 조직 이식이란 다른 부위(다리인 경우가 종종 있다)의 피부와 피하조직을 혈액 공급이 부착된 채로 들어 올린 다음 손에 이식하는 기법(피판술)이다.

### 전기화상

전기화상은 언뜻 피부에 열화상과 비슷해 보이는 손상을 일으키지만, 사실 감춰져 있는 심층부 조직까지 손상되는 문제를 일으키기로 악명이 높다. 저전압(1천 볼트 이하)에 노출되어 화상을 입은 경우에는 열화상을 입었을 때와 유사하게 치료 조치를 취하면 된다. 전층 손상을 입은 부위를 제거하고 피부를 이식하는 동시에, 손 위치와 기능을 합당하게 유지하기 위해 초기에 치료와 부목 고정을 실시한다. 고전압(1천볼트 이상)을 직접적으로 접촉해 화상을 입은 경우에는 심층부 조직이 광범위하게 죽는 결과가 야기된다. 이 심층부 조직에는 근육, 혈관, 신경, 뼈가 포함된다.

**전기화상 치료 :** 전기화상으로 손상을 입으면 수술을 여러 차례 실시해, 반복적으로 상처 부위에 접근해 죽은 조직을 제거하는 치료 과정이 필요하다. 팽팽해진 근 구획은 구획 증후군을 치료하는 것과 동일한 방식으로 풀어 준다. 만약 순차적으로 수술을 마친 뒤에 생

존 가능한 조직이 얼마 남지 않는다면, 절단이 마지막 최선의 방책일 수도 있다. 그렇지 않은 경우에는 재건 수술을 실시하는데, 이때 다른 신체 부위의 건강한 조직을 활용한다.

### 화학화상

화학물질이 피부와 연조직에 일으키는 화상은 열 또는 저전압 전기로 인한 손상과 상당히 유사하다. 하지만 열이나 전기에 노출되는 경우와는 달리, 일반적으로 화학물질은 피부와 접촉한 상태가 그대로 지속되기 때문에 조직 손상이 계속 진행되는 상황이 유발된다. 때로는 덜 마른 시멘트에 함유된 석회에 노출되는 경우처럼, 초기 통증이 거의 없는 사례도 있다. 그런데 수영장을 청소할 때 사용하는 세제에 함유된 염산으로 부상을 입는 다른 화상 사례에서는 통증이 쉽게 발생한다.

**화학화상 치료 :** 화학화상을 치료할 때는, 무엇보다 초기에 화학물질을 희석하거나 중화시키는 것이 대단히 중요하다. 화학물질 대부분은 1~2시간 동안 물로 세척하거나 물에 푹 담가 두면 적절히 희석된다. 다른 경우에는 특수한 약제가 필요할 수도 있다. 예를 들어 피부에서 글리세롤을 제거하는 데 페놀이 함유된 세제가 필요할 수도 있다. 플루오르화 수소산이 주요 성분인 녹 제거제로 화상을 입어 궤양화가 계속 진행 중인 경우에는 글루콘산칼슘을 주입하는 것이 가장 좋은 치료 방법이다. 또한 부목 고정과 치료는 화학화상을

치유하는 데 필수이며, 결국 구축으로 진전되어 버린 경우에는 다른 유형의 화상을 입었을 때와 동일한 방식으로 치료한다. 즉 죽거나 흉터가 된 조직을 제거하고 다른 신체 부위의 피부나 조직을 이식하는 방법으로 대체한다.

언뜻 보기에 구축과 경직이 이 책의 다른 장에서 논의된 수많은 질환 및 장애와 별로 다를 바 없어 보일 수 있다. 하지만 근본적 차원에서 보면, 구축된 손 또는 경직된 손은 단순히 직업 활동이나 여가 활동에만 제약이 따르는 수준에만 머무르지 않는다. 손의 형태 및 미용 상의 외양은 손이 지닌 감정 표현 및 의사소통을 위한 수단으로의 유효성을 제한시킨다. 이것이 바로 이 장에서 논의된 치료 전략을 단순히 기능 차원으로만 고려해서는 안 되는 이유다. 구축이나 경직으로 고통받는 손을 개선시키는 작업은 바깥 세계로 나가는 입구를 활짝 여는 행위와 다름없다.

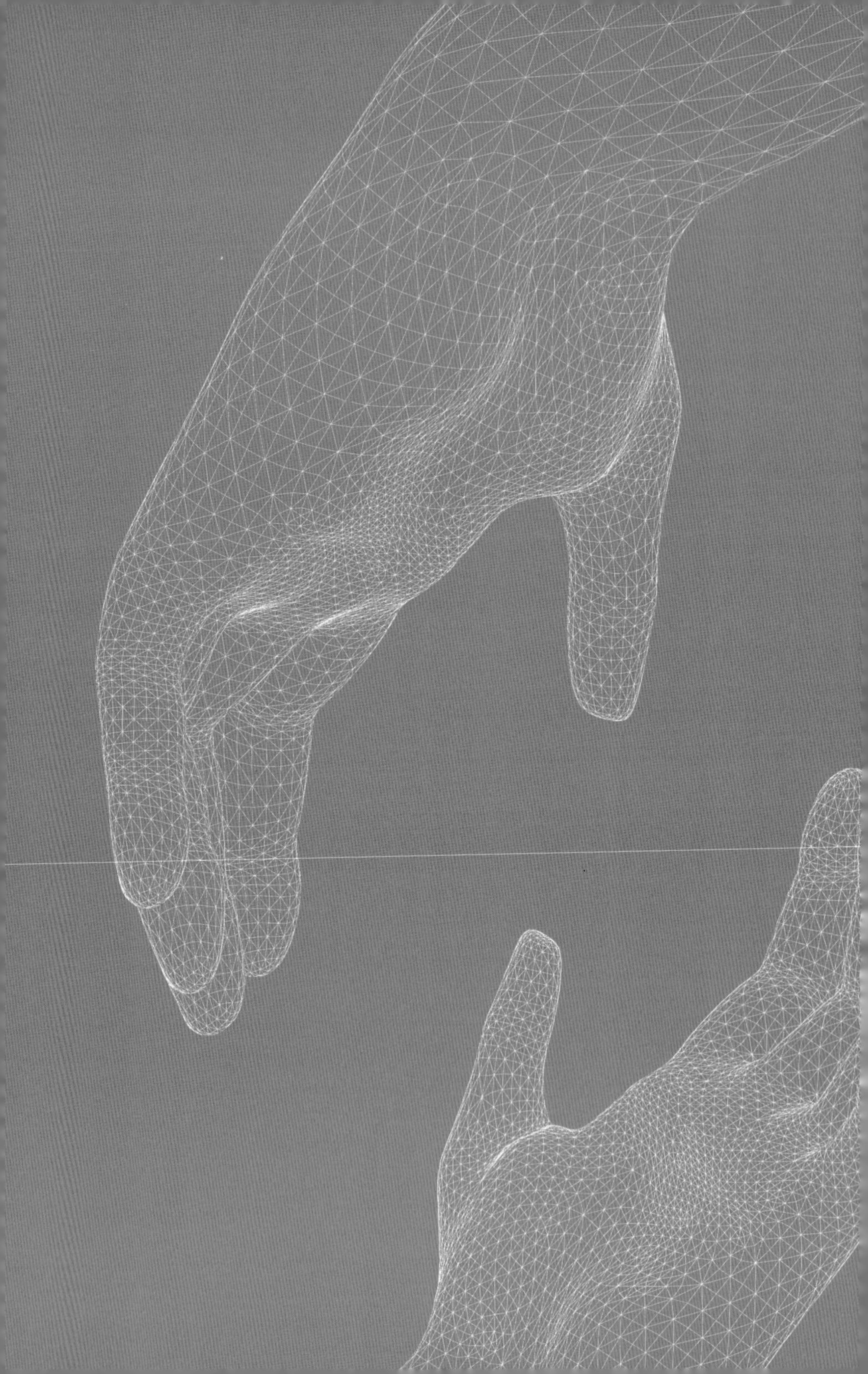

# 11장

# 손 외과의 미래방향

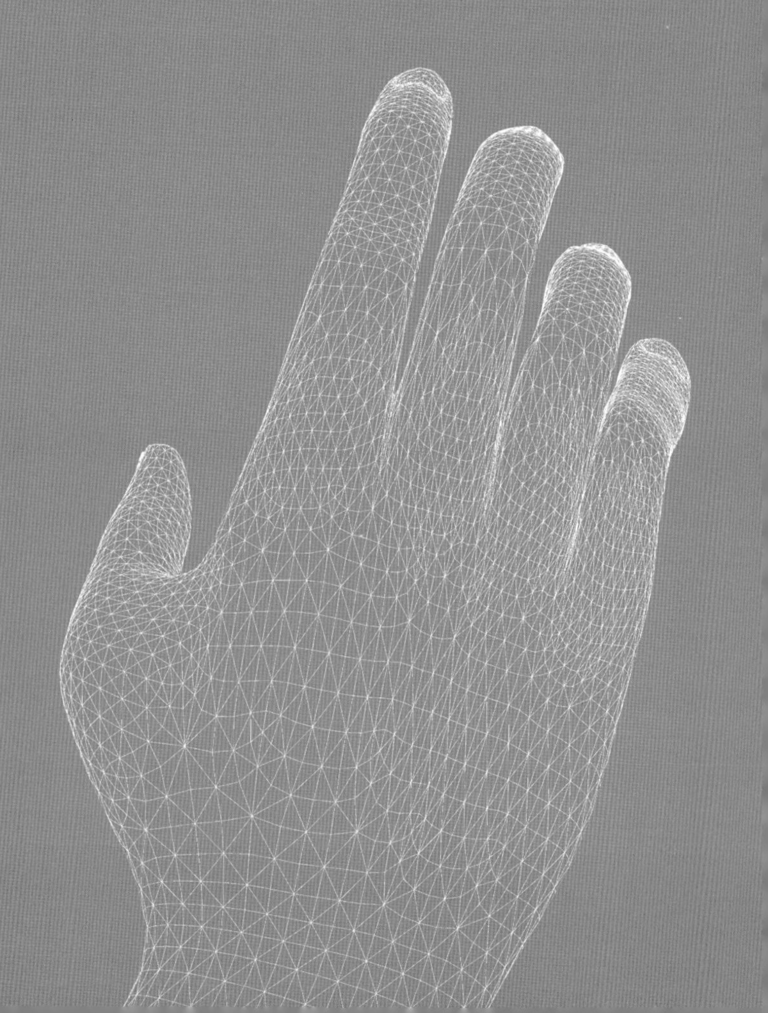

# 손 외과의 미래방향

의학박사 제임스 P. 히긴스

하위 전문 분야로서의 손 외과는 역사가 비교적 짧은 편이다. 미국에서 성형외과, 정형외과, 일반외과, 신경외과 같은, 손 외과의 부모 격인 세부 전문 분야 중 일부는 수 세기 전부터 발달했지만, 손 외과의 경우는 2차 세계 대전이 끝난 뒤에야 전문적인 교육 훈련이 시작됐다. 그런데 손 외과는 다른 분야보다 상대적으로 역사가 짧음에도 불구하고, 손에 입는 손상과 질병을 치료하는 측면에서 폭발적인 변화와 급속한 진전을 보여 주고 있다. 손 외과 같은 역동적인 전문 분야는, 미래가 과연 어떤 양상으로 전개될지 예측하기가 불가능하다. 항상 그렇듯이, 미래를 예측하려면 우선 과거에 대한 이해가 꼭 필요하다. 그동안 손 외과 분야에서 혁신의 계기로 이어졌던 주요 사건과 도전 과정을 면밀히 검토하면 이 전문 분야의 미래를 들다 볼 수 있는 통찰력을 얻게 된다.

손 외과의 미래를 구성하는 요소를 형성하는 동시에 엄청나게 뚜렷한 혁신을 입증해 보이는 분야는 다음의 세 가지다. 바로 미세수술을 통한 손 재건술, 상지 보철학, 손 타가이식술이 그것이다.

## 외상 입은 손을 미세수술을 통해 재건하는 기술

손 외과 분야에서는 단일 개발로 가장 심대한 영향을 끼친 것으로 미세수술 기술을 꼽는다. 육안으로 볼 수 있는 것보다 훨씬 작은 신경과 혈관을 복구하는 능력의 출현은 손외과가 지속적으로 이룩한 발견과 혁신이 가속화 단계에 이르렀음을 만방에 알렸다. 미세수술은 어떤 질환과 손상이 교정 가능한지를 재정립했으며, 예전에는 상상조차 할 수 없었던 회복 이야기를 아주 흔한 사연으로 바꿔 놓았다.

'미세수술'이라는 용어는 1960년에 최초로 등장했다. 두 명의 외과 전문의인 줄리어스 제이콥슨(Julius Jacobson)과 에르네스토 수아레즈(Ernesto Suarez) 박사는, 자신들이 진행한 성공적인 실험을 자세히 설명하기 위해 미세수술이라는 용어를 사용했다. 버몬트 주 벌링턴에서 실시된 이 실험은 어느 개(미세수술 기술을 실험해 보기 위한 대상)의 직경 1~2밀리미터쯤 되는 혈관을 복구하는 작업이었다. 이 실험이 성공하기 전에는 외과 전문의가 혈관 수술을 할 때 보석 세공인이나 재봉사가 사용하는 것과 동일한 조잡한 2배율 확대경을 활용할 수 밖에 없었기에 큰 사이즈의 동맥만 복구할 수 있었다.

제이콥슨 박사와 수아레즈 박사는 내이(內耳) 수술을 위해 고안된 현미경을 사용했다. 이 현미경의 확대 수준이 높은 덕분에, 외과 전문의들은 혈관 복구가 가능했다. 이 현미경의 지름은 엔젤헤어 파스타*와 엇비슷하며, 현미경으로만 보이는 복구 부위에 혈류를 수립하고 유지시킬 정도로 정확도를 충분히 갖추었다. 이때부터 미세수술이라는 하위 전문 분야는 훨씬 정밀해지고 발전을 거듭하고 있으며 현재는 일상적으로 활용되고 있다.

1960년 이전까지 수많은 요인이 미세수술이 탄생될 수 있었던 기반을 다졌다. 두 개의 혈관을 연결(접합 또는 문합)하는 기술은 원래 1902년 알렉시스 캐럴(Alexis Carrel) 박사가 최초로 시도했다. 그는 이 공로로 1912년 노벨상을 수상했다. 지금은 보다 개량된 기구로 시행하고 있지만, 이 봉합술은 어느 정도 오늘날에도 여전히 혈관을 연결시키는 방법의 근간이 되고 있다. 더욱이 1920년대에 현미경이 발전되어 귀 수술 및 눈 수술에 활용되면서, 미세수술 현미경의 원형을 제공했다. 물론 오늘날 미세수술 기술은 수많은 하위 전문 분야, 즉 머리 및 목 수술, 산부인과학, 비뇨기과학, 신경외과학이 포함하는 분야들에도 적용된다. 하지만 손 외과는 1960년대에 시작된

* 면발이 실처럼 아주 가느다란 파스타

급격한 확장 시기를 통해 주요 하위 전문 분야로 발전했으며, 이에 대한 필요성과 혁신 기술도 크게 향상됐다.

미세수술의 기원은 해리 벙크(Harry Buncke) 박사의 엄청난 공헌에 대한 자세한 설명이 없이는 제대로 이야기할 수 없다. 그는 '미세수술의 아버지'로 불린다. 벙크 박사는 1957년 스코틀랜드 글래스고에서 동료인 톰 깁슨(Tom Gibson) 박사와 함께 작업을 하면서, 손과 팔 수술에 미세수술 기술을 사용하겠다는 생각을 품게 됐다. 벙크 박사는 고향인 샌프란시스코로 돌아온 뒤, 적합한 장비나 재료가 일체 없는 상태에서 자신의 집 차고에서 미세수술 워크숍을 시작했다. 거기서 그는 작은 규모의 봉합을 만들어 내기 시작했다. 직경이 1밀리미터 밖에 되지 않는 혈관(큰 모래 알갱이 하나 크기)을 충분히 복구할 수 있을 정도였다.

당시 시중에서 구입할 수 있는 봉합 재료는 크기가 너무 컸다. 벙크 박사는 누에 섬유에서 뽑아낸 실 하나하나에 개별적으로 금속을 입히는 방법으로 미세봉합을 직접 만들고 개발해 냈다. 그는 줄스 제이콥슨(Jules Jacobsen) 박사가 최초로 개발한 수술현미경 세 대 중 한 개를 입수해 미세수술의 용도에 맞게 바꿨다. 그는 귀금속 세공기구를 개조해 실험 활동을 시작했다. 벙크 박사는 처음에는 토끼의 귀에 있는 작은 혈관에 초점을 맞추었으며 혈관을 가로절단(절개)해 복구한 뒤, 귀의 혈액 공급을 유지하는 것을 목표로 두었다. 그의 실험은 57번째로 시도했을 때 비로소 성공을 거둘 수 있었다. 이 일화는 벙크 박사가 지닌 집요함, 헌신, 낙관주의를 생생하게 보여 주는 증거다.

이후 10년 동안 외상을 입은 손을 치료하기 위해 미세수술을 새롭게 적용하는 시도가 잇달아 등장했다. 당시에는 손가락, 손, 팔을 외상으로 인해 상실한 경우, 오로지 절단된 끝 부위를 봉합하는 방법으로만 치료했다. 미세수술로 혈관을 연결하는 기술을 실행하는 능력이 발전하면서, 절단된 부위를 재부착하는 기술인 '재접합술'의 문이 열렸다. 이미 외과 전문의들은 뼈, 피부, 근육 손상을 복구할 수 있는 능력을 지니고 있었다. 하지만 의사들은 재접합술을 절대 생각해본 적이 없었다. 이 기술에는 매우 중대한 결함이 한 가지 남아 있었기 때문이다. 바로 혈액이 절단된 부위까지 흐르도록 재건하는 기술이다. 직경 1~2밀리미터의 혈관을 복구하는 능력 덕분에 현재 외상성 절단은 복구 가능한 부상으로 간주된다.

1962년 로널드 몰트(Ronald Malt)와 찰스 맥칸(Charles McKhann) 박사는 사상 최초로 재접합술(재부착)을 진행했다. 환자는 당시 보스턴에 살던 12살 소년으로, 한쪽 팔이 완전히 절단된 상태였다. 1963년 중국 상하이에서는 종 웨이 첸(Zhong-Wei Chen) 박사와 동료들이 절단된 팔을 최초로 재접합하는 데 성공했다. 1968년에는 일본에서 시게오 고마스(Shigeo Komatsu), 스스무 타마이(Susumu Tamai) 박사가 개개 손가락(엄지손가락 절단)을 최초로 재접합 하는 데 성공했다. 미세수술을 통해 절단된 팔, 손, 손가락을 성공적으로 재부착함으로써 믿기 힘들 정도로 대단한 업적을 확실하게 성취할 수 있었다. 일견 불가능해 보이는 치료가 가능한 상황에 이른 것이다.

뒤이어 수십 년 동안 미세수술 기술은 지속적으로 확장되었으며, 이에 따라 상지 재건술도 비약적으로 향상됐다. 미세수술을 집도하는 외과 전문의가 일단 절단 부위를 재접합할 수는 능력을 지니게 되면, 재접합술이 불가능한 경우(예를 들어 으깸손상이나 화상을 입었을 때)에는 동일한 기술을 활용해, 신체 한 부위에서 조직을 떼어 조직이 상실된 다른 부위에 대체하는 작업을 시작했다. 이 같은 급진적인 치료 개념은 손가락 재건술에 최초로 적용됐다. 재건술을 집도하는 외과 전문의는 절단된 손가락과 역학적·기능적으로 유사한 대체물을 찾는 과정에서, 발가락을 손가락의 대체물로 활용하려고 시도했다. 1966년 첸 박사와 상하이 의료팀은 상실된 손가락을 대체하기 위해 둘째 발가락을 떼어 이식하는 데 성공했다. 이처럼 신체 어딘가에 있는 손상되지 않은 부위를 채취해 손상된 곳을 재건하는 기술을 일컬어 '유리 조직 이식술'이라고 하며, 이식 부위는 '유리 피판'이라고 한다. 1967년 벙크 박사의 동료인 존 코벳(John Cobbett) 박사는 엄지손가락의 크기, 힘, 기능을 최대한 비슷하게 재건하려는 노력을 기울여 사상 최초로 엄지발가락을 절단된 엄지손가락 부위에 이식하는 수술을 진행했다. 수술은 성공을 거두었다. 이식된 '엄지손가락'은 제 기능을 했으며 환자에게 유용했다.

이러한 이식술·재건술의 개념은 1970년대 내내 더욱 비약적으로 발전했다. 거의 같은 시기에 미국, 오스트레일리아, 일본의 의료팀은 손상된 부위에 이식하기 위해 피부, 지방, 근육, 뼈를 포함한 다른 조직 피판을 채취하기 시작했다. 이식술이 성공하느냐 실패하느냐 여부는 연결이 성공하는지, 또한 수술 후 이식된 부위에 혈액이 성공적으로 공급되는지에 달려 있었다.

미세수술 기술 활용이 성공을 거두면서 재건수술은 진정으로 번창했다. '동종 이계 이식술'의 경우 제공자의 장기를 채취하며 환자가 '이물(異物)' 조직에 면역 반응을 보이는 것을 제한하기 위해 평생 동안 약을 투약해야 한다. 이와 달리 자신의 신체를 공여 부조하는 유리 조직 피판술은 이식술을 받을 때처럼 의료 관리가 필요하지 않다. 환자는 제공자인 동시에 받는 이이기 때문이다.

유리 조직 피판술이라는 개념이 점점 더 광범위한 문제를 해결하는 데 활용되면서, 재건 미세수술을 집도하는 외과 전문의는 안전하고 확실하게 채집할 수 있으면서 다른 신체 부위 어디서든 사용할 수 있는 모든 신체 조직을 상세하게 조사하기 시작했다. 이 분야에서 초기에 획기적으로 등장했으며 특히 현재에도 계속 혁신적으로 진행 중인 것은 바로 손 외과에서 실시하는 수술이다. 오늘날 유리 조직 피판술이라는 개념 및 기술은 외상 치료뿐만 아니라 암 재건술, 감염 치료, 화상 관리, 신체 모든 부위의 선천적 기형에 활용되고 있다.

미세수술의 발전 방향은 초창기에는 혈액이 작은 혈관을 통해 흐를 수 있도록 재건하는 데 집중되어 있기는 했지만, 상지 외상 또한 여기서 혜택을 입었다. 현재는 신경 손상을 입어도 치료를 받을 수 있게 되었다. 외과 전문의는 수술실 미세현미경을 활용해(그림 11.1.), 외상으로 신경이 얼마나 손상을 입었는지를 보다 원활하게 가늠한 뒤 발전된 신경 복구 원리를 적용해, 부상당한 손에 핵심적인 기능 및 감각을 복구시킬 수 있다. 이 분야의 선구자들은 팔의 결손을 신경 이식으로 재건하기 위해, 신체 다른 부위에서 손상되지 않은 신경을 채취하기 시작했다. 신경 이식을 통해 손상된 신경을 손상되지 않은 조직으로 대체하는 것이 가능하게 됐다. 신체 다른 부위에서 기능 신경을 제거해야 하는 손실이 불가피한데, 그 결과 신체 어딘가의 감각이 형편없거나 아예 사라지는 경우가 종종 있다. 이 문제를 해결하기 위해 합성 신경 이식 대체물, 또는 흡수성 재료로 만든 관 모양의 통로를 개발하는 결과로 이어졌다. 이 관 덕분에 미세수술 신경 복구는 전도유망한 결과가 나오게 됐으며, 현재는 집중적인 연구 및 과학 실험 주제로 부각되고 있다.

미세혈관 및 미세신경 재건술은 아주 급격하게 발달되고 있으며, 현재 손 외과 전문의가 손을 치료하는 면에서 전반적인 발전을 이루는 주춧돌 역할을 하고 있다. 외과 전문의는 미세수술을 통해 과거에는 상상도 할 수 없던 것을 성취하도록 도움을 받고 있다. 하지만 우리는 아직까지는 대단히 역동적인 단계에 있는 상황이다. 나는 앞으로 의학계가 지금보다 훨씬 커다란 성취를 얻게 될 것이라고 믿는다.

미세혈관 손 수술의 세계 안에서, 지금 우리는 새로운 업적을 이루기 위해 또 다른 의학적 경계를 탐험하고 있다. 우리는 절단된 부위를 재부착(재접합)하는 기술, 절단된 부위를 유사한 부위가 대체하는 기술(예를 들면 엄지발가락 전이), 신체 다른 부위의 조직을 혈관으로 이식하는 기술을 성취하고 있다. 이 같은 성공으로 우리는 한껏 용기를 얻고 있다. 또한 제공 가능한 부위의 목록은 거의 무한대가 될 단계에 들어서고 있다. 외과 전문의들은 아주 작은 혈관을 문합(吻合)시키는 데 꾸준히 매진하고 있으며, 이로 인해 전 세계 의료팀은 예전에는 정체를 알 수 없던 피판을, 오늘날에는 거의 모든 조직 영역에서 상세히 밝혀내고 있다. 이로 인해 신체 전체가 근본적으로 조직 이식이 가능한 원천이 되고 있다. 이 모든 것 덕분에 환자 입상에서는 믿기 힘들 정도의 혜택을 얻을 수 있게 됐다.

이 기술에서 일어난 두 번째 주요 발전상은, '미리 만든 피판' 및 '미리 층을 형성해 놓은 피판'을 활용하게 된 것이다. 이 기술은 1990년대에 본격적으로 도입됐다. '미리 만든 피판'의 경우, 외과 전문의는 이상적으로 채취할 수 있다고 판단되는 조직에 혈관을 삽입한다. 일단 이 혈관을 통해 목표로 하는 조직에 혈류를 적절히 공급하게 되면, 외과 전문의는 이식한 혈관에서 조직을 채취할 수 있다. 이 기술을 완벽하게 실행할 수 있게 되면서 외과 전문의는 이상적인 조직을 채취할 수 있게 됐으며, 원천이 되는 혈관을 환자가 필요한 크기, 길이, 혈관 직경에 맞춰 적절하게 만드는 것이 가능해졌다.

'미리 층을 형성해 놓은 피판'의 경우, 외과 전문의는 한 회 또는 그 이상의 예비 외과 치료를 통해, 다른 조직(뼈, 연골, 지방 같은)에 필요한 3차원 복합 구조를 만든다. 그런 다음, 최종 수술 과정에서 이 구조를 복합 피판으로 옮긴다. 이 기술에 대한 한 가지 사례로는 쉽고

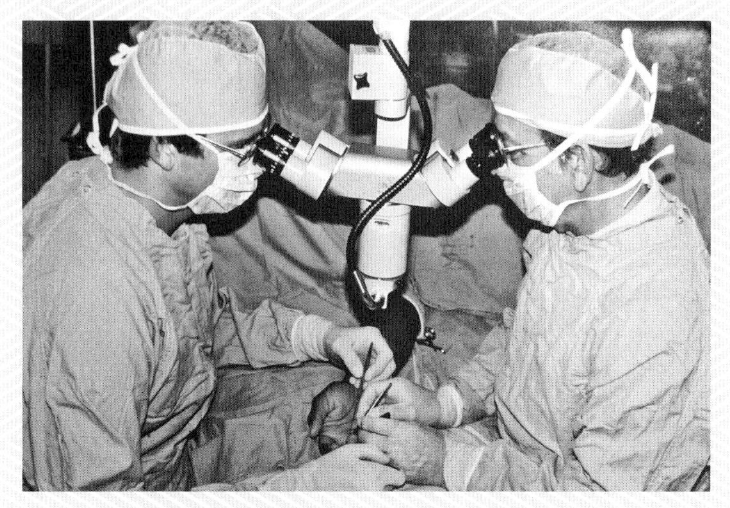

◎ 그림 11.1. 현미경을 들여다보며 수술을 진행하고 있는 레이먼드 M. 커티스 박사(오른쪽)

순조롭게 피판을 채취할 수 있는 부위의 피부나 지방 밑에 '매장'되어 있는 연골이나 뼈를 활용하는 방법을 꼽을 수 있다. 이 같은 활용법은 삽입된 조직이 주위 피하조직으로부터 혈액을 공급받을 수 있게 된 다음에 실행 가능하다.

이 같은 기술(미리 만든 피판 및 미리 층을 형성해 놓은 피판)을 통해, 환자에게 필요한 것을 아주 손쉽게 제공할 수 있는 신체 부위에서 정확하게 채취하는 외과 전문의의 능력은 대폭 확대된다.

손외과 기술을 대폭 향상시킬 수 있을 세 번째 미세혈관 수술 분야는 바로 혈관 대체물 개발이다. 전통적으로 의학계는 신체의 다른 부위에서 채취한 정맥으로 혈관을 대체해 왔다. 앞으로는 합성 혈관 대체물 개발이 유망할 것이다. 이 대체물은 특히 콜라겐으로 만든 실험 모델이 개발 중이다. 혈액이 지나는 통로(합성 혈관 대체물)는 수행 능력이 뛰어나며, 환자 몸속의 세포가 통로의 내벽을 대체하기 때문에 보다 정상적으로 혈관 역할을 할 수 있다.

## 신경 재건

미세수술 분야에서는, 미세혈관 기술뿐만 아니라 미세신경 기술을 통해서도 손 수술의 발전이 가속화될 것이다. 손상된 상지의 말초신경 재건술 분야는 극도로 역동적인 발전을 이루고 있다. 현재 합성 신경 통로는 상당히 폭넓게 활용되고 있다. 하지만 합성 신경 통로가 얼마나 유용한지에 대해서는 아직 그 정도를 확실하게 가늠하지 못한다. 상당수 외과 전문의와 과학자는 신경 손상 회복을 가속화시킬 수 있는 다른 방법에 집중적인 노력을 기울이고 있다. 이 다른 방법에는 면역억제제를 투약하는 방법이 포함되어 있다. 이와 같은 방법이 합성 신경 통로라든가 보다 관례적으로 실시되는 신경 이식술보다 훨씬 월등한지는 아직까지는 분명하게 입증되지 않고 있다.

일부 외과 전문의는 이와는 다른 노선의 연구를 이어 나가고 있다. 그들은 '신경 이식'이라는 치료 절차를 진행해, 신경 뿌리의 성장을 가속화시키는 방법을 시도하고 있다. 이 기술은 손상 부위와 동일한 곳에서 손상되지 않고 기능도 제대로 하는 신경을 찾아낸 다음,

이 신경을 근처 손상된 신경의 타깃 지점과 최대한 가깝게 신경 재생 섬유를 접합(연결)시킨다. 감각신경의 경우, 목표로 설정한 신경이 통해야 하는 피부 조직과 최대한 가깝게 접합할 것이다. 이런 방법으로 재건 부위와 최대한 가까운 곳에 이른바 '활선(活線)'을 마련할 수 있으며, 회복 시간을 최소화하면서 성공 가능성을 극대화할 수 있다. 의학계가 매진하고 있는 이 모든 노력은 각자 독립적으로 전진하는 동시에, 발견한 사항과 아이디어를 서로 공유하며 이익을 얻고 있다. 앞으로 시간이 지나면, 지금까지 소개한 혁신적인 기술 가운데 어떤 것이 손과 팔 미세수술을 새로운 궤도로 올릴지가 밝혀질 것이다.

## 상지 보장구학(보철학)

미세수술의 세계는 외상을 입은 상지를 재건하는 데 집중했던 반면, 보장구학 분야는 상지의 합성 대체물 개발을 급격하게 발전시키고 있었다.

다양한 수준의 상지 절단을 겪은 환자들이 선택하는 보장구의 종류는 통상적으로 세 가지가 있으며, 이 세 가지 보장구가 지금까지 발전을 거듭하고 있다. 첫 번째는 '미용 실리콘 의수족'으로, 손가락이 절단된 경우 아주 흔하게 사용되는 대체물이다. 이 보장구는 실리콘으로 주형을 떠서 만들며 환자 손가락의 형태, 크기, 색깔, 외양을 예술적인 솜씨로 만든다. 전문 미술가가 고용되어 보철물 내부를 칠하는데, 이를 통해 보장구(의수족)를 환자의 피부 톤과 정확하게 일치하는 것은 물론 질감, 시각적 외양, 심지어 털 같은 표면 특성도 실감나게 만든다(칠 작업은 보철물 내부에서 완료되는데, 이는 보철물을 정상적으로 사용해도 마감 칠이 훼손되지 않도록 하기 위해서다). 미용 실리콘 보철물(의수족)을 착용하면 미용 면에서 아주 만족스러운 결과를 얻을 수 있기는 하지만, 이 보철물로는 손가락 움직임을 조절하거나 손가락으로 감촉을 느끼거나 하는 고도의 기능은 발휘하지 못한다.

두 번째 보장구 유형은 '신체를 이용하는 케이블 보장구'이다. 이 보장구는 대개 위팔 부분이 절단됐을 때 사용된다. 이 보장구를 환자의 남아 있는 팔에 착용한다. 이 보장구에는 자전거 케이블과 유사한 케이블이 장치되어 있다. 어깨를 움직여 케이블을 조종해, 이 손 대체물 장치를 펴고 쥘 수 있도록 한다. 이 보장구는 기능 면에서 미용 실리콘 의수지보다 월등하기는 하지만, 오로지 한 번에 한 관절만 조종할 수 있어 다루기가 번거롭고 기능에도 제약이 따른다. 신체를 이용하는 케이블 보장구를 사용하는 환자는 먼저 정상적인 다른 쪽 손으로 보장구의 팔꿈치와 손목을 앞쪽 공간으로 위치시킨 다음, 어깨를 이용해 손을 펴고 쥐도록 조종해야 한다.

세 번째로 선택할 수 있는 보장구는 '근전기 보장구'이다(그림 11.2.). 이 보장구는 잘린 끝부분에 있는 근육을 수축시킬 수 있는 신체 능력을 적극 활용한다. 근육이 수축하면 약한 전기 자극이 전송되며, 이를 피부 표면에 부착한 전극이 감지한다. 이 원리는 심전도(EKG)가 심장 수축을 감지하는 과정과 상당히 유사하다. 이 표면 전극은 근전기 보장구 내부 소켓에 위치하고 있으며, 신호가 증폭되면 보철기에 장착된 손은 쥐고 펴는 행위를 할 수 있다. 이런 방법으로 환자는 특정 근육 군을 구부려 손을 펴고, 다른 근육 군을 구부려 손을 쥘 수 있는 법을 배울 수 있다. 이 보장구는 커다란 진전을 이룬 발명품이기는 하지만, 오로지 한 번에 한 관절만 작동시킬 수 있다. 또한 환자가 특정 근육 군을 구부려 보장구를 보다 자연스럽게 펴고 쥐는 방법을 습득하기 위해서는 엄청난 양의 훈련이 필요하다. 이러한 제약 때문에, 근전기 보장구를 착용하면 일상 활동을 할 때 시간을 대량으로 소비해야 하는 결과가 나온다.

◎ 그림 11.2. 근전기 보장구

최근 보장구 개발 분야는 폭풍처럼 밀려오는 혁신의 시기를 겪고 있다. 이는 주로 부상당한 군인을 위한 보장구가 필요하다는 데에 기인한다. 최근에 일어나고 있는, 특히 중동 지역의 군사 충돌로 인해 팔 부상자가 엄청나게 많이 발생하고 있다. 상황이 이렇게 된 것은 도로변에 장치한 폭탄 및 사제폭발물(IED) 때문이다. 예전에는 군사 충돌이 일어나면 부상자 중 상당수가 결국 목숨을 잃었다. 하지만 오늘날에는 보다 향상된 방탄복, 수송 능력, 인접 지역의 의료 덕분에, 심각한 부상을 입은 경우에도 생존이 가능하다. 그 결과 상지 보장구는 물론 하지 보장구 개발에 대한 관심이 늘어나고 있으며, 동시에 연구 지원금 제공도 증가하고 있다. 최근 개발되는 보장구는 굉장한 수준의 기능을 제공하며, 보다 빠르고 효율적으로 재활할 수 있도록 도움을 준다. 아울러 일상 업무의 숙달 정도도 높은 수준으로 끌어올려 준다.

이 같은 부상의 내부분은 청소년기에 입는다. 청소년기는 보장구를 장착하든 전면 이식을 하든 팔다리의 기능이 원활해야 할 필요성이 최고조에 달해있는 시기다. 팔다리를 하나 이상 잃은 청소년의 경우, 이 같은 중요성은 더욱 강조된다. 양손을 모두 상실한 경우를 상상해 보라. 깜짝 놀랄 정도로 향상된 보장구 기술 덕분에, 환자는 한쪽 손 또는 운이 좋은 경우에는 양쪽 손을 모두 사용해 예전의 삶으로 돌아갈 수 있다.

2001년 그레고리 두매니언(Gregory Dumanian) 박사가 이끄는 의료팀은 시카고에서 위팔이 절단된 환자를 대상으로 획기적인 치료 절차를 연속적으로 진행했다. 이 중 첫 번째 환자는 당시 54세였으며, 엄청난 전기 손상을 입은 결과 양쪽 어깨를 모두 절단한 상태였다. 의료팀은 표적 근육 신경재분포(TMR)라는 새로운 기술을 활용했다. 그들의 목표는 여러 관절이 동시에 작동하고 사용자의 숙달 훈련이 덜 필요한 근전기 보장구를 만들어 내는 것이었다. 의료팀은 절단된 부위 끝의 가로절단 된 신경을 활용하는 계획을 세웠다. 이 신경은 절단을 겪기 전에는 손의 기능을 조절했다. 의료팀은 이 신경을 어깨 근육, 위팔 근육, 흉벽 근육에 연결했다. 이런 방법으로, 원래는 손을 조절하기 위해 신경을 통해 전송되던 뇌 신호는 각 근육에 의해 증폭될 수 있었다.

널리 쓰이던 근전기 보장구를 포함한 이전의 보장구는, 절단된 부위 끝 근육의 수축을 이용해 의수가 움직일 수 있도록 했다. 이 근육은 절단 전에는 손이 기능을 발휘하도록 하는 역할을 했지만, 보장구를 사용하게 되면서 환자는 상당한 수준의 재훈련이 필요하게 됐다. 두매니언 박사 팀은 예전에는 사용되지 않았던 절단된 부위 끝의 가로절단 신경을 활용함으로써, 궁극적으로 환자가 태어날 때부터 배운 것과 동일한 신경 경로를 활용해, 손의 일상적인 기능을 제대로 발휘할 수 있다는 희망을 품었다. 손가락을 구부릴 때 사용되는 정중신경은 흉벽 근육으로 옮길 수 있었다. 몇 달에 걸친 회복 기간 중에 신경은 자라서 흉벽 근육이 되었다. 회복 기간이 끝난 뒤, 환자는 자신이 손가락을 구부리겠다는 생각을 집중적으로 하자 흉벽 근육에서 단일수축이 일어난다는 사실을 알아차렸다. 표적 근육 신경재분포 보장구에 장치된 전극은 근육 위에 위치해 있었으며, 손을 구부리기 위해 자극을 보냈다.

이와 비슷하게, 예전에는 각자의 역할을 하던 상지 내 다른 신경(요골 신경, 척골 신경, 근육피부 신경)도 흉벽, 어깨 팔이음뼈, 위팔에 있는 여러 근육으로 각각 이동했다. 환자가 손을 펴겠다는 생각을 집중하면, 어깨의 한 부위가 단일수축 됐다. 환자가 손바닥을 아래로 돌리겠다는 생각을 집중적으로 하면, 위팔의 한 부위가 단일수축을 일으켰다. 표적 근육에 부착한 전극을 통해, 여러 관절은 보장구에서 동력을 얻을 수 있었다. 이를 위해 훈련을 많이 할 필요도 없다. 보장구로 기능을 활성화시키려면, 환자는 해당 기능에 대해 생각하기만 하면 됐다. 절단을 겪기 전과 똑같다. 이 놀라운 개념은 엄청난 성공을 거두었다. 첫 번째 환자가 좋은 결과를 본 이후, 다른 절단 환자들이 표적 근육 신경재분포를 희망했다. 그들은 첫 번째 환자의 경우와 유사하지만 섬진적으로 좀 더 복합적인 과정을 겪었으며, 기능적으로 향상된 결과를 지속적으로 성취했다.

표적 근육 신경재분포로 치료받은 환자를 대상으로 표준시험을 해보니, 전반적인 상지 기능이 250%나 증가한 것으로 나타났다. 이 같은 기능 수준의 향상은 예전에는 생각조차 할 수 없었다. 절단된 부위를 보장구로 대체하면 절대 재접합술과 같은 결과를 얻을 수 없다는 생각이 지배적이었다. 보장구는 감각을 제공하지 않기 때문이다. 심지어 보장구를 장착하고 기능을 엄청난 수준으로 회복했다 하더라도, 정상적인 손이나 팔만큼 활용되지는 못할 것이라고 여겼다. 물체를 쥘 때 느낄 수 있는 온도, 질감, 견고함 등등과 관련된 감각 피드백을, 보장구를 통해서는 느낄 수 없기 때문이다.

놀랍게도 그레고리 두매니언 박사와 그가 이끄는 시카고 팀은 보장구를 둘러싼 기존의 개념을 뛰어넘는 조치를 감행했다. 그리하여 감각이 결핍된 보장구의 특성을 개선했다. 가장 최근에 표적 근육 신경재분포 치료를 받는 환자의 경우, 외과 전문의들은 표적 감각 신경재분포(TSR)를 활용하고 있다. 이 치료 절차에서는 재조정된 운동 기능을 조절하는 운동신경뿐만 아니라, 절단 이전 환자에게 감각을 제공하던 신경도 감각을 제공한다. 이 감각 신경은 예전과는 다른 경로로 전달되며, 흉벽 상단과 어깨에 감각을 제공하는 신경과 접합한다. 이 수술은 24세 여성 환자에게 최초로 실시됐다. 이 환자는 2004년에 절단 상황을 겪었다. 그녀는 2005년 표적 운동 신경재분포와 표적 감각 신경재분포를 병용하는 치료를 받았으며, 그 결과 현재까지는 굉장한 성공을 체험했다. 이 환자가 착용한 보장구에는 128개의 전극이 장착된 격자판이 있다. 이 격자판을 피부 표면에 부착한다. 이 전극 중 일부는 근육의 단일수축을 감지하기 위해 활용되며, 이를 통해 환자는 손을 쥐었다 폈다 할 수 있으며 팔꿈치의 움직임도 조절할 수 있다. 이 환자는 흉벽 상단과 어깨 및 선택된 부위 20곳에서 감각을 감지할 수 있었다. 이 부위를 건드리면 여성 환자는 감각을 느끼며, 아울러 손가락 끝, 손바닥 등으로 감각의 실체를 해석한다. 의료팀은 이렇게 감각을 느낄 수 있는 피부 영역을 계획한 것에 그치지 않고, 더 나아가 신호를 이 여성 환자의 손에 있는 전극으로 보내 기온은 물론 보장구가 건드리거나 움켜쥔 물체의 질감을 나타낼 수 있는, 보다 예술의 경지에 이른 보장구를 개발하기를 희망하고 있다. 지난 10년 동안, 보장구 개발은 믿기 힘들 정도로 급속하게 혁신을 거듭해 왔다. 이 같은 혁신을 통해, 상지가 절단된 환자에게 흥미진진하고 전도유망한 미래를 제공하기 위한 기반을 마련하고 있다.

## 손 이식술(동종 이계 손 이식술)

보장구의 세계가 인위적인 수단을 통해 기능을 복구할 수 있는 능력 면에서 발전을 거듭해 온 반면, 미세수술 덕분에 외과 전문의는 신체 다른 곳에 있는 조직을 떼어 절단된 부위에 이식할 수 있는 능력을 발전시켜 왔다. 이와 더불어 상지 재건의 세 번째 새로운 차원이 탐구되고 있다. 바로 손 이식술이다. 복합 조직 동종 이식술이라는 분야가 등장하면서, 절단되거나 손상된 손을 제공자의 손으로 대체할 수 있는 능력이 현실화 되고 있다.

제공자의 장기를 이식하는 기술의 뿌리는 2차 세계대전으로 거슬러 올라간다. 피터 메데워(Peter Medewar) 박사와 토마스 깁슨(Thomas Gibson) 박사는 스코틀랜드 부상병들을 치료하기 위해 피부를 제공받아 이식하는 실험을 감행했다. 이 업적으로 메데워 박사는 노벨상을 수상하고 기사 작위도 받았다. 1954년, 성형외과 전문의 조지프 머리(Joseph Murray) 박사는 보스턴에서 팀을 이끌며 사상 최초로 실질 장기 이식 수술을 진행해 성공을 거두었다. 일란성 쌍둥이 형제 중 한 명이 제공한 신장을 다른 형제에게 이식한 것이다. 그로부터 4년 뒤 머리 박사는 동일한 수술 절차를 이란성 쌍생아에게 실시했으며, 이 업적으로 노벨상을 수상했다. 머리 박사는 실질 장기 이식술이라는 분야를 창시했다. 오늘날 실질 장기 이식술은 아주 흔하게 실시되고 있다.

장기 이식수술을 받기 위해서는 환자의 면역체계를 억제할 필요가 있다. 그렇게 하지 않으면 환자의 면역체계는 제공자의 장기에 대해 거부 반응을 일으킬 것이다. 면역을 억제하려는 목적으로, 환자는 처음에는 골수를 방출한 뒤 면역억제제를 투여받는다. 투약 기술이 향상되면서 신장, 간, 심장, 췌장, 기타 다른 장기 이식의 성공 확률이 훨씬 높아지게 됐다. 하지만 이 같은 향상과는 별도로, 환자는 투약을 받으며 심각한 부작용을 일으키고 장기적인 위험에 노출됐다. 이 위험에는 감염 기회의 증가, 약물 유발성 당뇨병의 진전, 암이 발생하고 진행될 가능성의 증가, 상처 치유 가능성의 약화 등이 포함된다. 이렇게 열거한 투약 부작용 목록을 보면 '상당히 심각하다'는 생각이 드는 게 정상이겠지만, 의학계는 생명을 위협하는 신부전, 간부전, 심부전과 같은 질환을 치료하는 과정에서 감수할만한 위험이라고 여겼다.

의학계는 손을 재건하기 위해 이식술을 활용하는 경우는 장기 이식수술과는 다르다고 간주했다. 상지 상실은 당연히 기능 면에서 엄청난 타격을 입는 것이기는 하지만, 생명을 위협하지는 않기 때문이다. 이러한 이유로 지난 수 십 년 동안 면역을 약화시키거나 손상시킬 수 있는 약을 투약받은 뒤 일어날 수 있는 유해한 부작용이, 손과 팔의 이식술로 얻는 이득보다 훨씬 커다란 관심을 모았다.

손 이식술이 발전하면서 추가적으로 직면한 장애물은, 바로 피부 면역원성(免疫原性)이다. 손은 실질 장기와는 다르게, 몇몇 다른 유형의 조직으로 이루어져 있다. 즉 뼈, 근육, 힘줄, 지방, 피부로 구성되어 있다. 손 이식술에 성공하기 위해서는 면역 반응 및 모든 거부 가능성을 통제·조절하는 작업이 꼭 필요할 것이다. 피부는 면역 반응을 만들어 내어 그 결과 거부를 보일 가능성이 대단히 높은 조직이다. 이 같은 신체 부위의 이식술을 시도하는 것을 일컬어 '복합 조직 동종 이식술(CTA)'이라고 불렀으며, 나중에는 '혈관 복합 동종 이식술(VCA)'라는 명칭으로도 불렀다. 손 이식술로 절단되거나 손상된 부위를 대체할 수 있다는 전망에 관심을 집중하던 미국 전역의 외과 전문의들은 환자가 외상성 손상을 입은 뒤 기능을 향상시키기 위해 손상된 복합 조직 구조의 대체(얼굴, 후두, 복벽 이식)를 추구하는 다른 분야의 전문가들과 협업하기 시작했다.

복합 조직 타가이식술의 기원은 노스캐롤라이나 출신의 성형외과 전문의 얼 피콕(Earle Peacock) 박사로 거슬러 올라갈 수 있다. 피콕 박사는 상지를 재건할 때 복합 조직 타가이식술의 원칙을 추구한 선구자였다. 그의 연구 작업은 손가락을 구부러지게 하는 힘줄의 대체는 물론, 인대로 유도되는 복합 도르래 시스템에 집중되었다. 이 도르래 시스템은 복잡하고 난해하게 얽힌 시스템으로, 손이 어느 공간에 위치해있는지 '파악'할 수 있도록 한다. 피콕 박사가 1957년 첫 번째 수술을 마친 이후, 소수의 외과 전문의가 40여 회가 넘는 재건술을 실시했다. 이들은 환자와 맞지 않는 다른 사람의 시신의 힘줄과 도르래 메커니즘을 활용했다. 이 수술은 면역억제제 투약을 전혀 하지 않은 채 진행됐다. 이 기술을 통해 이전에는 해결되지 않던 문제점, 즉 굴건의 흉터 형성 및 손상 치료가 크게 개선됐다. 하지만 이 획기적인 수술법은, 같은 시기에 실질 장기 이식술이 주목과 관심을 독차지하는 바람에 빛이 바래고 말았다. 또한 피콕 박사의 굴건집 재건술은, 이식할 수 있는 실리콘 힘줄 대체 막대의 개발로 인해 퇴색됐다. 그럼에도 불구하고 초기 복합 조직 타가이식술을 통해, 외과 전문의들은 보다 향상된 기능 복구 기술을 확보했다. 1960년 손 이식술이 최초로 시도됐지만(에콰도르에서 로버트 길버트(Robert Gilbert) 박사가 집도했다) 실패하고 말았다. 수술 집행 뒤 3주가 되자 급성 거부 증상이 일어났기 때문이다. 여러 선구자가 동물 실험 모델을 활용해 팔 이식을 시도했지만 실패했으며, 복합 조직 타가이식술 분야는 일시적으로 외면 받았다. 의학계에서는 피부 면역원성이 너무나 큰 장애물이라서 극복하지 못 할 거라고 믿었다.

보다 효과적이면서도 독성이 덜한 면역억제제, 즉 1960년대에는 이뮤란, 1980년대에는 시클로스포린, 1990년대에는 타크로리무스가 실질 장기 이식술에 사용되면서, 복합 조직 이식술이 부활할 수 있는 발판이 마련됐다. 가장 극적인 단계는 1990년대 중반에 나타났다. 최신 약제 중 하나인 마이코페놀산(MMF)이 개발된 것이다. 동물을 대상으로 팔다리 이식술 실험을 진행하는 도중 마이코페놀산을 타크로리무스와 혼합해 투약했는데 결과는 성공적이었다. 인간에게도 임상시험을 할 수 있는 문이 열렸다.

손 외과 분야의 규모는 상당히 큰 편이지만, 인간 임상시험과 관련된 지원은 극히 일부밖에 이루어지지 않았다. 과학자들은 전 세계에서 소규모로 선택된 연구 센터에서 인간을 대상으로 임상시험을 진행했다. 1998년 9월 프랑스 리옹에서 현대 최초로 손 타가이식술이 시행됐다. 장 미셸 뒤베르나르(Jean-Michel Dubernard) 박사가 이끄는 의료팀이 수술을 진행했다. 그들이 성공을 거두자, 재빠르게 뒤를 이어 미국에서 손 이식술이 시행됐다. 1999년 1월, 켄터키 주 루이빌에서 워렌 브라이덴바크(Warren Breidenbach) 박사가 이끄는 의료팀이 진행했다. 각국에서 '최초'의 이식술이 놀라울 정도로 성행했다. 2000년 1월 리옹에서 최초로 양쪽 손 이식술이 시행됐을 때가 정점이었다. 2012년, W. P. 앤드루 리(W. P. Andrew Lee) 박사, 제럴드 브랜다처(Gerald Brandacher) 박사, 제이미 쇼어스(Jamie Shores) 박사가 이끈 존스홉킨스 병원의 연합팀과 나를 비롯해 이 책의 기고자 상당수가 포함된 커티스 국립 손 센터에 근무하는 외과 전문의들이 지금까지도 엄청나게 복잡하고 규모도 대단히 큰 수술로 첫손에 꼽히는 양쪽 팔 이식술을 진행했다. 손 이식술 환자에게 투입되는 외과 기술 및 의학 치료는 해마다 지속적으로 발전하고 있다.

이밖에도 다른 여러 가지 복합 조직 타가이식술 모델이 개발·시도되고 있다. 귄터 호프만(Guenter Hoffmann) 박사가 이끄는 외과 팀은 인간의 무릎에 복합 조직 이식술을 실시하는 진전된 면모를 보였다. 마셜 스트롬(Marshall Strome) 박사는 오하이오 주 클리블랜드에서 자신이 이끄는 의료팀이 인간의 후두에 복합 조직 타가이식술을 시행하는 획기적인 업적을 이룩하며 선구자의 위치로 올라섰다. 얼굴 부상을 입어 크게 기형이 되고 심신도 쇠약해진 환자를 위한 얼굴 이식술은, 프랑스의 뒤베르나르 박사 팀이 개척했다. 뒤베르나르 박사 팀은 2005년 11월에 얼굴 이식술을 최초로 진행했다. 두 번째 얼굴 이식술은 2006년 4월 중국의 구오(Guo) 박사와 그가 이끄는 팀이 진행했다.

이렇게 복합 조직 타가이식술이 다양한 방법으로 진전을 거듭하면서, 대중은 물론 각자 특수한 전공 분야에 속한 외과 전문의들은 복합 조직 타가이식술의 기능적이면서도 미적인 결과를 과거보다 훨씬 유연하고 긍정적으로 받아들이게 됐다. 동시에 면역억제제 투약의 위험성도 확실히 인식하게 됐다. 이제 복합 조직 타가이식술은 실제로 임상에서 활용되는 기술이 됐다. 분명히, 복합 조직 타가이식술은 현재 진보와 혁신이 폭발적으로 진행되는 시기를 맞이한 상지 치료 분야를 든든하게 떠받칠 것이다.

복합 조직 타가이식술이 손 외과의 미래에서도 확실한 역할을 보장받으려면, 다음의 세 가지 과제를 성공적으로 완수해야 할 것으로 보인다. 첫 번째는 앞에서 언급한 것처럼, 피부 타가이식술을 할 때 면역원성 반응을 조절 · 통제하는 데 성공해야 한다. 두 번째는 환자의 면역 반응 및 거부 위험을 조절 · 통제하기 위해, 투약 요법을 점진적으로 개선해야 할 것이다. 약제 투여량과 개수를 반드시 줄여야하며 부작용을 감소시켜야 한다. 이 분야에서 실험을 통해 지속적으로 각고의 노력을 기울이는 이유는, 예전에는 생각조차 하지 못했던 것, 즉 투약하지 않고도 면역내성을 성취하는 것이 목표이기 때문이다. 상당수 연구자는 이 같은 성취가 가까운 미래에 실현 가능하다고 굳게 믿고 있다. 면역억제제 투약으로 인한 심각한 부작용이 완전히 사라지면, 이식술은 보다 광범위하게 받아들여 활용될 것이며 이에 따라 이식 기술도 발전을 거듭하게 될 것이다. 복합 조직 타가이식술을 상지에 활용하는 기술이 앞으로 밝은 미래를 장기간 보장받기 위해 해결해야 할 세 번째 요소는, 바로 이식된 부위에서 예기치 못하게 감각 및 운동 신경이 재생하는 상황이다. 이 경우는 신경 복구 및 손 재접합을 시행했을 때 나타나는 재생을 훨씬 초과한다. 특히 타크로리무스 같은 일부 면역 절충제에서 나타나는 부작용 중 하나는, 신경이 재생하고 다시 자라는 속도가 아주 빠르다는 점이다. 지난 몇 년 동안 전통적인 입장을 보이는 외과 전문의 상당수는, 복합 조직 타가이식술에 대해 회의적인 입장을 보이고 있다. 신경이 부적절하게 재생하는 바람에, 기능을 회복하는 데 적지 않은 지장이 있다고 보기 때문이다. 그러나 연구자들이 기능 및 감각의 결과가 훌륭하게 나타날 수 있는 돌파구를 마련할 것으로 보인다.

2013년 말까지, 전 세계에서 60명이 넘는 환자가 한쪽 또는 양쪽 손·팔의 이식술을 받았다. 아울러 다른 복합 조직 타가이식술 역시 이보다 훨씬 많은 환자를 대상으로 진행되고 있다. 1950년대에 선구자들의 노력으로 탄생한 복합 조직 타가이식술이라는 개념은 향후 10년 이내에 급속한 성장을 이루는 단계에 이를 것이며, 이에 따라 사람들이 받아들이는 범위도 훨씬 확대될 것으로 보인다.

## 손 외과의 역사

손 외과는 변화하는 의료 환경에 부응하기 위한 필요성 때문에 탄생했다. 손 외과를 창시한 의사로 칭송받는 아사 스털링 버넬(Asa Sterling Bunnell) 박사는, 1차 세계대전 당시 프랑스 주둔 미군으로 복무하고 있었다(그림 11.3.). 그는 전쟁 중 병사들이 상지에 입은 부상을 오진하는 경우가 많았다고 폭로했다. 이것이 계기가 되어 그는 평생 동안 손 치료에 대한 관심을 열정적으로 불태웠으며, 이 분야에 종사하는 외과 전문의 모두에게 유익한 유산을 남겼다. 버넬 박사는 1차 세계대전과 2차 세계대전 사이 시기에 손 외과 치료를 광범위하게 연구하고 실행했으며, 관련 문헌을 저술했다. 당시 그는 손외과를 주제로 한 책 중에서 가장 중요하고 권위를 인정받는 교과서를 출간했다. 또한 버넬 박사는 손외과라는 하위 전문 분야를, 당시에는 급진적이라고 여길만한 방식으로 정의 내렸다. 그는 손을 적절하게 치료하려면, 서로 연관성이 적어 보이는 몇몇 하위 전문 분야 과정을 전부 정상적으로 완료한 외과 전문의가 꼭 필

◎ 그림 11.3. 손 외과의 창시자로 칭송받는 의학박사 아사 스털링 버넬

요하다고 믿었다. 손 외과 전문의는 반드시 신경, 뼈, 근육, 힘줄, 혈관, 피부 질환은 물론, 상지 전체와 관련된 상처를 능숙하게 치료할 수 있어야 할 것이라고 보았다. 이렇게 여러 의료 기술이 일견 이상해 보이는 조합을 이루어, 손외과라는 세부 전문 분야가 탄생했다.

1943년, 프랭클린 델러노 루스벨트(Franklin Delano Roosevelt) 대통령은 사상 최초로 정형외과 전문의 노먼 T. 커크(Norman T. Kirk) 박사를 미군 의무감으로 진급시켰다. 이러한 선택을 두고 일부에서는 루스벨트 대통령이 부분적이나마 정형외과와 재활의 중요성을 제대로 인정하고 이해했기 때문일 것이라는 추측이 나오기도 했다. 루스벨트 대통령은 39세부터 회색질 척수염을 앓아 평생 고통 받았으며 치료를 위해 분투해야 했다.

커크 박사는 버넬 박사의 평생 친구이자 동료였다. 더욱이 그는 버넬 박사를 존경했다. 전시 부상자 치료를 감독하는 막중한 임무를 부여받은 커크 박사는, 즉시 버넬 박사에게 육군의료센터의 민간 고문 의사가 되어 '불구가 된 손' 치료를 진두지휘해 달라고 요청했다. 당시 62세였던 버넬 박사는 커크 박사의 요청을 승낙했으며, 의료 업무에 분주히 몰두하던 샌프란시스코를 떠나 미국 전역의 병원을 돌며 손 외과 센터 아홉 곳을 출범시켰다. 그는 손 외과 센터를 이끌 젊은 지도자들을 선발했으며, 센터 한 곳 한 곳을 직접 방문해 강연을 하고 수술을 진행하는 한편, 손외과의 미래를 이끌 지도자들을 훈련시켰다. 아홉 곳의 센터 중에서 여덟 곳의 센터장이 이 분야에서 최고의 학술 연합회로 꼽히는 미국 손 외과 협회(the American

Society of Surgery of the Hand)의 회장을 역임하게 됐다. 그리고 오늘날에는 아홉 명의 센터장 모두 손 외과라는 전문 분야의 지도자로 확고한 위치를 인정받고 있다.

버넬 박사가 육군의료센터에 부임하기 전까지만 해도, 전쟁에서 입은 손 부상은 심각하고 지속적으로 심신을 쇠약하게 하는 손상임에도 불구하고, 치료를 소홀히 하거나 경험이 별로 없는 외과 전문의가 담당했다. 버넬 박사와 커크 박사가 쓴 글에 따르면, 전시에 손 부상을 입은 경우 무작정 절단부터 하고 보는 사례가 비일비재해 무척 놀랐다고 한다.

만약 2차 세계대전 중에 외과 전문의들이 손 외과의 미래를 추측해보라는 요청을 받았다면, 그들은 이렇게 아주 짧은 시간 동안 획기적인 발전을 이룩하리라고 예측했을 것 같지는 않다. 그들이 오늘날 손 치료의 발전을 위해 헌신하는 학술 센터와 의료부대가 얼마나 많은지 안다면 아마도 깜짝 놀랄 것이다. 지난 60년 동안 손 질환과 관련된 연구 범위 및 다양성, 임상에서 이룬 발전, 의료 장비, 치료 절차, 재활 프로그램은 가히 상상할 수 없을 정도로 엄청난 성취를 이룩하고 있다. 과거에는 치료가 불가능하다고 여겼던 손 부상이 오늘날에는 재건을 통해 회복할 수 있다는 이야기를 들으면 정말 놀라지 않을 수 없다.

지금, 손 외과는 전문화되고 진보된 기술의 시대를 맞이하고 있다. 수십 년 동안 일반외과 전문의, 정형외과 전문의, 성형외과 전문의, 신경외과 전문의, 치료사, 보철외과 전문의가 보여 준 기여와 헌신 덕분에, 손 외과는 더 이상 향상될 수 없을 정도로 정점에 이른 것처럼 보일 수도 있다. 하지만 역사와 경험의 장점을 적극 활용하면, 정점에 이른 듯 보이는 발전상은 아직 갈 길이 많이 남아 있다고 확신하게 될 것이다. 손 외과를 계속 전진하게 하는 과학 연구 분야 및 하위 분야 목록을 전부 포괄적으로 이해하기는 어렵다. 골절 고정, 관절 대체, 종양 관리, 관절염 관리 등 모든 것이 지속적으로 개선되고 있다.

하지만 나는 현재 손 외과 분야가 특히 손상된 손의 재건에 주안점을 두는 영역에서 엄청나게 빠른 성장을 이루어 나가고 있는 중이라는 믿음을 가지고 있다. 내가 동료들과 함께 이 책을 쓰는 작업을 시작할 때, 이 분야의 발전이 가속화된 이유는 부분적으로 미국의 전시 교전 상황에 있었다. 우리는 전문 학회와 전국 규모 회의를 진행하면서, 전시 외상 치료가 보다 흔한 토론 주제로 부각되고 있으며 동시에 혁신적인 치료 영역이 되어가고 있다는 사실을 확실하게 깨달았다.

손 외과 분야는 전체적으로 비교적 최근에 형성기를 거치면서, 가히 역동적인 역사를 향유하고 있다. 동시에 향상된 의료 기술, 향상된 치료 절차, 그리고 가장 중요한 것으로, 상지의 손상이나 질환으로 고통받는 환자에 대한 향상된 치료 · 보호의 시대가 도래했음

을 알리는, 가속화된 단계를 통과하고 있다. 이러한 발전은 맨 먼저 미세수술, 보철학, 이식술 분야에서 이루어지고 있다. 동시에 손 외과에 속한 굉장히 다양한 하위 분야에서 발전이 지속되고 있다. 우리는 손 외과 분야에서 앞으로도 계속될 진보와 혁신을 엄청나게 기대하고 있다.

◎ 자료 제공처

미국 손외과협회(American Association for Hand Surgery)
www.handsurgery.org

미국 류마티스학회(American College of Rheumatology)
www.rheumatology.org

미국 당뇨병협회(American Diabetes Association)
www.diabetes.org

미국 맹인재단(American Foundation for the Blind)
www.afb.org

미국식 수화/미국 국립 농인협회
(American Sign Language/National Association for the Deaf)
http://www.nad.org/issues/american-sign-language

미국 재건 미세수술협회
(American Society for Reconstructive Microsurgery)
www.microsurg.org/patients/awareness

미국 손 수술협회(American Society for Surgery of the Hand)
www.assh.org

미국 질병통제예방센터(Centers for Disease Control and Prevention)
www.cdc.gov/diabetes와 www.cdc.gov/arthritis

손을 돕는 재단
(Helping Hands Foundation: 상지를 상실한 아동의 가족과 접촉할 수 있는 사이트)
www.helpinghandsgroup.org

짐 애보트 재단(Jim Abbott Foundation)
www.jimabbott.net

팔 다리 차이
(Limb Differences: 팔다리가 손상됐거나 기형인 아동의 가족 및 친구를 위한 온라인 사이트)
www.limbdifferences.org

미국 난청 및 기타 소통 장애에 관한 국립 연구소
(National Institute on Deafness and Other Communication Disorders, NIDCD)
www.nidcd.nih.gov

미국 관절염 및 근골격 피부질환 국립 연구소
(National Institute of Arthritis and Musculoskeletal and Skin Diseases, NIDCD)
www.niams.nih.gov

스포츠 부상을 멈춰라(Stop Sports Injuries)
www.stopsportsinjuries.org

미국 관절염 재단(The Arthritis Foundation)
www.arthritis.org
www.arthritistoday.org

브라유 점자 연구소(The Braille Institute)
www.brailleinstitute.org

커티스 국립 손 센터(The Curtis National Hand Center)
www.curtishand.com

의학박사 **W. 휴 바우거**(W. Hugh Baugher, M.D.)
메릴랜드 주 볼티모어 메드스타 유니언 메모리얼 병원
(MedStar Union Memorial Hospital) 커티스 국립 손 센터 임상교수

의학박사 **케빈 C. 청**(Kevin C. Chung, M.D.)
커티스 국립 손 센터 성형외과 특별 연구원(1994-1995년),
미시건 의대(University of Michigan Medical School) 성형외과 교수

의학사 **필립 클랩햄**(Philip Clapham, B.S.)
미시건 대학교 보건 시스템(The University of Michigan Health System) 외과

의학박사 **크리스토퍼 L. 포스먼**(Christopher L. Forthman, M.D.)
메릴랜드 주 볼티모어 메드스타 유니언 메모리얼 병원
커티스 국립 손 센터 임상교수

의학박사 **토마스 J. 그레이엄**(Thomas J. Graham, M.D.)
전(前) 커티스 국립 손 센터장, 오하이오 주 클리블랜드 임상 혁신 연구소
(Cleveland Clinic Innovations) 수석 혁신 위원장

의학박사 **제임스 P. 히긴스**(James P. Higgins, M.D.)
메릴랜드 주 볼티모어 메드스타 유니언 메모리얼 병원
커티스 국립 손 센터 손외과장, 임상교수

의학박사 **라이언 D. 카츠**(Ryan D. Katz, M.D.)
메릴랜드 주 볼티모어 메드스타 유니언 메모리얼 병원
커티스 국립 손 센터 임상교수

의학박사 **마이클 A. 맥클린턴**(Michael A. McClinton, M.D.)
메릴랜드 주 볼티모어 메드스타 유니언 메모리얼 병원
커티스 국립 손 센터 임상교수

의학박사 **케네스 R. 민스 주니어**(Kenneth R. Means Jr., M.D.)
메릴랜드 주 볼티모어 메드스타 유니언 메모리얼 병원
커티스 국립 손 센터 임상교수, 임상연구소장

물리치료사 겸 공인 손 치료사 **레베카 J. 선더스**(Rebecca J. Saunders, P.T., Certified Hand Therapist)
메릴랜드 주 볼티모어 메드스타 유니언 메모리얼 병원
커티스 국립 손 센터

의학박사 **키스 A. 세겔먼**(Keith A. Segalman, M.D.)
메릴랜드 주 볼티모어 메드스타 유니언 메모리얼 병원
커티스 국립 손 센터 임상교수

의학박사 **E. F. 쇼 윌기스**(E. F. Shaw Wilgis, M.D.)
메릴랜드 주 볼티모어 메드스타 유니언 메모리얼 병원
커티스 국립 손 센터 명예 센터장

의학박사 **레이먼드 A. 위트스타트**(Raymond A. Wittstadt, M.D.)
메릴랜드 주 볼티모어 메드스타 유니언 메모리얼 병원
커티스 국립 손 센터 임상교수

의학박사 **닐 B. 짐머먼**(Neal B. Zimmerman, M.D.)
메릴랜드 주 볼티모어 메드스타 유니언 메모리얼 병원
커티스 국립 손 센터 임상교수

의학박사 **라이언 M. 짐머먼**(Ryan M. Zimmerman, M.D.)
메릴랜드 주 볼티모어 메드스타 유니언 메모리얼 병원
커티스 국립 손 센터 특별 연구원(2014~2015년)

◎ 그림 및 출처

※ 본 도서의 모든 일러스트는 Jacqueline Schaffer의 작품입니다.

그림 1.1. (A) 왼손의 뼈와 관절
(B) 왼손의 외재근과 힘줄
(C) 왼손의 내재근
그림 1.2. (A) 왼손의 신경
(B) 왼손의 혈액 공급

그림 2.1. 메이저리그 야구 선수 짐 애보트 (제공: Jim Abbott)
그림 2.2. 정형외과 전문의이자 의학 박사 리베 다이아몬드
(제공: Norman H. Dubin, Ph.D.)
그림 2.3. 태아가 발달하는 동안, 향후 팔과 손이 될 부위의 최초 모양
그림 2.4. 발가락 이식
(제공: Michael A. Mcclinton, M.D.)
(A) 손에 손가락이 하나밖에 없는 신생아의 손 모습이다.
(B) 미세수술을 통해 발가락 전체를 손에 이식했다.
(C) 동일한 아기가 물건을 꽉 쥐는 행동을 위해 손을 사용했다.

그림 3.1. DIP관절과 PIP관절의 골절이 함께 나와 있는 엑스레이 사진
(제공: the Curtis National Hand Center)
그림 3.2. 버디 테이핑
(제공: Norman H. Dubin, Ph.D.)

그림 4.1. 류마티스 관절염이 MCP관절에 발병하여 생긴 손가락 기형
(제공: the Curtis National Hand Center)

그림 5.1. 피아니스트 레온 플라이셔 (제공: Leon Fleisher and Chris Hartlove)

그림 6.1. 미국식 수화로 '나뭇잎'이라는 단어를 표현하고 있다.
그림 6.2. 미국식 수화의 알파벳과 숫자

그림 7.1. 재접합술이 가능하도록 잘린 손가락 부위를 보존하는 방법

그림 8.1. 척골 동맥이 막혀 있는 상태를 보여 주는 혈관조영상
(제공: the Curtis National Hand Center)
그림 8.2. 수술을 통해 혈류를 복구하기 전과 후의 왼손 혈액 공급을 묘사한 그림

그림 9.1. 두 손으로 브라유 점자를 읽는 장면
그림 9.2. 브라유 점자에서 사용하는 알파벳과 숫자
그림 9.3. 손의 수근관

그림 10.1. 오귀스트 르누아르
그림 10.2. 뒤퓌트랑 구축
(제공: Kenneth R. Means JR., M.D.)

그림 11.1. 현미경을 들여다보며 수술을 진행하고 있는 레이먼드 M. 커티스 박사(오른쪽)
그림 11.2. 근전기 보장구
그림 11.3. 손 외과의 창시자로 칭송받는 의학 박사 아사 스털링 버넬

◎ 찾아보기

낯설게 보는 인체과학 시리즈

# 손의 비밀 몸에서 가장 놀라운 도구를 돌보고 수리하는 방법

**초판 인쇄** 2015년 10월 12일 **초판 발행** 2015년 10월 15일
**엮은이** E. F. 쇼 윌기스 **옮긴이** 오공훈
**편집** 한아정 **디자인** 구화정page9
**펴낸이** 천정한 **펴낸곳** 도서출판 정한책방 **출판등록** 2014년 11월 6일 제2015-000105호
**주소** 서울시 마포구 월드컵북로1길 30, 303호(서교동 동보빌딩)
**전화** 070-7724-4005 **팩스** 02-6971-8784
**블로그** http://blog.naver.com/junghanbooks **이메일** junghanbooks@naver.com

ISBN 979-11-954650-0-2 (03470)

책값은 뒷면 표지에 적혀 있습니다.
잘못 만든 책은 구입하신 서점에서 바꾸어 드립니다.

이 도서의 국립중앙도서관 출판예정도서목록(CIP)은
서지정보유통지원시스템 홈페이지(http://seoji.nl.go.kr)와
국가자료공동목록시스템(http://www.nl.go.kr/kolisnet)에서 이용할 수 있습니다.
(CIP제어번호: CIP2015027313)